十四五
规划教材
BUILDING+

高等职业教育土建类"十四五"规划"互联网+"创新系列教材

U0668940

建筑材料

JIANZHU CAILIAO 第2版

主　编　安　晶　王　倩
副主编　陈日高　刘志军　陈一虹　杨鹏飞

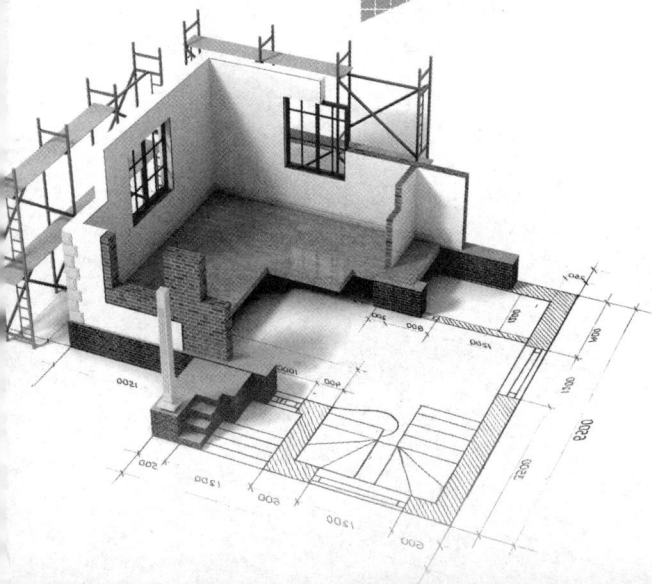

中南大学出版社
www.csupress.com.cn
·长沙·

内容提要

本书以理论知识适度、强调技术应用和实际动手能力为目标,力求内容实用、精炼,重点突出,符合国家(行业)最新规范、标准和规程,体现新材料、新技术的应用。全书内容包括建筑材料的基本性质、无机气硬性胶凝材料、水泥、混凝土、建筑砂浆、建筑钢材、墙体材料、建筑木材、防水材料、建筑装饰材料、其他建筑功能材料、建筑材料性能检测试验。除模块十二外,各模块均附有本模块小结及复习思考题。

本书可作为高等职业教育土建类专业的教学用书及建筑行业相关专业的教材,也可作为施工、监理等工程技术人员的参考用书。

本书采用"互联网+"形式出版,并另附有多媒体教学电子课件。

职业教育土建类专业"十四五"创新教材
编审委员会

出版说明 INSTRUCTIONS

　　为了深入贯彻党的"十九大"精神和全国教育大会精神，落实《国家职业教育改革实施方案》（国发〔2019〕4号）和《职业院校教材管理办法》（教材〔2019〕3号）有关要求，深化职业教育"三教"改革，全面推进高等职业院校土建类专业教育教学改革，促进高端技术技能型人才的培养，依据国家高职高专教育土建类专业教学指导委员会《高等职业教育土建类专业教学基本要求》和国家教学标准及职业标准要求，通过充分的调研，在总结吸收国内优秀高职教材建设经验的基础上，我们组织编写和出版了这套职业教育土建类专业创新教材。

　　职业教学改革不断深入，土建行业工程技术日新月异，相应国家标准、规范，行业、企业标准、规范不断更新，作为课程内容载体的教材也必然要顺应教学改革和新形式的变化，适应行业的发展变化。教材建设应该按照最新的职业教育教学改革理念构建教材体系，探索新的编写思路，编写出版一套全新的、高等职业院校普遍认同的、能引导土建专业教学改革的系列教材。为此，我们成立了创新教材编审委员会。创新教材编审委员会由全国30多所高职院校的权威教授、教学负责人、专业带头人及企业专家组成。编审委员会通过推荐、遴选，聘请了一批学术水平高、教学经验丰富、工程实践能力强的骨干教师及企业工程技术人员组成编写队伍。

　　本套教材具有以下特色：

　　1. 教材符合《职业院校教材管理办法》（教材〔2019〕3号）的要求，以习近平新时代中国特色社会主义思想为指导，注重立德树人，在教材中有机融入中国优秀传统文化、四个自信、爱国主义、法治意识、工匠精神、职业素养等思政元素。

　　2. 教材依据教育部高职高专教育土建类专业教学指导委员会《高职高专土建类专业教学基本要求》及国家教学标准和职业标准（规范）编写，体现科学性、综合性、实践性、时效性等特点。

　　3. 体现"三教"改革精神，适应职业教学改革的要求，以职业能力为主线，采用行动导向、任务驱动、项目载体，教、学、做一体化模式编写，按实际岗位所需的知识能力来选取教材内容，实现教材与工程实际的零距离"无缝对接"。

4. 体现先进性特点，将土建学科发展的新成果、新技术、新工艺、新材料、新知识纳入教材，结合最新国家标准、行业标准、规范编写。

5. 产教融合，校企双元开发，教材内容与工程实际紧密联系。教材案例选择符合或接近真实工程实际，有利于培养学生的工程实践能力。

6. 以社会需求为基本依据，以就业为导向，有机融入"1+X"证书内容，融入建筑企业岗位(八大员)职业资格考试、国家职业技能鉴定标准的相关内容，实现学历教育与职业资格认证的衔接。

7. 教材体系立体化。为了方便教师教学和学生学习，本套教材建立了多媒体教学电子课件、电子图集、教学指导、教学大纲、案例素材等教学资源支持服务平台；部分教材采用了"互联网+"的形式出版，读者扫描书中的二维码，即可阅读丰富的工程图片、演示动画、操作视频、工程案例、拓展知识等。

职业教育土建类专业创新教材

编审委员会

再版前言 PREFACE

本教材根据现行的高等职业教育土建类专业教学基本要求编写而成，体现了土建类高等职业教育教材编写的指导思想、原则和特点。

建筑材料课程是土建类专业一门重要的专业技术基础课。本教材着重介绍了建筑材料的基本性质和实际工程中常用的建筑材料的组成与构造、性能与应用、技术标准、检测方法、材料储运保管等内容。通过学习本课程，学生能正确选择、合理使用建筑材料，为后续专业课的学习打下坚实的基础。

本教材在第1版的基础上按现行的国家和行业规范、标准与规程进行了修订，并以"互联网+"的形式出版，突出工程应用。教材中增加了工程图片、大量的工程案例、材料实验视频及自测题。读者可通过扫描二维码，拓宽知识面，更进一步地将理论和实践相结合。

本书每个模块开篇均提出学习目标和技能目标，除模块十二外，各模块结尾处均附有本模块小结及思考与练习。在内容组织编排上，突出能力培养主线，以基本理论和基本知识为基础，重点阐述各建筑材料的性能特点和应用。

本书对传统的教材体系和内容进行了整合优化，内容实用、精练，重点突出。全书共分12个模块，由安晶、王倩担任主编，陈日高、刘志军、陈一虹、杨鹏飞担任副主编。具体编写分工如下：绪论、模块一、模块四由无锡城市职业技术学院安晶编写；模块二、模块五由连云港职业技术学院王倩编写；模块三、模块七由甘肃建筑职业技术学院杨鹏飞编写；模块六、模块十一由南京金肯职业技术学院刘志军编写；模块八、模块九由广西经济管理干部学院陈日高编写；模块十、模块十二由无锡城市职业技术学院陈一虹编写。

本教材在修订过程中吸收了同行专家的研究成果，在此谨向成果的提供者表示由衷的感谢。由于编者水平有限，加之时间仓促，书中难免存在不妥之处，恳请广大读者批评指正，并提出宝贵意见。

编　者

2023 年 1 月

目 录 CONTENTS

绪 论

【学习目标】

通过学习，了解建筑材料在建筑工程中的作用；了解建筑材料的分类；了解建筑材料的发展方向；熟悉建筑材料的技术标准；掌握建筑材料的定义。

建筑物是由各种材料建成的，用于建筑工程中的材料的性能对建筑物的各种性能具有重要影响。因此，建筑材料不仅是建筑物的物质基础，也是决定建筑工程质量和使用性能的关键因素。为使建筑物具有安全、可靠、耐久、美观、经济适用的综合性能，必须合理选择且正确使用建筑材料。

一、建筑材料的定义与分类

（一）建筑材料的定义

建筑材料是指建造建筑物或构筑物所使用的各种材料及制品的总称。建筑材料是一切建筑工程的物质基础。本课程讨论的建筑材料是构成建筑物本身的材料，用于地基基础、地面、墙、柱、梁、板、楼梯、屋盖、门窗和建筑装饰所需的材料。广义的建筑材料指的是，除用于建筑物本身的各种材料之外，还包括给水排水、供热、供电、供燃气、电信以及楼宇控制等配套工程所需设备与器材。另外，施工过程中的暂设工程，如围墙、脚手架、板桩和模板等所涉及到的器具与材料，也应囊括其中。

（二）建筑材料的分类

建筑材料的种类繁多，性能用途各异，为了便于区分和应用，工程中通常从不同的角度对建筑材料进行分类。

1. 按材料的化学成分分类

按建筑材料的化学成分可分为无机材料、有机材料和复合材料三大类，见表0-1。

表0-1 建筑工程材料的分类

分类	种类	举例
无机材料	金属材料	有色金属（铝、铜、锌、铅及其合金）
		黑色金属（钢、铁、锰、铬及其各类合金等）
	非金属材料	天然材料（砂、石及石材制品）
		烧土制品（砖、瓦、陶瓷和玻璃等）
		胶凝材料（石灰、石膏、水泥和水玻璃等）
		混凝土及硅酸盐制品（混凝土、砂浆和硅酸盐制品等）

续表 0-1

分类	种类	举例
有机材料	植物材料	木材、竹材等
	沥青材料	石油沥青、煤沥青和沥青制品等
	合成高分子材料	塑料、涂料和胶黏剂等
复合材料	无机非金属材料与有机材料复合	聚合物混凝土、玻璃纤维增强塑料、沥青混凝土等
	金属材料与无机非金属材料复合	钢筋混凝土
	金属材料与有机材料复合	轻质金属夹芯板

2. 按材料使用功能分类

按建筑材料的使用功能可分为结构材料、围护材料和功能材料等三大类。

（1）结构材料

结构材料主要是指在建筑物中主要起承受荷载作用的材料，是建筑物中最重要的材料，常用于工程的主体部位，如结构物的梁、板、柱、基础等。结构材料的性能决定了工程结构的安全性和使用的可靠性。常用的结构材料有混凝土和钢材等。

（2）围护材料

围护材料是指用于建筑物围护结构的材料，如墙体、门窗和屋面等部位使用的材料。围护材料不仅要求具有一定的强度和耐久性，还要求必须具有良好的保温隔热性、防水、隔声要求等。常用的围护材料有砖、砌块、各种墙板和屋面板等。

（3）功能材料

建筑功能材料主要是指担负建筑物使用过程中所必需的建筑功能的非承重用材料。如防水材料、装饰材料、保温隔热材料、吸声隔声材料和密封材料等。这些功能材料的选择与使用决定了工程使用的适用性及美观性。

二、建筑材料在建筑工程中的作用

任何一种建筑物或构筑物都是根据建筑材料性能而设计成适当的结构形式，并按照设计要求使用恰当的建筑材料、按一定的施工工艺方法建造而成的。因此建筑材料是建筑业发展的物质基础。正确的选择、合理使用建筑材料，不仅直接决定了建筑物的质量或使用性能，也直接影响着工程的成本。

（一）材料质量对建筑工程质量的影响

建筑材料是建筑业发展的物质基础，材料的质量、性能直接影响建筑物的安全、使用、耐久和美观；建筑材料的品种、组成、规格及使用方法等对建筑工程的结构安全性、坚固性、耐久性及适用性等工程质量指标有直接的影响。工程实践表明，在材料的选择、生产、储运、保管、使用和检验评定等各个环节中，任何一个环节的失误都有可能造成工程的质量缺陷，甚至是重大质量事故。事实表明，国内外建筑工程的重大质量事故，都与材料的质量不良或使用不当有关。因此，只有准确、熟练掌握建筑材料的知识，才能正确选择和合理使用建筑材料，从而确保建筑物的质量。

（二）材料对建筑工程造价的影响

在一般建筑工程的总造价中，材料费用占工程造价的 50%～60%。因此，材料的选择、使用与管理是否合理，直接影响到建筑工程的造价。只有学习并掌握建筑材料知识，才能优化选择和正确使用材料，充分利用材料的各种功能，提高材料的利用率，在满足使用功能的前提下节约材料，从而降低工程造价。

（三）新材料出现促进建筑工程技术进步和建筑业的发展

建筑工程建设过程中，工程的结构设计方案、施工方法都与材料密切相关，也就是说，建筑材料的性能是决定建筑结构形式和施工方法的主要因素。一个国家、地区建筑业的发展水平，与该地区建筑材料发展的情况密切相关。因此，建筑材料的改进和发展，将直接促进建筑工程技术进步和建筑业的发展。例如，钢筋、混凝土材料的产生和广泛应用，取代了过去的砖、石、木，使得钢筋混凝土结构成为现代建筑的主要结构形式；轻质高强材料的出现，推动了现代建筑向高层和大跨度方向发展；轻质材料和保温材料的出现，对减轻建筑物的自重、提高建筑物的抗震能力、改善工作与居住环境条件等起到了十分有益的作用，并推动了节能建筑的发展。总之，建筑材料是建筑工程的基础和核心。工程中许多技术问题的突破，往往依赖于建筑材料问题的解决，而新材料的出现，又将促使结构设计及施工技术的革新。

三、建筑材料的发展

建筑材料是随着社会生产力的发展和科学技术水平的提高而逐步发展的。远古时代人们利用天然材料，如木材、岩石、竹、黏土建造房屋。后来人们开始加工和生产材料，如著名的金字塔使用的材料是石材、石灰、石膏；万里长城使用的材料是条石、大砖、石灰砂浆；布达拉宫使用的材料是石材、石灰砂浆。18世纪以后，钢材、水泥、混凝土、钢筋混凝土等材料相继问世，为现代建筑工程奠定了坚实的基础。进入20世纪后，建筑材料在性能上不断改善，而且品种大大增加。一些具有特殊功能的新型材料不断涌现，如绝热材料、吸声材料、防火材料、防水抗渗材料以及耐腐蚀材料等；玻璃、塑料、陶瓷等各种新型装饰材料也层出不穷。

石拱桥

为了适应我国经济建设和社会发展的需要，对建筑工程材料提出了更高、更多的要求，未来将向着高性能、节能环保、再生化等方向发展，主要有以下几方面的发展趋势。

（1）开发研制高性能材料。高性能材料包括轻质高强、多功能、高保温性、高耐久性、良好的工艺性等特性的材料以及充分利用和发挥各种材料的性能、采用先进技术制造的具有特殊功能的复合材料。

（2）充分利用地方资源，尽可能少用天然资源，大量使用废渣、废料和废液等废弃物作为生产建筑材料的资源，保护自然资源和维护生态平衡；产品配制和生产过程中，不使用对人体和环境有害的污染物质。

（3）节约能源。采用低能耗制造工艺和对环境无污染的生产技术研制和生产低能耗的新型节能建筑工程材料。

（4）绿色环保。产品的设计是以改善生产环境，提高生活质量为宗旨，产品具有多功能，不仅无损而且有益于人的健康；产品可循环或回收再利用，或形成无污染环境的废弃物。

（5）再生化。工程中使用材料是开发生产的可再生循环和回收利用，建筑物拆除后不会造成二次污染。

（6）智能化。所谓智能化材料，是指材料本身具有自我诊断和预告破坏、自我修复的功能，以及可重复利用性。建筑材料向智能化方向发展，是人类社会向智能化社会发展的需要。

四、建筑材料的相关技术标准

要对建筑材料进行现代化的科学管理，必须对材料产品的各项技术性能制定统一的执行标准。建筑材料的技术标准是判别企业生产的产品质量是否合格的技术依据，也是供需双方对产品质量进行验收的依据。目前我国绝大多数建筑材料都有相应的技术标准，这些技术标准涉及到产品规格、分类、技术要求、验收规则、代号与标志、运输与储存等内容。

目前，中国现行的标准有国家标准、行业标准、企业标准三大类。各级标准分别由相应的标准化管理部门批准并颁布。国家标准和行业标准是全国通用标准，是国家指令性文件，各级生产、设计、施工部门必须严格遵照执行。

（一）国家标准

国家标准是由国家标准局颁布的全国性的技术文件，有强制性标准（代号 GB）和推荐性标准（代号 GB/T）。对强制性国家标准，任何技术（或产品）不得低于规定的要求；对推荐性国家标准，表示也可执行其他标准的要求。

（二）行业标准

行业标准是由主管生产的部委或总局颁布的全国性的技术文件，有建材行业标准（代号 JC）、建设部行业标准（代号为 JGJ）、冶金行业标准（代号 YB）、交通行业标准（代号 JT）等。

（三）地方标准

地方标准是地方主管部门发布的地方性的技术文件，有地方性标准（代号 DB）和地方推荐性标准（代号 DB/T）。

（四）企业标准

企业标准仅适用于本企业，其代号为 QB，凡没有指定国家标准、行业标准的产品应制定企业标准，企业标准所制定的技术要求应高于国家标准。

建筑材料的技术标准见表 0-2。

表 0-2　建筑材料的技术标准

标准种类	表示内容	代号	表示方法
国家标准	国家强制性标准 国家推荐性标准	GB GB/T	由标准名称、部门代号、标准编号、颁布年份等组成，例如：《混凝土物理力学性能试验方法标准》（GB/T 50081—2019）、《普通混凝土配合比设计规程》（JGJ 55—2011）
行业标准	建材行业标准 建设部行业标准 冶金行业标准 交通行业标准 水电行业标准	JC JGJ YB JT SD	
地方标准	地方性标准 地方推荐性标准	DB DB/T	
企业标准	适用于本企业	QB	

技术标准是根据一定时期的技术水平制订的，因而随着技术的发展与使用要求的不断提高，需要对标准进行修订，修订标准实施后，旧标准自动废除。

工程中使用的建筑材料除必须满足产品标准外，有时还必须满足有关的设计规范、施工及验收规范或规程等的规定。这些规范或规程对建筑材料的选用、使用、质量要求及验收等还有专门的规定(其中有些规范或规程的规定与建筑材料产品标准的要求相同)。

建筑工程中有时还涉及到其他标准：国际标准(ISO)、美国国家标准(ASTM)、英国标准(BS)、日本工业标准(JIS)、法国标准(NF)等。

五、本课程主要内容和学习任务

建筑材料是建筑工程类专业的专业基础课，本课程为以后学习建筑构造、结构、施工等后续课程提供建筑材料方面的基本知识，也为今后从事工程实践和科学研究打下良好的基础。

本课程主要讲述材料的基本性质、常用建筑材料的品种、规格、技术性质、质量标准、检验方法、选用及保管等基本内容。要求掌握建筑材料的基本性质与应用；了解常用材料的组成、结构及其形成机理；熟悉常用材料技术性质、性能与合理选用以及材料技术性能指标的试验检测和质量评定方法。

实际工程中，材料问题的处理或某些工程技术问题的解决，主要依靠对于材料知识的灵活运用。为能正确运用材料知识，在学习过程中要重点掌握某些典型材料的技术性能特点，熟悉其组成、结构、构造。在此基础上利用已掌握的理论知识解决与材料有关的实际问题，引导学生如何分析问题，培养学生独立分析问题的能力。

建筑材料试验课是本课程重要的教学内容，也是检验材料性能、鉴定材料质量的重要手段。通过试验课，一方面掌握常用建筑材料的检验方法和质量评定方法，能对建筑材料进行质量合格性判断；另一方面加深对理论知识的理解，培养严谨的科学态度，提高分析问题和解决实际问题的能力。

模块一 建筑材料的基本性质

【知识目标】

通过本模块的学习,掌握材料各种基本性质的概念、指标的计算;熟悉主要技术性质的物理意义、影响因素及对其它性质的影响;了解材料各性质在工程实践中的意义。

【技能目标】

通过本模块的学习,能对材料各种基本性质指标进行计算。

建筑材料的基本性质是指材料处于不同的使用条件或使用环境时所表现出的最基本的、共有的性质。各种建筑工程对于材料的要求,实际上是对其性质的要求。例如结构材料必须具有良好的力学性能;墙体材料应具有一定的强度、保温、隔热等性质;屋面材料应具有防水、保温、隔热等性质;地面材料应具有较高的强度、耐磨、防滑等性质。另外,建筑物长期暴露在大气中,经常受到风吹、日晒、雨淋、冰冻等自然条件的影响,还要求建筑材料应具有良好的耐久性能。

第一节 材料的基本物理性质

一、材料与质量有关的基本物理性质

(一)密度

密度是指材料在绝对密实状态下,单位体积的质量。其计算式为:

$$\rho = \frac{m}{V} \tag{1-1}$$

式中:ρ—— 密度,g/cm^3;

   m——材料在干燥状态下的质量,g;

   V——材料在绝对密实状态下的体积,cm^3。

材料在绝对密实状态下的体积是指不包括材料内部孔隙在内的固体物质本身的体积。建筑材料中除钢材、玻璃等少数材料外,绝大多数材料均含有一定的孔隙,如砖等块状材料。在测定有孔隙的材料密度时,应把材料磨成细粉以排除其内部孔隙,经干燥至恒质量后,用李氏瓶(密度瓶)通过排液法测定其密实体积。材料磨得愈细,测得的密度值愈精确。

(二)表观密度

表观密度是指材料在自然状态下,单位体积的质量,其计算式为:

$$\rho_0 = \frac{m}{V_0} \tag{1-2}$$

式中：ρ_0——表观密度，g/cm^3 或 kg/m^3；

m——材料在干燥状态下的质量，g 或 kg；

V_0——材料在自然状态下的体积，亦称表观体积，cm^3 或 m^3。

材料在自然状态下的体积是指材料的实体积与材料内所含全部孔隙体积(包括闭口孔隙体积和开口孔隙体积)之和。对于外形规则的材料，其体积可以直接量测计算而得；不规则材料的体积可将其表面用蜡封以后用排水法测得。

材料表观密度的大小与其含水情况有关。当材料含水时，其质量和体积均有所变化。因此，测定材料表观密度时，必须注明其含水状态，如绝干(烘干至恒质量)、气干(长期在空气中干燥)、含水(未饱和)、吸水饱和等，相应的表观密度称为干表观密度、气干表观密度、湿表观密度、饱和表观密度。通常所说的表观密度是指干表观密度。

（三）堆积密度

堆积密度是指粉状、散粒材料在堆积状态下单位体积的质量，其计算式为：

$$\rho_0' = \frac{m}{V_0'} \tag{1-3}$$

式中：ρ_0'——堆积密度，kg/m^3；

m——材料在干燥状态下的质量，kg；

V_0'——材料在堆积状态下的体积，m^3。

散粒材料在自然状态下的体积，是指既含颗粒内部的孔隙，又含颗粒之间空隙在内的总体积。测定散粒材料的堆积体积可采用容积筒来量测，若以捣实体积计算时，则称紧密堆积密度。

建筑工程中在计算材料用量、构件自重、配料计算以及确定堆放空间时，均需要用到材料的以上参数。常用建筑工程材料的密度见表1-1所示。

表1-1　常用建筑材料的密度、表观密度和堆积密度

材料名称	密度/($g \cdot cm^{-3}$)	表观密度/($kg \cdot m^{-3}$)	堆积密度/($kg \cdot m^{-3}$)
石灰岩	2.60	1800～2600	—
花岗岩	2.60～2.90	2500～2850	—
水泥	3.10	—	900～1300(松散) 1400～1700(紧密)
混凝土用砂	2.60～2.80	—	1450～1650
混凝土用石	2.60～2.90	—	1400～1700
普通混凝土	2.60～2.80	2100～2500	—
钢材	7.85	7850	—
铝合金	2.70～2.90	2700～2900	—
烧结普通砖	2.50～2.70	1500～1800	—
建筑陶瓷	2.50～2.70	1800～2500	—

材料名称	密度/(g·cm⁻³)	表观密度/(kg·m⁻³)	堆积密度/(kg·m⁻³)
木材	1.55~1.60	400~800	—
玻璃	2.45~2.55	2450~2550	—
泡沫塑料	0.90~1.00	20~50	—

（四）密实度与孔隙率

1. 密实度

密实度是指材料内部固体物质的体积占材料总体积的百分率，表明材料体积内被固体物质所充填的程度，即反映了材料的致密程度，其计算式为：

$$D = \frac{V}{V_0} \times 100\% = \left(\frac{m}{\rho}\right) \Big/ \left(\frac{m}{\rho_0}\right) = \frac{\rho_0}{\rho} \times 100\% \tag{1-4}$$

2. 孔隙率

孔隙率是指材料内部孔隙的体积占材料总体积的百分率，其计算式为：

$$P = \frac{V_0 - V}{V_0} \times 100\% = \left(1 - \frac{V}{V_0}\right) \times 100\% = \left(1 - \frac{\rho_0}{\rho}\right) \times 100\% = 1 - D \tag{1-5}$$

由上式可见：

$$D + P = 1 \tag{1-6}$$

材料的密实度和孔隙率是从两个不同侧面反映材料的密实程度，通常用孔隙率来表示。

建筑材料的许多性质如强度、吸水性、抗渗性、抗冻性、导热性及吸声性都与材料的孔隙有关。这些性质与孔隙率的大小有关，还与材料的孔隙特征密切相关，孔隙特征是指孔隙的大小、形状、分布、连通与否等。一般情况下，孔隙率较小，且连通孔较少的材料，其吸水性较小，强度较高，抗冻性和抗渗性较好。工程中对需要保温隔热的建筑物或部位，要求其所用材料的孔隙率要较大。相反，对要求高强或不透水的建筑物或部位，则其所用的材料孔隙率应很小。

（五）填充率与空隙率

1. 填充率

填充率是指散粒材料在其堆积体积中，被其颗粒填充的程度，其计算式为：

$$D' = \frac{V_0}{V_0'} \times 100\% = \frac{\rho_0'}{\rho_0} \times 100\% \tag{1-7}$$

2. 空隙率

空隙率是指散粒材料在其堆积体积中，颗粒间的空隙体积占材料堆积体积的百分率，其计算式为：

$$P' = \frac{V_0' - V_0}{V_0'} \times 100\% = \left(1 - \frac{V_0}{V_0'}\right) \times 100\% = \left(1 - \frac{\rho_0'}{\rho_0}\right) \times 100\% = 1 - D' \tag{1-8}$$

即

$$D' + P' = 1$$

材料的填充率和空隙率是从两个不同侧面反映散粒材料的颗粒互相填充的疏密程度。空隙率可作为控制混凝土骨料级配与计算含砂率的依据。

二、材料与水有关的性质

(一)材料的亲水性与憎水性

当材料与水接触时,不同材料遇水后和水的相互作用情况是不一样的,根据材料表面被水湿润的情况,分为亲水性材料和憎水性材料。

亲水性是指材料能被水润湿的性质。材料产生亲水性的原因是因其与水接触时,材料与水分子之间的亲合力大于水分子之间的内聚力所致。当材料与水接触,材料与水分子之间的亲合力小于水分子之间的内聚力时,材料则表现为憎水性。

材料被水湿润的情况可用润湿角 θ 来表示。当材料在空气中与水接触时,在材料、水、空气三相的交界处,沿水滴表面所作的切线与材料表面的夹角,称为润湿角 θ(如图 1-1 所示)。润湿角 θ 愈小,表明材料愈易被水润湿。当 $\theta \leqslant 90°$ 时,材料表面吸附水,材料能被水润湿而表现出亲水性,这种材料称亲水性材料[如图 1-1(a)所示];$\theta > 90°$ 时,材料表面不吸附水,这种材料称憎水性材料[如图 1-1(b)所示];当 $\theta = 0°$ 时,表明材料完全被水润湿。

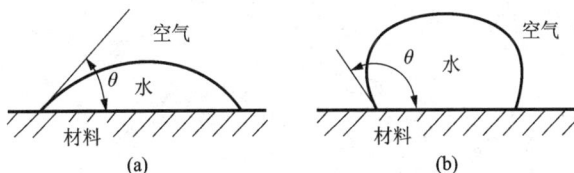

图 1-1　材料的润湿示意图

(a)亲水性材料($\theta \leqslant 90°$);(b)憎水性材料($\theta > 90°$)

多数建筑材料,如砖、混凝土、木材等都属于亲水性材料。沥青、塑料等属于憎水性材料,这类材料能阻止水分渗入材料内部,降低材料吸水性。因此,憎水性材料经常作为防水、防潮材料或用作亲水性材料表面的憎水处理。

(二)材料的吸水性

材料的吸水性是指材料在水中吸收水分达到饱和的性质。材料的吸水性用吸水率表示,有质量吸水率与体积吸水率两种表示方法。

质量吸水率:材料在吸水饱和状态下,吸收水分的质量占材料干燥质量的百分率,其计算式为:

$$W_\text{m} = \frac{m_\text{s} - m}{m} \times 100\% \tag{1-9}$$

式中:W_m——材料的质量吸水率,%;

　　　m_s——材料在吸水饱和状态下的质量,g;

　　　m——材料在干燥状态下的质量,g。

体积吸水率:材料吸水饱和后,吸入水的体积占干燥材料自然体积的百分率,其计算式为:

$$W_\text{V} = \frac{m_\text{s} - m}{V_0 \rho_\text{w}} \times 100\% \tag{1-10}$$

式中：W_V——材料的体积吸水率，%；

　　　V_0——干燥材料在自然状态下的体积，cm^3；

　　　ρ_w——水的密度（通常情况下 $\rho_w = 1\ g/cm^3$）。

由式(1-9)和式(1-10)可知，质量吸水率与体积吸水率的关系为：

$$W_V = W_m \times \rho_0 \tag{1-11}$$

计算材料吸水率时，一般采用质量吸水率，但对于某些材料，如木材等，其质量吸水率往往超过100%，此时常用体积吸水率来表示其吸水性。

材料的吸水率与其孔隙率有关，更与其孔隙特征有关。一般说来，密实材料或具有闭口孔隙的材料是不吸水的；具有粗大孔隙的材料，因其水分不易存留，吸水率较小；而孔隙率较大且有细小开口连通孔隙的材料，吸水率较大。材料吸收水分后，强度降低，保温、隔热性能降低，抗冻性随之降低。

（三）材料的吸湿性

材料的吸湿性是指材料在潮湿空气中吸收水分的性质。潮湿材料在干燥的空气中也会放出水分，此性质称还湿性。材料的吸湿性用含水率表示，指材料内部所含水的质量占材料干燥质量的百分率，其计算式为：

$$W = \frac{m_h - m}{m} \times 100\% \tag{1-12}$$

式中：W——材料的含水率，%；

　　　m_h——材料在含水状态下的质量，g。

影响材料吸湿性的因素，除了与本身的性质如孔隙大小及孔隙特征有关外，还与环境空气的温湿度有关。材料的吸湿性随空气的湿度和环境温度的变化而改变，当空气湿度较大且温度较低时，材料的含水率就大，反之就小。具有微小开口孔隙的材料，吸湿性特别强。材料中所含水分与空气的湿度相平衡时的含水率，称为平衡含水率。

在混凝土的施工配合比设计中要考虑砂、石含水率的影响。

例题1-1 某立方体岩石试件，外形尺寸为50 mm×50 mm×50 mm，测得其在绝对干燥状态、自然状态及吸水饱和状态下的质量分别为325，325.3，326.1 g，并测得该岩石的密度为2.68 g/cm^3。试求该岩石的表观密度、孔隙率、体积吸水率及含水率。

解 根据题意可得 $V_0 = 5 \times 5 \times 5 = 125\ cm^3$，$m = 325\ g$，$m_h = 325.3\ g$，$m_s = 326.1\ g$，$\rho_w = 1\ g/cm^3$

故：表观密度 $\rho_0 = m/V_0 = 325/125 = 2.6\ g/cm^3$

孔隙率 $P = (1 - \rho_0/\rho) \times 100\% = (1 - 2.6/2.68) \times 100\% = 2.98\%$

体积吸水率 $W_V = (m_s - m)/V_0\rho_w \times 100\% = (326.1 - 325)/125 \times 100\% = 0.88\%$

含水率 $W = (m_h - m)/m \times 100\% = (325.3 - 325)/325 \times 100\% = 0.092\%$

例题1-2 某岩石试件经完全干燥后，其质量为482 g，将放入盛有水的量筒中，经一定时间岩石吸水饱和后，量筒的水面由原来的452 cm^3 上升至630 cm^3。取出岩石，擦干表面水分后称得质量为487 g。试求该岩石的密度、表观密度及质量吸水率？（假设岩石内无封闭孔隙）

解 根据题意可得 $m = 482\ g$，$m_s = 487\ g$，$V = 630 - 452 = 178\ cm^3$，$V_0 = 178 + (487 - 482) = 183\ cm^3$

故：密度 $\rho = m/V = 482/178 = 2.71\ g/cm^3$

表观密度 $\rho_0 = m/V_0 = 482/183 = 2.63 \text{ g/cm}^3$

质量吸水率 $W_m = (m_s - m)/m \times 100\% = (487-482)/482 \times 100\% = 1\%$

(四)材料的耐水性

耐水性是指材料长期在水作用下不破坏，强度也不显著降低的性质。材料的耐水性用软化系数 K_p 表示，其计算式为：

$$K_p = \frac{f_s}{f} \quad\quad\quad (1-13)$$

式中：K_p——材料的软化系数；

f_s——材料在吸水饱和状态下的抗压强度，MPa；

f——材料在干燥状态下的抗压强度，MPa。

软化系数的大小表明材料在浸水饱和后强度降低的程度。一般来说，材料被水浸湿后，强度均会有所降低。K_p 值越小，表示材料吸水饱和后强度下降越大，即耐水性越差。材料的软化系数为 0~1。不同材料的 K_p 值相差颇大，如黏土 $K_p = 0$，而金属 $K_p = 1$。通常软化系数大于 0.80 的材料，可认为是耐水性材料。长期受水浸泡或处于潮湿环境的重要结构物，则必须选用软化系数不低于 0.85 的建筑材料。对用于受潮较轻或次要结构物的材料，其 K_p 值也不宜小于 0.75。

例题 1-3　某石材在绝干、气干、水饱和情况下测得的抗压强度分别为 178 MPa、174 MPa、165 MPa，求该石材的软化系数，并判断该石材可否用于水下工程。

解　该石材的软化系数 $K_p = f_s/f = 165/178 = 0.93 > 0.85$

故该石材可用于水下工程。

(五)材料的抗渗性

抗渗性是指材料抵抗压力水渗透的性质。建筑工程中许多材料含有孔隙、孔洞或其他缺陷，当材料两侧的水压差较高时，水可能从高压侧通过内部的孔隙、孔洞或其他缺陷渗透到低压侧。这种压力水的渗透，不仅会影响到工程的使用，而且渗入的水还会带入能腐蚀材料的介质，或将材料内的某些成分带出，造成材料的破坏。因此，长期处于有压力的水中时，材料的抗渗性是决定材料耐久性的主要指标。

材料的抗渗性可以用渗透系数 K 表示。其计算式为：

$$K = \frac{Qd}{AtH} \quad\quad\quad (1-14)$$

式中：K——材料的渗透系数，cm/s；

Q——渗水量，cm^3；

d——材料的厚度，cm；

A——渗水面积，cm^2；

t——渗水时间，s；

H——静水压力水头，cm。

渗透系数反映了材料在单位时间内，在单位水头作用下透过单位面积，一定厚度的材料的水量。K 值愈大，表示材料渗透的水量愈多，即抗渗性愈差。

材料的抗渗性也可用抗渗等级表示。抗渗等级是以规定的试件、在标准试验方法下所能承受的最大渗水压力(MPa)来确定，以符号 Pn 表示，其中 n 为该材料所能承受的最大水压力（以 0.1 MPa 为单位），如 P6 表示材料最大能承受 0.6 MPa 的静水压力而不渗水。

材料的抗渗性与材料的孔隙率及孔隙特征有关。密实的材料及具有闭口微细小孔的材料，具有较好的抗渗性；具有较大孔隙及细微连通的毛细孔的亲水性材料往往渗水性较差。

地下建筑及水工构筑物等经常受压力水作用的工程所需的材料及防水材料等都应具有良好的抗渗性。

（六）材料的抗冻性

抗冻性是指材料在吸水饱和状态下，经受多次冻融循环作用而不破坏，强度也不显著降低的性质。一次冻融循环是指材料吸水饱和后，先在-15℃的温度下（水在微小的毛细管中低于-15℃才能冻结）冻结后，然后再在 20℃的水中融化。

材料经过多次冻融循环作用后，表面将出现裂纹、剥落等现象，造成质量损失及强度降低。这是由于材料孔隙内饱和水结冰时其体积膨胀约 9%，在孔隙内产生很大的冰涨应力使孔壁受到相应的拉应力，当拉应力超过材料的抗拉强度时，孔壁将出现局部裂纹或裂缝。随着冻融循环次数的增多，裂纹或裂缝不断扩展，最终使材料受冻破坏。

材料的抗冻性用抗冻等级表示。抗冻等级是指材料以规定的试件，在标准试验条件下，测得其强度降低不超过 25%，且质量损失不超过 5%时所能承受的最大的冻融循环次数，用符号 Fn 表示，其中 n 为最大冻融循环次数。如 F50 表示此材料能够抵抗的最大冻融循环次数为 50 次。

材料的抗冻性取决于材料的孔隙特征、吸水饱和程度以及抵抗冰涨应力的能力。一般来说，密实的材料、具有闭口孔隙且强度较高的材料，有较强的抗冻能力。

材料抗冻等级的选择，是根据结构物的种类、材料的使用条件和部位、当地的气候条件等因素决定的。

抗冻性良好的材料，对于抵抗大气温度变化、干湿交替等风化作用的能力较强，所以抗冻性常作为评定材料耐久性的一项重要指标。在设计寒冷地区及寒冷环境的建筑物时，必须要考虑材料的抗冻性。处于温暖地区的建筑物，虽无冻融作用，但为抵抗大气的风化作用，确保建筑物的耐久性，也常对材料提出一定的抗冻性要求。

三、材料与热有关的性质

（一）导热性

当材料两面存在温度差时，热量从材料一侧通过材料传导至另一侧的性质，称为材料的导热性。导热性用导热系数 λ 表示，其计算式为：

$$\lambda = \frac{Qd}{At(T_2 - T_1)} \tag{1-15}$$

式中：λ——导热系数，W/(m·K)；

　　　　Q——传导的热量，J；

　　　　d——材料厚度，m；

　　　　A——传热面积，m^2；

　　　　t——传热时间，s；

　　　　$(T_2 - T_1)$——材料两侧的温度差，K。

导热系数 λ 的物理意义：单位厚度（1 m）的材料，当两侧温度差为 1 K 时，在单位时间

材料导热性

（1 s）内通过单位面积（1 m^2）的热量。导热系数是评定建筑材料保温隔热性能的重要指标，导热系数愈小，材料的保温隔热性愈好。

材料的导热系数主要与以下因素有关：

1. 材料的化学组成与物理结构

一般金属材料的导热系数要大于非金属材料，无机材料的导热系数大于有机材料，晶体材料的导热系数大于非晶体材料。

2. 孔隙状况

因空气 λ 仅 0.023 W/（m·K），且材料的热传导方式主要是对流，故材料的孔隙率愈大，闭口孔隙愈多，孔隙直径愈小，导热系数愈小。

3. 环境的温湿度

因空气、水、冰的导热系数依次增大（见表1-2），故保温材料在受潮、受冻后，导热系数明显增大。因此，保温材料在贮存、运输、施工过程中应特别注意防潮、防冻。

建筑材料的导热系数范围在 0.023~400 W/（m·K），数值变化幅度较大。工程中通常把 $\lambda<0.23$ W/（m·K）的材料称为绝热材料。几种常用建筑材料的热工性质指标如表 1-2 所示。

表1-2　几种常用建筑材料的热工性质指标

材料名称	导热系数/[W·(m·K)$^{-1}$]	比热/[J·(g·K)$^{-1}$]	线膨胀系数/(10^{-6}·K^{-1})
铜	370	0.38	18.6
钢	55	0.46	10~12
石灰岩	2.66~3.23	0.749~0.846	6.75~6.77
花岗岩	2.91~3.45	0.716~0.92	5.60~7.34
大理岩	2.45	0.875	6.50~10.12
普通混凝土	1.8	0.88	5.8~15
烧结普通砖	0.4~0.7	0.84	5~7
松木	0.17(横纹)~0.35(顺纹)	2.51	——
玻璃	2.7~3.26	0.83	8~10
泡沫塑料	0.03	1.30	——
石膏板	0.30	1.10	——
绝热纤维板	0.05	1.46	——
水	0.60	4.187	——
冰	2.20	2.05	——
静态空气	0.023	1	——

（二）比热容和热容量

单位质量材料在温度升高或降低 1 K 时所吸收或放出的热量称为比热容，用 C 表示，其计算式为：

$$C = \frac{Q}{m(T_2 - T_1)}$$ (1-16)

式中：C——材料的比热容，J/(g·K)；

　　　Q——材料吸收或放出的热量，J；

　　　m——材料质量，g；

　　　$(T_2 - T_1)$——材料受热或冷却前后的温差，K。

材料在受热时吸收热量，冷却时放出热量的性质称为材料的热容量。

材料的比热与材料的质量之积称为材料的热容量值。材料的热容量值对于稳定建筑物内部温度的恒定有很重要的意义。热容量大的材料可缓和室内温度的波动，使其保持恒定。

材料的导热系数和热容量是设计建筑物围护结构(墙体、屋盖)进行热工计算时的重要参数，设计时应采用导热系数小、热容量大的建筑材料，使建筑物保持室内温度的稳定性。

（三）耐燃性和耐火性

耐燃性是指材料在火焰和高温作用下可否燃烧的性质。国家标准《建筑材料及制品燃烧性能分级》(GB 8624—2012)，把材料分为 A(不燃材料)、B1(难燃材料)、B2(可燃材料)、B3(易燃材料)四个燃烧性能级别。在建筑物的不同部位，根据其使用特点和重要性可选择不同耐燃性的材料。

耐火性是材料在火焰和高温作用下，保持其不破坏、性能不明显下降的能力。用其耐受时间(h)来表示，称为耐火极限。要注意耐燃性和耐火性概念的区别，耐燃的材料不一定耐火，耐火的材料一般都耐燃。如钢材是非燃烧材料，但其耐火极限仅有 0.25 h，故钢材虽为重要的建筑结构材料，但其耐火性却较差，使用时须进行特殊的耐火处理。

（四）材料的热变形性

材料的热变形性是指材料在温度变化时体积变化的性质，一般材料均具有热胀冷缩的自然属性。材料的热变形性，常用长度方向变化的线膨胀系数 α 表示，其计算式为：

$$\alpha = \frac{\Delta L}{(T_2 - T_1)L}$$ (1-17)

式中：α——材料在常温下的平均线膨胀系数，1/K；

　　　ΔL——线膨胀或线收缩量，mm 或 cm；

　　　$(T_2 - T_1)$——材料升(降)温前后的温度差，K；

　　　L——材料原来的长度，mm 或 cm。

线膨胀系数 α 是指材料温度上升 1 K (或下降 1 K)所引起的相对伸长值(或相对缩短值)，是一个重要的物理参数，可以用来计算材料在温度变化时的变形量。材料的线膨胀系数与材料的组成和结构有关，常选择合适的材料来满足工程对温度变形的要求。

第二节　材料的力学性质

材料的力学性质是指材料在外力作用下，抵抗破坏的能力和产生变形的性质。

一、材料的强度

(一)材料强度

材料在外力作用下抵抗破坏的能力称为材料的强度。当材料受外力作用时，其内部产生应力，外力增加，应力相应增大，直至材料内部质点间结合力不足以抵抗所作用的外力时，材料即发生破坏。材料破坏时应力达到的极限值称为材料的极限强度，常用 f 表示。材料强度的单位为兆帕(MPa)。

根据外力作用方式不同，材料的强度有抗压强度、抗拉强度、抗剪强度及抗弯强度等(如图 1-2 所示)。

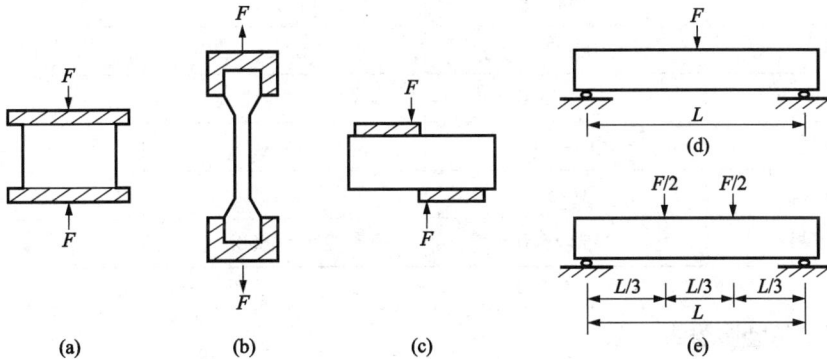

图 1-2　材料所受外力示意图
(a)压缩；(b)拉伸；(c)剪切；(d)(e)弯曲

材料强度是通过静力试验来测定的，通过标准试件的标准试验方法测得的。

1.材料的抗压、抗拉、抗剪强度

材料的抗压、抗拉、抗剪强度的计算式为：

$$f=\frac{F}{A} \tag{1-18}$$

式中：f——材料强度，MPa；

　F——材料破坏时的最大荷载，N；

　A——试件的受力面积，mm^2。

2.材料的抗弯(折)强度

材料的抗弯强度与试件受力情况、截面形状及支撑条件有关。一般试验方法是将矩形截面的条形试件放在两支点上，中间作用一集中荷载[如图 1-2(d)所示]，则抗弯强度计算式为：

$$f=\frac{3FL}{2bh^2} \tag{1-19}$$

当在三分点上加两个集中荷载[如图 1-2(e)所示]，则抗弯强度计算式为：

$$f=\frac{FL}{bh^2} \tag{1-20}$$

式中：f——材料的抗弯(折)强度，MPa；

F——材料破坏时的最大荷载，N；

L——试件两支点间的距离，mm；

b——试件截面的宽度，mm；

h——试件截面的高度，mm。

材料的强度主要与材料的组成及构造有关。不同种类的材料，有不同的强度；同一种材料因其孔隙率及构造特征不同，强度也会有较大差异。凡是构造越密实、越均匀的材料，其强度越高。常用建筑材料的强度如表1-3所示。

表1-3　常用建筑材料的强度（MPa）

材料名称	抗压强度	抗拉强度	抗弯强度
花岗岩	100~250	5~8	10~14
烧结普通砖	7.5~30.0	—	1.8~4.0
普通混凝土	10~60	1~9	—
松木(顺纹)	30~50	80~120	60~100
建筑钢材	235~1600	235~1600	—

(二)材料的强度等级

强度等级是材料按强度分级，建筑材料常按其强度值的大小划分为若干等级或牌号。脆性材料按抗压强度划分，钢材按屈服强度划分。如烧结普通砖按抗压强度分为MU10等5个强度等级；硅酸盐水泥按抗压和抗折强度分为42.5等6个强度等级；普通混凝土按抗压强度分为C15等14个强度等级；碳素结构钢按屈服强度分为Q235等4个牌号。

建筑材料按强度划分等级或牌号，对生产者和使用者均有重要的意义，它可使生产者在生产中控制产品质量时有据可依，从而确保产品的质量。对使用者而言，则有利于掌握材料的性能指标，便于合理选用材料、正确进行设计和控制工程施工质量。

强度和强度等级的区别与联系：强度指的是材料的极限值，是唯一的，是实测值；强度等级是人为规定的强度范围；强度等级的确定必须以其极限强度值为依据，每一强度等级则包含一定范围内的强度值。

(三)材料的比强度

比强度是按单位体积质量计算的材料强度指标，其值等于材料强度与其表观密度之比。对于不同强度的材料进行比较，可采用比强度这个指标。比强度是衡量材料轻质高强性能的重要指标。优质的结构材料，必须具有较高的比强度。几种常用建筑材料的比强度如表1-4所示。

表1-4　几种常用建筑材料的比强度

材料名称	表观密度/(kg·m⁻³)	强度/MPa	比强度
低碳钢	7850	420	0.054
普通混凝土(抗压)	2400	40	0.017

续表 1-4

材料名称	表观密度/(kg·m⁻³)	强度/MPa	比强度
松木(顺纹、抗拉)	500	100	0.200
玻璃钢	2000	450	0.225
烧结普通砖(抗压)	1700	10	0.006

二、材料的弹性与塑性

材料在外力作用下产生变形,当外力撤去后变形能完全恢复的性质,称为弹性。材料的这种可恢复的变形,称为弹性变形。弹性变形属可逆变形,弹性变形的大小与外力成正比。此时的比例系数 E 称为材料的弹性模量。材料在弹性变形范围内,E 是常数,其值为:

$$E = \frac{\sigma}{\varepsilon} \qquad (1-21)$$

式中:E——材料的弹性模量,MPa;

　　　σ——材料的应力,MPa;

　　　ε——材料的应变。

弹性模量是衡量材料抵抗变形能力的一个指标。弹性模量值越大,材料抵抗变形的能力越强,材料变形越小,刚度越好。

材料在外力作用下产生变形,外力撤去后,变形不能完全恢复的性质,称为塑性。这种不能恢复的变形称为塑性变形。塑性变形为不可逆变形。

实际上纯弹性变形的材料是不存在的。通常一些材料在受力不大时,仅产生弹性变形;受力超过一定极限后即产生塑性变形。有些材料在受力后,弹性变形和塑性变形同时产生,当外力取消后,弹性变形会恢复,而塑性变形不能恢复,这种材料称为弹塑性材料,如混凝土,(如图 1-3 所示,图中 ab 为可恢复的弹性变形,bO 为不可恢复的塑性变形)。

三、材料的脆性与韧性

材料在外力作用下,当外力达到一定限度后,材料发生突然破坏,且破坏时无明显的塑性变形,这种性质称为脆性。具有这种性质的材料称脆性材料。

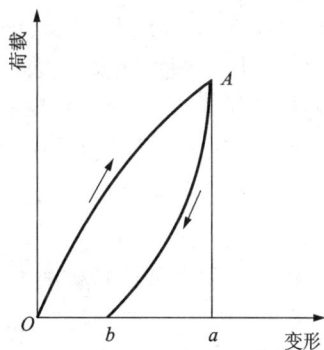

图 1-3　弹塑性材料的变形曲线

脆性材料抗压强度远大于抗拉强度,抵抗冲击荷载或振动荷载作用的能力很差。所以脆性材料不能承受振动和冲击荷载,也不宜用作受拉构件,只适于用作承压构件。建筑材料中大部分无机非金属材料均为脆性材料,如天然岩石、陶瓷、玻璃、普通混凝土等。

材料在冲击或振动荷载作用下,能吸收较大的能量,产生一定的变形而不破坏,这种性质称为韧性。如建筑钢材、木材等属于韧性材料。材料的韧性值用冲击韧性指标 α_k 表示。冲击韧性指标指用带缺口的试件做冲击破坏试验时,断口处单位面积所吸收的功,计算式为:

$$\alpha_K = \frac{A_K}{A} \tag{1-22}$$

式中：α_k——材料的冲击韧性指标，J/mm^2；

A_k——试件破坏时所消耗的功，J；

A—— 试件受力净截面积，mm^2。

在建筑工程中，对于要求承受冲击荷载和有抗震要求的结构，如吊车梁、桥梁、路面等所用的材料，均应具有较高的韧性。

四、材料的硬度与耐磨性

（一）硬度

硬度指材料表面的坚硬程度，是抵抗其他硬物压入或刻划其表面的能力。不同材料的硬度测定方法不同，通常采用的有刻划法、压入法和回弹法。

刻划法常用于测定天然矿物的硬度，用系列标准硬度的矿物块对材料表面进行划擦，根据划痕确定硬度等级，见表1-5。

表1-5　硬度等级表

标准矿物	滑石	石膏	方解石	萤石	磷灰石	长石	石英	黄玉	刚玉	金刚石
硬度等级	1	2	3	4	5	6	7	8	9	10

钢材、木材等韧性材料的硬度常用压入法测定，主要有布氏硬度法（HB），是以淬火的钢珠压入材料表面产生的球形凹痕单位面积上所受压力来表示；洛氏硬度法（HR），是用金刚石圆锥或淬火的钢球制成的压头压入材料表面，以压痕的深度来表示。

回弹法用于测定混凝土表面硬度，并间接推算混凝土的强度；也用于测定陶瓷、砖、砂浆等的表面硬度并间接推算其强度。

材料的硬度愈大，则其耐磨性愈好，但不易加工。在工程中，常利用材料硬度与强度间的关系间接测定材料强度。

（二）耐磨性

耐磨性是材料表面抵抗磨损的能力。材料的耐磨性用磨损率（G）表示，计算式为：

$$G = \frac{m_1 - m_2}{A} \tag{1-19}$$

式中：G——材料的磨损率，g/cm^2；

m_1——材料磨损前的质量，g；

m_2——材料磨损后的质量，g；

A——试件受磨损的面积，cm^2。

材料的磨损率 G 值越低，表明该材料的耐磨性越好。

材料的耐磨性与材料的组成成分、结构、强度、硬度等有关。在建筑工程中，对于用作踏步、台阶、地面、路面等的材料，应具有较高的耐磨性。一般来说，强度较高且密实的材料，其硬度较大，耐磨性较好。

第三节　材料的耐久性

材料的耐久性是指用于建筑物的材料，在各种内在或外来自然因素及有害介质的作用下不变质、不破坏，长久地保持其使用性能的性质。

影响材料耐久性的因素是多种多样的，除材料本身的化学成分和组成性质、结构和构造特征等内在因素外，还要长期受到使用条件及各种自然因素的作用，包括物理作用、化学作用、机械作用、生物作用等外在因素。

物理作用包括材料的干湿变化、温度变化及冻融变化等。这些作用将使材料发生体积的胀缩，或导致内部裂缝的扩展。长期反复作用会使材料逐渐破坏。

化学作用包括大气、环境水以及使用条件下酸、碱、盐等液体或有害气体对材料的侵蚀作用，使材料发生腐蚀、碳化、老化等而逐渐丧失使用功能。

机械作用包括使用荷载的持续作用、交变荷载引起材料疲劳、冲击、磨损等。

生物作用包括菌类、昆虫等的作用而使材料腐朽、蛀蚀而破坏。

耐久性是材料的一项综合性质，它包括抗冻性、抗渗性、抗腐蚀性、抗风化性、抗老化性、耐热性、耐化学腐蚀性等各方面的内容。

一般情况下，矿物质材料如石材、混凝土、砂浆等直接暴露在空气中，受到风霜雪雨的物理作用，主要表现为抗风化性、抗冻性、抗渗性；当材料处于水中或水位变化区，主要受到环境水的化学侵蚀、冻融循环作用；钢材等金属材料在大气或潮湿条件下，易遭受电化学腐蚀；木材等植物纤维材料因腐蚀、虫蛀等生物作用而遭受破坏；沥青以及塑料等高分子材料在阳光、空气、水的作用下逐渐老化。

材料的耐久性指标是根据工程所处的环境条件来决定的。几种常见材料的耐久性与破坏因素的关系如表1-6所示。

表1-6　几种常见材料的耐久性与破坏因素的关系

破坏原因	破坏作用	破坏因素	评定指标	常用材料
渗透	物理	压力水	渗透系数、抗渗等级	混凝土、砂浆
冻融	物理、化学	水、冻融作用	抗冻系数、抗冻等级	混凝土、砖
磨损	物理	机械力、流水、泥砂	磨耗率	混凝土、石材
热环境	物理、化学	湿热、冷热交替	*	耐火砖
燃烧	物理、化学	高温、火焰	*	防火板
碳化	化学	CO_2、H_2O	碳化深度	混凝土
化学侵蚀	化学	酸、碱、盐	*	混凝土
老化	化学	阳光、空气、水、湿度	*	塑料、沥青
锈蚀	物理、化学	CO_2、H_2O、氯离子	电位锈蚀率	钢材
腐朽	生物	H_2O、O_2、菌类	*	木材、棉、毛

续表 1-6

破坏原因	破坏作用	破坏因素	评定指标	常用材料
虫蛀	生物	昆虫	*	木材、棉、毛
碱集料反应	物理、化学	R_2O、活性集料、水	膨胀率	混凝土

注：*表示可参考强度变化率、开裂情况、变形情况等进行评定。

为提高材料的耐久性，应根据材料的特点和使用情况采取相应措施，通常可从以下几方面考虑：

（1）设法减轻大气或周围介质对材料的破坏作用，如降低湿度，排除侵蚀物质等。

（2）提高材料本身对外界的抵抗能力，如提高材料的密实度，改变材料孔隙构造。

（3）在材料表面设置保护层保护本体材料免受破坏，如覆盖、抹灰、刷涂料等。

对材料耐久性的判断应在使用条件下进行长期观测。近年来采用在实验室进行快速试验，如干湿循环、冻融循环、碳化和化学介质浸渍等，根据试验结果对材料的耐久性做出评价。

提高材料的耐久性，对保证建筑物正常使用，减少使用期间的维修费用，延长建筑物使用寿命等均有十分重要的意义。

本模块小结

本模块是学习建筑材料课程应首先具备的基础知识和理论，掌握和了解这些性质对于认识、研究和应用建筑材料具有极为重要的意义。通过本模块学习，要求掌握建筑材料所具有的各种基本性能的定义、内涵、参数及计算表征方法，了解材料性能对建筑结构质量的影响作用，为下一步学习材料的性能打下基础。

本模块的主要内容为材料的基本物理性质、力学性质和耐久性等。材料的物理性质包括材料与质量有关的性质、与水有关的性质及与热有关的性质三部分。与质量有关的性质：根据材料不同的状态，分为密度、表观密度、堆积密度。孔隙率和空隙率能描绘材料在不同状态下的疏密程度，它们都是影响材料工程性质的内在因素。与水有关的性质：亲水性和憎水性、吸水性和吸湿性、耐水性、抗渗性和抗冻性，这些性质都与材料的构造有着密切的联系。与热有关的性质：导热性、比热、热容量、耐燃性和耐火性等。导热系数是采暖房屋的墙体和屋面热工计算的重要依据。材料的力学性质：材料在外力作用下产生变形和抵抗破坏的能力。材料在不同形式的外力作用下，抵抗外力的能力分别为抗拉强度、抗压强度、抗弯强度与抗剪强度等。不同的材料以不同的强度值划分强度等级。材料受力后的变形可分为弹性变形和塑性变形。按材料破坏前的变形情况，可将材料分为脆性材料与韧性材料，以分别适用于不同的使用条件。

本模块重点为各种密度、孔隙率、空隙率、密实度和填充率的概念、计算式、测定方法及其相互关系；与水有关的各种性质的概念、计算式；强度计算式。难点为材料性质之间的关系，如：根据材料的孔、孔隙率及其构造分析判断材料的表观密度、强度、吸水性、耐久性等。

复习思考题

自测题

1. 材料的密度、表观密度、堆积密度有何区别？如何测定？这些密度是否随其含水量的增加而增大？为什么？

2. 测定含大量开口孔隙的材料表观密度时，直接用排水法测定其体积，为何该材料的质量与所测得的体积之比不是该材料的表观密度？

3. 何谓材料的密实度和孔隙率？两者有什么关系？

4. 某一块状材料的全干质量为 100 g，自然状态下的体积为 38 cm^3，绝对密实状态下的体积为 33 cm^3，试计算其密度、表观密度、密实度和孔隙率。

5. 某工地有砂 50 t，表观密度 2500 kg/m^3，堆积密度 1450 kg/m^3；石子 100 t，表观密度 2600 kg/m^3，堆积密度 1500 kg/m^3。试计算砂、石的空隙率；若平均堆积高度为 1.2 m，各需要多大面积存放？

6. 干燥石材试样重 964 g，浸入水中吸水饱和后，取出抹干再浸入水中排出水的体积是 370 cm^3，取出后称得质量为 970 g，磨细后烘干再浸入水中排出水的体积是 356 cm^3。求：(1)该石材的密度和表观密度；(2)开口孔隙率和闭口孔隙率。

7. 怎么区分材料的亲水性与憎水性？建筑材料的亲水性和憎水性在建筑工程中有什么实际意义？

8. 何谓材料的吸水性、吸湿性、耐水性、抗渗性和抗冻性？各用什么指标表示？

9. 材料的孔隙率与孔隙特征对材料的密度、表观密度、吸水、吸湿、抗渗、抗冻、强度及保温隔热等性能有何影响？

10. 材料的质量吸水率和体积吸水率有何不同？两者存在什么关系？什么情况下采用体积吸水率或质量吸水率来反映材料的吸水性？

11. 含水率为 10% 的 100 g 湿砂，其中干砂的质量为多少克？

12. 已知某固体材料自然状态下其外形体积为 1.5m^3，密度为 1800 kg/m^3，孔隙率为 25%，含水率为 20%，试求含水量。

13. 干燥的石材试样质量 500 g，浸入水中吸水饱和后排出水的体积是 190 cm^3，取出后抹干再浸入水中排开水的体积是 200 cm^3，求此石材的表观密度、体积吸水率和质量吸水率。

14. 经测定，质量为 3.4 kg，容积为 10.0 L 的容量筒装满绝干石子后的总质量为 18.4 kg。若向筒内注入水，待石子吸水饱和后，为注满此筒共注入水 4.27 kg。将上述吸水饱和的石子擦干表面后称得总质量为 18.6 kg(含筒质量)。求该石子的表观密度、吸水率、堆积密度、开口孔隙率？

15. 软化系数是反映材料什么性质的指标？为什么要控制这个指标？

16. 评价材料热工性能的常用指标有哪几个？欲保持建筑物内温度的稳定并减少热损失，应选择什么样的建筑材料？

17. 中空玻璃为什么比同厚度的实心玻璃保温性能好？

18. 保温材料为什么保持干燥状态保温效果较好？

19. 已测得陶粒混凝土的导热系数为 0.35 W/(m·K)，普通混凝土的导热系数为 1.40 W/(m·K)，在传热面积、温差、传热时间均相同的情况下，问要使和厚 20 cm 的陶粒混凝土墙所传导热量相同，则普通混凝土墙的厚度应为多少？

20. 有一块烧结普通砖，在吸水饱和状态下测得的破坏荷载为 185 kN，干燥状态下测得的破坏荷载为 207 kN(受压面积为 115 mm×120 mm)，问砖在吸水饱和状态下和干燥状态下抗压强度各为多少？是否适宜常与水接触的工程结构物？

21. 弹性材料与塑性材料有何不同？

22. 韧性材料和脆性材料在外力作用下，其变形性能有何区别？

23. 何谓材料的强度？根据外力作用方式不同，各种强度如何计算？其单位如何表示？

24. 材料的强度与强度等级有何区别？

25. 何谓材料的比强度？它是衡量什么的指标？

26. 一标准混凝土试块，尺寸为 150 mm×150 mm×150 mm，测得其 28 天抗压破坏荷载为 531 kN，试计算其强度。

27. 何谓材料的耐久性？若提高材料的耐久性，可采取哪些措施？

模块二 无机气硬性胶凝材料

【知识目标】

通过本模块学习，应掌握石灰、石膏等气硬性胶凝材料的技术性能及应用；熟悉气硬性胶凝材料的种类、储运；了解气硬性胶凝材料的生产方法。

【技能目标】

通过本模块学习，能正确应用及保管石灰、石膏等气硬性胶凝材料；能根据相关标准检测石灰的性能及判定石膏的质量等级；能分析施工中气硬性胶凝材料使用不当的原因。

能够把建筑上砂、石子、砖、石块等散粒材料或块状材料黏结成为一个整体的材料统称为胶凝材料。胶凝材料的品种繁多，按化学成分不同，胶凝材料可分为有机胶凝材料和无机胶凝材料，其中常用的有机胶凝材料包括各种沥青、树脂、橡胶等。无机胶凝材料按硬化条件分为气硬性胶凝材料和水硬性胶凝材料，其中气硬性胶凝材料只能在空气中凝结硬化，同时也只能在空气中保持和发展其强度，即气硬性胶凝材料的耐水性差，不宜用于潮湿环境。常用的气硬性胶凝材料有石灰、石膏、水玻璃等；水硬性胶凝材料不仅能在空气中硬化，而且能在水中更好地硬化，并保持和发展其强度，即水硬性胶凝材料的耐水性好，可用于潮湿环境或水中。常用的水硬性胶凝材料有各种水泥。

第一节 建筑石灰

石灰是人类在建筑工程中使用较早的胶凝材料之一。由于其具有原材料分布广、生产工艺简单、成本低廉等特点，在建筑上历来应用广泛。

一、石灰的生产

石灰是以碳酸钙为主要成分的石灰石、白垩等为原材料，在1000℃左右的温度下煅烧所得到的产品，又称为生石灰。生石灰的主要成分为氧化钙（CaO），另外还含有少量氧化镁（MgO）及杂质。其化学反应式如下：

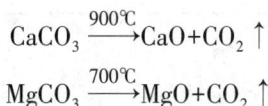

$$CaCO_3 \xrightarrow{900℃} CaO + CO_2 \uparrow$$
$$MgCO_3 \xrightarrow{700℃} MgO + CO_2 \uparrow$$

上述反应温度为达到化学平衡时的温度。在实际生产中，为了加快石灰石的分解，使$CaCO_3$能迅速充分分解成CaO，必须提高煅烧温度，一般为1000~1100℃。煅烧温度过低或煅烧时间过短，以及石灰石块体太大等原因，会使生石灰中存在未分解完全的石灰石，这种石灰称为欠火石灰。欠火石灰产浆量小，质量较差，利用率较低。煅烧温度过高或煅烧时间过长，石灰块体表观密度增大，颜色变深，即为过火石灰。过火石灰与水反应的速度大大降低，在硬化后才与游离水分发生熟化反应，产生较大体积膨胀，使硬化后的石灰表面局部产生鼓包、崩裂等现象，工程上称为"爆灰"。"爆灰"是建筑工程质量的通病之一。杂质含量少、煅烧情况良好的生石灰，颜色洁白或微黄，呈多孔结构，表观密度较低（800~1000 kg/m³），质量最好，这种石灰称为正火石灰。

二、石灰的分类

（1）按化学成分分类。根据石灰中 MgO 的含量多少，石灰分为钙质石灰和镁质石灰，具体分类及指标见表 2-1。

表 2-1　按化学成分的分类

石灰品种	种类	MgO 含量
生石灰	钙质生石灰	≤5%
	镁质生石灰	>5%
消石灰	钙质消石灰	≤5%
	镁质消石灰	>5%

（2）按煅烧程度分类。石灰按煅烧程度分为欠火石灰、正火石灰和过火石灰三种。

（3）按生石灰的熟化速度分类。根据熟化速度，石灰分为快熟石灰、中熟石灰和慢熟石灰三种。其中，快熟石灰可在 10 min 内熟化完毕，中熟石灰可在 10~30 min 内熟化完毕，慢熟石灰在 30 min 后才小有熟化的现象，熟化速度缓慢。

（4）按（CaO+MgO）含量多少分类。建筑生石灰、建筑消石灰中有效 CaO 和有效 MgO 含量越高，则质量越好。

表 2-2　建筑生石灰的分类（JC/T 479—2013）

类别	名称	代号
钙质石灰	钙质石灰 90	CL90
	钙质石灰 85	CL85
	钙质石灰 75	CL75
镁质石灰	镁质石灰 85	ML85
	镁质石灰 80	ML80

表 2-3 建筑消石灰的分类（JC/T 481—2013）

类别	名称	代号
钙质消石灰	钙质消石灰 90	HCL90
	钙质消石灰 85	HCL85
	钙质消石灰 75	HCL75
镁质消石灰	镁质消石灰 85	HML85
	镁质消石灰 80	HML80

三、生石灰的熟化

生石灰加水反应生成氢氧化钙，同时放出一定热量的过程，称为熟化或消化。生石灰除磨细生石灰粉可以直接在工程中使用外，一般均须熟化后使用。在熟化过程中发生如下化学反应。

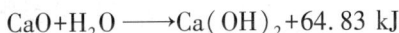

$$CaO + H_2O \longrightarrow Ca(OH)_2 + 64.83 \text{ kJ}$$

（1）熟化方式。熟化方式主要有淋灰和化灰两种。淋灰一般在石灰厂进行，是将块状生石灰堆成垛，先加入石灰熟化总用水量的 70% 的水，熟化 1~2 d 后将剩余 30% 的水加入继续熟化而成。由于加水量小，其熟化后为粉状，也称消石灰。化灰一般在施工现场进行，是将块状生石灰放入化灰池中，用大量水冲淋，使水面超过石灰表面熟化而成。由于加入大量水分，形成的熟石灰为膏状，简称"灰膏"。

（2）熟化过程的特点。生石灰中氧化钙（CaO）与水反应是一个放热反应，放出的热量为 64.83 kJ/mol。由于生石灰疏松多孔，与水反应后形成的氢氧化钙[Ca(OH)$_2$]体积比生石灰增大 1~2.5 倍。生成的熟石灰质量也相应增加约 0.3 倍（石灰熟化时的理论需水量约为石灰质量的 32%）。

熟石灰在使用前必须"陈伏"15 d 以上，以消除过火石灰因熟化慢、体积膨胀引起隆起和开裂（即"爆灰"现象）。此外，在"陈伏"时必须在化灰池表面保留一层水，使热石灰与空气隔绝，防止石灰与空气中二氧化碳发生化学反应（碳化）而降低石灰的活性。

生石灰熟化时的未消化残渣含量和产浆量的测定方法为：将规定质量、一定粒径的生石灰放入装有水的筛筒内，在规定时间内使其熟化，然后测定筛上未消化残渣的含量。再测定筛下生成的石灰浆体积，便得到产浆量（L/kg）。一般 1 kg 生石灰约加 2.5 kg 水，经熟化沉淀除水后，可制得表观密度为 1300~1400 kg/m^3 的石灰膏 1.5~3.0 L。

四、石灰的硬化

石灰浆在空气中逐渐硬化，主要有以下两个过程。

（1）结晶作用。随着游离水的蒸发，氢氧化钙晶体逐渐从饱和溶液中析出。

（2）碳化作用。氢氧化钙在潮湿条件下，与空气中二氧化碳发生化学反应，形成碳酸钙晶体。

$$Ca(OH)_2 + CO_2 + nH_2O \longrightarrow CaCO_3 \downarrow + (n+1)H_2O$$

碳化作用是从熟石灰表面开始缓慢进行的，生成的碳酸钙晶体与氢氧化钙晶体交叉连

生石灰的熟化

生，形成网络状结构，使石灰具有一定的强度。表面形成的碳酸钙结构致密，会阻碍二氧化碳进一步进入，且空气中二氧化碳的浓度很低，因此在相当长的时间内，石灰仍然是表层为 $CaCO_3$，内部为 $Ca(OH)_2$。石灰的硬化是一个相当缓慢的过程。

五、石灰的技术要求

（1）建筑生石灰的化学成分。按照标准《建筑生石灰》（JC/T 479—2013）的规定，建筑生石灰的化学成分见表2-4。

表2-4　建筑生石灰的化学成分（JC/T 479—2013）

名称	（CaO+MgO）/%	MgO/%	CO_2/%	SO_3/%
CL90-Q CL90-QP	≥90	≤5	≤4	≤2
CL85-Q CL85-QP	≥85	≤5	≤7	≤2
CL75-Q CL75-QP	≥75	≤5	≤12	≤2
ML85-Q ML85-QP	≥85	>5	≤7	≤2
ML80-Q ML80-QP	≥80	>5	≤7	≤2

注：生石灰块在代号后加Q，生石灰粉在代号后加QP。

（2）建筑生石灰的技术要求。按照标准《建筑生石灰》（JC/T 479—2013）的规定，建筑生石灰的物理性质见表2-5。

表2-5　建筑生石灰的物理性质（JC/T 479—2013）

名称	产浆量/[dm³·(10 kg)⁻¹]	细度	
		0.2 mm 筛余量/%	90 μm 筛余量/%
CL90-Q	≥26	—	—
CL90-QP	—	≤2	≤7
CL85-Q	≥26	—	—
CL85-QP	—	≤2	≤7
CL75-Q	≥26	—	—
CL75-QP	—	≤2	≤7
ML85-Q	—	—	—
ML85-QP		≤2	≤7
ML80-Q	—	—	—
ML80-QP		≤7	≤2

（3）建筑消石灰的技术要求。按照标准《建筑消石灰》（JC/T 481—2013）中的规定，建筑消石灰的技术指标见表2-6。

表 2-6　建筑消石灰的技术指标（JC/T 481—2013）

项目		钙质消石灰			镁质消石灰	
		HCL90	HCL85	HCL75	HML85	HML80
（CaO+MgO）/%		≥90	≥85	≥75	≥85	≥80
MgO/%		≤5			>5	
SO$_3$/%		≤2				
安定性		合格				
细度	0.2 mm 筛余量/%	≤2				
	90 μm 筛余量/%	≤7				

体积安定性是指在硬化过程中体积变化的均匀性。其测定方法是：将一定稠度的石灰浆做成中间厚、边缘薄的一定直径的试饼，然后在100~105℃下烘干4 h，若无溃散、裂纹、鼓包等现象，则安定性合格。

六、石灰的特性

1. 保水性好

保水性是指固体材料与水混合时，能够保持水分不易泌出的能力。由于石灰膏中Ca(OH)$_2$粒子极小，比表面积很大，颗粒表面能吸附一层较厚的水膜，所以石灰膏具有良好的可塑性和保水性。在水泥砂浆中掺入石灰膏，可提高砂浆的保水性。

2. 凝结硬化慢，强度低

石灰浆体的凝结硬化所需时间较长。体积比为1∶3的石灰砂浆，其28 d抗压强度为0.2~0.5 MPa。

3. 硬化后体积收缩大

在石灰浆体的硬化过程中，大量水分蒸发使内部网状毛细管失水收缩，石灰会产生较大的体积收缩，导致表面开裂。因此，纯石灰浆一般不单独使用，通常需要在石灰膏中加入砂、纸筋、麻刀或其他纤维材料，以防止或减少收缩裂缝。

4. 吸湿性强，耐水性差

生石灰在存放过程中，会吸收空气中的水分而熟化。如存放时间过长，还会发生碳化而使石灰的活性降低。硬化后的石灰如果长期处于潮湿环境或水中，Ca(OH)$_2$就会逐渐溶解而导致结构破坏。

5. 放热量大，腐蚀性强

生石灰的熟化是放热反应，熟化时会放出大量的热。熟石灰中的Ca(OH)$_2$是一种中强碱，具有较强的腐蚀性。

七、石灰的应用

建筑工程中使用的石灰品种主要有块状生石灰、磨细生石灰、消石灰和熟石灰膏。除块状生石灰外，其他品种均可在工程中直接使用。

1. 配制建筑砂浆

石灰可配制石灰砂浆、混合砂浆等，用于砌筑、抹灰等工程。

2. 配制三合土和灰土

三合土是采用生石灰粉(或消石灰)、黏土、砂为原材料，按体积比为1:2:3的比例加水拌合均匀夯实而成；石灰、黏土或粉煤灰、碎砖或砂等原材料可以配制石灰粉煤灰土、碎砖三合土等。灰土是生石灰粉和黏土按1:(2~4)的体积比，加水拌合夯实而成。三合土和灰土主要用于建筑物的基础、路面或地面的垫层，其强度比石灰和黏土都高，其原因是黏土颗粒表面的少量活性SiO_2、Al_2O_3与石灰发生反应生成水化硅酸钙和水化铝酸钙等不溶于水的水化矿物的缘故。

3. 生产硅酸盐制品

以石灰为原料，可生产硅酸盐制品(以石灰和硅质材料为原料，加水拌合，经成型、蒸养或蒸压处理等工序而制成的建筑材料)，如蒸压灰砂砖、碳化砖、加气混凝土砌块等。

4. 磨制生石灰粉

采用块状生石灰磨细制成的磨细生石灰粉，可不经熟化直接应用于工程中，具有熟化速度快、体积膨胀均匀、生产效率高、硬化速度快、消除了欠火石灰和过火石灰的危害等优点。

另外，石灰还可以用来加固软土地基，制造膨胀剂和静态破碎剂等。

八、石灰的运输和贮存

生石灰在运输时不可与易燃、易爆和液体物品混装，同时要采取防水措施。生石灰、消石灰应分类、分等级贮存于干燥的仓库内，且不宜长期贮存。块状生石灰进场后通常须将其立即熟化，将保管期变为"陈伏"期。

第二节　建筑石膏

石膏是以硫酸钙为主要成分的传统气硬性胶凝材料之一。在自然界中，硫酸钙以两种稳定形态存在，一种是未水化的，叫天然无水石膏($CaSO_4$)；另一种是水化程度最高的，叫二水石膏($CaSO_4 \cdot 2H_2O$)。

石膏是一种理想的高效节能材料。随着高层建筑的发展，其在建筑工程中的应用正逐年增多，成为当前重点发展的新型建筑材料之一。应用较多的石膏品种有建筑石膏和高强石膏。

一、石膏的生产

石膏的生产原料主要是天然二水石膏，也可采用化工石膏。天然二水石膏($CaSO_4 \cdot 2H_2O$)又称为生石膏。化工石膏是指含有$CaSO_4 \cdot 2H_2O$的化学工业副产品废渣或废液，经提炼处理后制得的建筑石膏，如磷石膏、氟石膏、硼石膏、钛石膏等。

石膏的生产工艺为煅烧工艺。将生石膏在不同的压力和温度下加热，可得到晶体结构和性质各异的石膏胶凝材料。

1. 低温煅烧石膏

（1）建筑石膏。当加热温度为 107~170℃时，石膏部分结晶水脱出，二水石膏转化为 β 型半水石膏，又称为熟石膏或建筑石膏。其反应式为

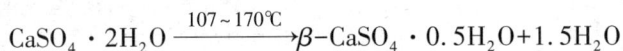

$$CaSO_4 \cdot 2H_2O \xrightarrow{107\sim170℃} \beta\text{-}CaSO_4 \cdot 0.5H_2O + 1.5H_2O$$

当加热温度在 170~200℃时，半水石膏继续脱水，成为可溶性硬石膏（$CaSO_4$Ⅲ）。这种石膏凝结快，但强度低。当温度升高到 200~250℃时，石膏中只残留很少的水，凝结硬化非常缓慢。

（2）模型石膏。其与建筑石膏化学成分相同，也是 β 型半水石膏（$\beta\text{-}CaSO_4 \cdot 0.5H_2O$），但含杂质较少，细度小。可制作成各种模型和雕塑。

（3）高强石膏。石膏在压力为 0.13 MPa、温度为 125℃的压蒸条件下蒸炼脱水，则生成 α 型半水石膏，即高强石膏。高强石膏与建筑石膏相比，其晶体比较粗大，比表面积小，达到一定稠度时需水量较小，因此硬化后具有较高的强度，可达 15~25 MPa。

2. 高温煅烧石膏

当加热温度高于 400℃时，石膏完全失去水分，成为不溶性硬石膏（$CaSO_4$Ⅱ），并失去凝结硬化能力，称为死烧石膏；当煅烧温度在 800℃以上时，部分石膏分解出氧化钙（CaO）。磨细后的产品称为高温煅烧石膏。氧化钙（CaO）在硬化过程中起碱性激发剂的作用，硬化后石膏具有较高的强度、抗水性和耐磨性，称为地板石膏。

二、建筑石膏的凝结硬化

将建筑石膏与适量水拌合成浆体，建筑石膏会很快溶解于水并与水发生化学反应，形成二水石膏。其反应式为

$$CaSO_4 \cdot 0.5H_2O + 1.5H_2O \longrightarrow CaSO_4 \cdot 2H_2O$$

由于形成的二水石膏的溶解度比 β 型半水石膏小得多（仅为 β 型半水石膏溶解度的 1/5），使溶液很快成为过饱和状态，二水石膏晶体将不断从饱和溶液中析出。这时，溶液中二水石膏浓度降低将使半水石膏继续溶解水化，直至半水石膏完全水化为止。

随着浆体中自由水分的逐渐减少，浆体会逐渐变稠而失去可塑性，这一过程称为凝结。随着二水石膏晶体的大量生成，晶体之间互相交叉连生，形成多孔的空间网络状结构，使浆体逐渐变硬，强度逐渐提高。这一过程称为硬化。由于石膏的水化过程很快，故石膏的凝结硬化过程非常快。

三、建筑石膏的技术要求

建筑石膏是以 β 型半水石膏为主要成分的白色粉末状气硬性无机胶凝材料，密度一般为 2.60~2.75 g/cm^3，堆积密度为 800~1000 kg/m^3。根据《建筑石膏》（GB/T 9776—2020）规定，建筑石膏按 2 h 强度（抗折）分为 4.0、3.0、2.5 三个等级。各项技术指标见表 2-7。

表 2-7　建筑石膏的物理力学性能（GB/T 9776—2020）

等级	凝结时间/min		2 h 湿强度/MPa，≥		绝干强度/MPa，≥	
	初凝	终凝	抗折	抗压	抗折	抗压
4.0			4.0	8.0	7.0	15.0
3.0	≥3	≤30	3.0	6.0	5.0	12.0
2.5			2.5	5.0	4.0	10.0

四、建筑石膏的特性

建筑石膏的特性

（1）凝结硬化快。建筑石膏的初凝时间不早于 3 min，终凝时间不迟于 30 min，对施工不利。为了便于施工，建筑石膏使用时，在满足强度要求的前提下，通常须掺入一定量的缓凝剂，如工业硼砂、柠檬酸、聚乙烯醇等。

（2）硬化过程中其体积会微膨胀，具有良好的装饰效果。建筑石膏在凝结硬化过程中，体积膨胀率极小，约为 1%。这一特性使得石膏制品的表面平整，棱角分明，线型准确，加之色质洁白，外观效果好，使其成为性能优良的室内装饰材料。

（3）孔隙率大、表观密度小，强度低。建筑石膏水化时，理论需水量仅为其质量的 18.6%，但为了使浆体具有必要的可塑性以及便于施工，通常加水量高达 60%~80%，致使大量多余水分蒸发后，石膏硬化体的孔隙率较大，因而其表观密度小，强度低。

（4）绝热性能和吸声性能好。硬化后的石膏制品孔隙率较大，且多呈毛细孔，这一特点极大地提高了其热阻，使得制品具有良好的保温隔热性能。同时，多孔结构对吸声也起到了一定的作用。

（5）具有一定的调温、调湿性。建筑石膏制品内部存在的大量毛细孔隙，这一方面使其热容量增大，吸收热量和储存热量的能力增强，可保持室内温度稳定；另一方面，毛细孔隙能够自动吸收空气中的水分并储存起来，如果室内空气中的水分减少，湿度下降，建筑石膏就能够将储存在毛细孔隙中的水分释放出来，可有效缓解室内过于干燥的状况。

（6）防火性好，耐火性差。建筑石膏硬化后的主要化学成分是 $CaSO_4 \cdot 2H_2O$。当遇火温度升高时，其内部的结晶水分蒸发，并能在制品周围形成蒸汽幕，可有效阻止火势的蔓延；同时，制品因丧失结晶水而使得孔隙率更大、隔热效果更好，可起到临时防火的作用。制品体积越厚大，则防火性能越好。但建筑石膏制品不宜长期在高温环境使用，否则制品会严重脱水而出现较大的体积收缩，产生开裂，强度降低甚至破坏。

（7）耐水性、抗冻性差。建筑石膏本身属于气硬性胶凝材料，其制品具有多孔结构的特点，且硬化后的主要化学成分为二水石膏，微溶于水。建筑石膏具有很强的吸湿性，若长期处于潮湿环境或与水接触，会缓慢溶解而溃散。若其制品吸水后再受冻，会因毛细孔隙中的水结冰而崩裂。所以建筑石膏的耐水性和抗冻性都很差，不宜在室外装饰工程中使用。

五、建筑石膏的应用

建筑石膏的应用

1. 室内粉刷

粉刷石膏是由建筑石膏或者由建筑石膏和不溶性硬石膏（$CaSO_4$ Ⅱ）二者混

合后，掺入外加剂、细集料等制成的胶凝材料，主要用于室内粉刷。粉刷石膏按用途可分为面层粉刷石膏(M)、底层粉刷石膏(D)和保温层粉刷石膏(W)三类。

2. 建筑石膏制品

建筑石膏制品品种较多，主要有纸面石膏板、石膏空心条板、纤维石膏板、石膏砌块、吸声用穿孔石膏板和装饰石膏制品等。

3. 在水泥生产中作缓凝剂

为了延缓水泥的凝结，在生产水泥时需要加入天然二水石膏或无水石膏作为水泥的缓凝剂。

4. 作油漆打底用腻子的原料

六、建筑石膏的运输和贮存

建筑石膏一般采用袋装，以具有防潮及不易破损的纸袋或其他复合袋包装。包装上应清楚标明产品标记、生产厂名、生产批号、出厂日期、质量等级、商标和防潮标志等。

建筑石膏在运输和贮存时不得受潮和混入杂物。不同等级应分别贮运，不得混杂。自生产之日起，其贮存期为三个月(通常建筑石膏在贮存三个月后强度将降低 30% 左右)。贮存期超过三个月的建筑石膏，应重新进行质量检验，以确定其等级。

第三节　水玻璃

水玻璃俗称"泡花碱"，为无定型硅酸钾或硅酸钠的水溶液，是以石英砂和纯碱为原材料，在玻璃熔炉中熔融，冷却后溶解于水而制成的气硬性无机胶凝材料。

一、水玻璃的生产

常用的水玻璃为硅酸钠水玻璃($Na_2O \cdot nSiO_2$)，为无色、青绿或灰黄色黏稠液体。水玻璃的生产方法有湿法和干法两种。

湿法生产是将石英砂和氢氧化钠水溶液放入蒸压锅内，用蒸汽使其在 0.2~0.3 MPa 的压力下加热溶解而形成水玻璃溶液。其反应式为：

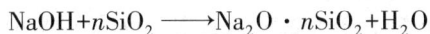

$$NaOH + nSiO_2 \longrightarrow Na_2O \cdot nSiO_2 + H_2O$$

干法是将石英砂和纯碱按比例混合磨细，在玻璃熔炉中于 1300~1400℃ 的温度下熔融冷却后形成固态水玻璃，然后在 0.3~0.4 MPa 的蒸压锅内加热溶解成为液态水玻璃的一种方法。其化学反应式为

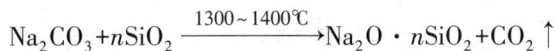

$$Na_2CO_3 + nSiO_2 \xrightarrow{1300~1400℃} Na_2O \cdot nSiO_2 + CO_2 \uparrow$$

水玻璃的化学通式为 $R_2O \cdot nSiO_2$，式中 n 为水玻璃模数，一般为 1.5~3.5。水玻璃的模数 n 值越大，则其黏度越大，黏结力越强，但越难溶于水。水玻璃可与水按任意比例混合成不同浓度的溶液。同一模数的液体水玻璃，浓度越大，黏结力越大。建筑工程中常用水玻璃的模数为 2.6~2.8，密度为 1.36~1.50 g/cm³。

二、水玻璃的硬化

液态水玻璃在空气中与二氧化碳发生化学反应生成二氧化硅凝胶。其反应式为

$$Na_2O \cdot nSiO_2 + CO_2 + mH_2O \longrightarrow Na_2CO_3 + nSiO_2 \cdot mH_2O$$

二氧化硅凝胶($nSiO_2 \cdot mH_2O$)干燥脱水,会析出固态二氧化硅(SiO_2),而使水玻璃硬化。由于这一过程非常缓慢,通常需要加固化剂氟硅酸钠(Na_2SiF_6)以加快硅胶的析出,促进水玻璃的硬化。

氟硅酸钠的掺量一般为水玻璃质量的 12%～15%。若其用量过小,硬化速度会较慢,强度较低,未硬化的水玻璃易溶于水,导致其耐水性降低;用量过多则会引起凝结过快,造成施工困难,且抗渗性下降,强度低。

三、水玻璃的特性与应用

水玻璃不燃烧,有较高的耐热性;具有良好的胶结能力,硬化后形成的硅酸凝胶能堵塞材料毛细孔而提高其抗渗性;水玻璃具有高度的耐酸性能,可抵抗绝大多数无机酸(氢氟酸除外)和有机酸的作用。

由于水玻璃具有上述性能,故在建筑中有下列用途:

(1)用作涂料涂刷于建筑材料表面

水玻璃可以涂刷在天然石材、烧结砖、水泥混凝土和硅酸盐制品表面或受潮多孔材料上。它能够渗入材料的孔或缝隙中,提高其密实度、强度和耐久性。但其不能涂刷在石膏制品表面,因为硅酸钠会与石膏中的硫酸钙发生化学反应形成硫酸钠并在制品孔隙中结晶而产生较大的体积膨胀,使石膏制品开裂破坏。

(2)配制耐酸材料

以水玻璃作胶凝材料,氟硅酸钠为促硬剂,与耐酸粉料、粗细集料一起,配制成耐酸胶泥、耐酸砂浆和耐酸混凝土,广泛应用于防腐工程中。

(3)配制耐热材料

水玻璃耐高温性能良好,能长期承受一定高温作用而强度不降低,可与耐热集料一起配制成耐热砂浆、耐热混凝土。

(4)加固土壤和地基

将水玻璃与氯化钙溶液交替灌入地基土壤内,其反应式为

$$Na_2O \cdot nSiO_2 + CaCl_2 + mH_2O = nSiO_2 \cdot (m-1)H_2O + Ca(OH)_2 + NaCl$$

将水玻璃溶液和氯化钙溶液轮流交替压入地基,反应生成的硅胶凝胶可将土壤颗粒包裹并填实其空隙。另外,硅酸胶体因吸收地下水经常处于膨胀状态,阻止水分渗透,因而不仅可以提高地基的承载力,而且可以提高其不透水性。

本模块小结

能够把建筑上砂、石子、砖、石块等散粒材料或块状材料黏结成为一个整体的材料统称为胶凝材料。只能在空气中凝结硬化,同时也只能在空气中保持和发展其强度的胶凝材料,称为气硬性胶凝材料。常用的气硬性胶凝材料有石灰、石膏、水玻璃等。

石灰是人类在建筑工程中使用最早的胶凝材料之一,由于其具有原材料分布广、生产工艺简单、成本低廉等特点,在建筑上历来应用广泛。石膏是一种理想的高效节能材料,随着高层建筑的发展,其在建筑工程中的应用正逐年增多,成为当前重点发展的新型建筑材料之

一。水玻璃可用作涂料涂刷于建筑材料表面、配制耐酸材料以及用作耐热材料、耐火材料的胶凝材料等。

　　本模块主要介绍了石灰、石膏、水玻璃的生产、技术要求、特性、应用和贮存等内容，熟悉并掌握这些内容对于建筑施工显得尤为重要。

复习思考题

自测题

　　1. 简述气硬性胶凝材料和水硬性胶凝材料的区别。

　　2. 生石灰在熟化时为什么需要陈伏两周以上？为什么在陈伏时需在熟石灰表面保留一层水？

　　3. 石灰的用途有哪些？在储存和保管时需要注意哪些方面？

　　4. 建筑石膏的特性如何？用途如何？

　　5. 建筑石膏与高强石膏的性能有何不同？

　　6. 水玻璃的用途有哪些？

　　7. 为什么说石膏板是一种良好的内墙材料，但不能用作外墙围护结构？

　　8. 石膏板为什么具有吸声性和耐火性？

　　9. 用于内墙面抹灰时，建筑石膏与石灰相比具有哪些优点？为什么？

模块三　水　泥

【知识目标】

通过本模块学习，应掌握硅酸盐水泥熟料的矿物组成及其水化特性；掌握通用水泥的组成材料、凝结硬化及其影响因素、技术性质和应用；了解其他品种水泥的技术指标、特性和应用；了解水泥的判定、包装、储存及运输。

【技能目标】

通过本模块学习，能根据通用硅酸盐水泥的特性，在工程实际应用中选择合适的水泥品种。

水泥是指加适量的水拌成可塑的浆体，能胶结砂、石等材料，并能在空气和水中凝结硬化的粉末状水硬性胶凝材料，为无机水硬性胶凝材料。水泥是土建工程中生产混凝土和砂浆的重要原材料，广泛应用于土木建筑、海港工程、能源矿山、国防、航空航天等工程。水泥、钢材和木材被称为传统的三大建材。

波特兰水泥的发明

水泥的种类很多，根据国家标准《水泥的命名原则和术语》(GB/T 4131—2014)规定，水泥按其用途与性能可分为通用水泥和特种水泥两类。目前，通用水泥在土木工程中应用最广泛，见表3-1。

表3-1　水泥按性能和用途分类

水泥种类	性能和用途	主要种类
通用水泥	指一般土木工程通常采用的水泥，这类水泥的适用范围广泛	硅酸盐水泥、普通硅酸盐水泥、矿渣硅酸盐水泥、火山灰硅酸盐水泥、粉煤灰硅酸盐水泥、复合硅酸盐水泥
特种水泥	指有特殊性能或用途的水泥	铝酸盐水泥、硫铝酸盐水泥、快硬硅酸盐水泥、低热矿渣硅酸盐水泥等

按其主要水硬性矿物名称可分为硅酸盐水泥、铝酸盐水泥、硫铝酸盐水泥、铁铝酸盐水泥、氟铝酸盐水泥、磷酸盐水泥等系列，其中硅酸盐系列水泥在土木工程中应用最广泛。本模块主要介绍硅酸盐系列水泥。

第一节　硅酸盐水泥

国家标准《通用硅酸盐水泥》(GB 175—2020)规定：凡由硅酸盐水泥熟料、适量石膏和规定的混合材料磨细制成的水硬性胶凝材料称为通用硅酸盐水泥。通用硅酸盐水泥按混合材料的品种和掺量分为硅酸盐水泥、矿渣硅酸盐水泥、火山灰质硅酸盐水泥、粉煤灰硅酸盐水泥、普通硅酸盐水泥和复合水泥。其中，硅酸盐水泥中不掺加混合材料的称为Ⅰ型硅酸盐水泥，代号为P·Ⅰ；掺加不超过水泥质量分数5%的石灰石或粒化高炉矿渣混合材料的称为Ⅱ型硅酸盐水泥，代号为P·Ⅱ。硅酸盐水泥是硅酸盐系列水泥的基础。通用硅酸盐水泥的组分如表3-2、表3-3、表3-4所示。

表3-2　硅酸盐水泥的组分要求

水泥品种	简称	代号	组分/%（质量分数）		
			熟料+石膏	粒化高炉矿渣	石灰石
硅酸盐水泥		P·Ⅰ	100	—	—
		P·Ⅱ	95~10	0~5	—
				—	0~5

表3-3　普通硅酸盐水泥、矿渣硅酸盐水泥、粉煤灰硅酸盐水泥和火山灰质硅酸盐水泥的组分要求

品种	代号	组分/%（质量分数）				
		主要组分				替代组分
		熟料+石膏	粒化高炉矿渣	粉煤灰	火山灰质混合材料	
普通硅酸盐水泥	P·O	80~95	5~20[①]			0~5[②]
矿渣硅酸盐水泥	P·S·A	50~80	20~50	—	—	0~8[③]
	P·S·B	30~50	50~70	—	—	
粉煤灰硅酸盐水泥	P·F	60~80	—	20~40	—	
火山灰质硅酸盐水泥	P·P	60~80	—	—	20~40	

注：①本组分材料由符合本标准规定的粒化高炉矿渣、粉煤灰、火山灰质混合材料组成。
②本替代组分为符合本标准规定的石灰石、砂岩、窑灰中的一种材料。
③本替代组分为符合本标准规定的粉煤灰、火山灰、石灰石、砂岩、窑灰中的一种材料。

表3-4　复合硅酸盐水泥的组分要求

品种	代号	组分/%（质量分数）						
		主要组分						替代组分
		熟料+石膏	粒化高炉矿渣	粉煤灰	火山灰质混合材料	石灰石	砂岩	
复合硅酸盐水泥	P·C	50~80	20~50[①]					0~8[②]

注：①本组分材料由符合本标准规定的粒化高炉矿渣、粉煤灰、火山灰质混合材料组成、石灰石和砂岩中的三种（含）以上材料组成。其中石灰石和砂岩的总量小于水泥质量的20%。
②本替代组分为符合本标准规定的窑灰。

一、硅酸盐水泥的生产及矿物组成

(一)硅酸盐水泥的生产

硅酸盐水泥的生产过程可简称为"两磨一烧"，即①生料制备阶段(生料磨细)。石灰质原料、黏土质原料和少量的校正原料按一定的比例配合、磨细，并调整为成分合适、质量均匀的生料。②熟料煅烧阶段(生料煅烧成熟料)。生料在水泥窑内煅烧至部分熔融，可得到以硅酸钙为主要成分的硅酸盐水泥熟料。③水泥粉磨阶段(熟料磨细)。熟料、适量的石膏、混合材料混合后共同磨细成品，其中石膏的掺加是为了调整硅酸盐水泥的凝结时间(延缓水泥的凝结时间)。其具体的生产工艺流程如图3-1所示。

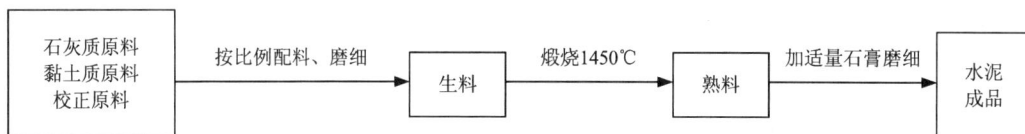

图 3-1　硅酸盐水泥的生产工艺过程

(二)硅酸盐水泥的矿物组成

硅酸盐水泥的熟料简称为熟料，是经高温煅烧而成的，主要含 CaO、SiO_2、Al_2O_3、Fe_2O_3 的原料，按适当比例磨成细粉烧至部分熔融所得以硅酸钙为主要矿物成分的水硬性胶凝物质。其中硅酸钙矿物含量(质量分数)不小于66%，氧化钙和氧化硅质量比不小于2.0，是决定水泥质量的主要因素。所以，水泥生产的主要环节是控制熟料中的化学成分。

硅酸盐水泥熟料主要由硅酸二钙($2CaO \cdot SiO_2$，简写 C_2S)、硅酸三钙($3CaO \cdot SiO_2$，简写 C_3S)、铝酸三钙($3CaO \cdot Al_2O_3$，简写 C_3A)、铁铝酸四钙($4CaO \cdot Al_2O_3 \cdot Fe_2O_3$，简写 C_4AF)四种矿物组成。其中，硅酸盐水泥熟料除上述主要组成外，还含有少量的游离氧化钙(含量过高，将造成水泥体积安定性不良)、游离氧化镁(含量过高，将造成水泥体积安定性不良)以及含碱矿物和玻璃体(当含量高，且遇到活性骨料时，易发生碱-骨料膨胀反应)等。

水泥具有较好的建筑技术特性，主要是水泥熟料中几种主要矿物成分水化作用的结果。水泥熟料中各种矿物成分单独与水发生水化反应时的特性如表3-5所示。

硅酸盐水泥的
矿物组成1

硅酸盐水泥的
矿物组成2

表 3-5　水泥熟料主要矿物组成及其特性

矿物名称	硅酸三钙(C_3S)	铝酸三钙(C_3A)	硅酸二钙(C_2S)	铁铝酸四钙(C_4AF)
含量/%	37~60	7~15	15~37	10~18
水化反应速度	快	最快	慢	快
水化热(28 d 放热量)	大	最大	小	中
强度	高	低	早期低，后期高	低(对抗折有利)
干缩性	中	大	小	小

由表 3-5 可知，水泥中各矿物熟料的含量对水泥的性能有决定作用，当改变各种熟料矿物成分的含量时，水泥的性质会发生相应的变化。如提高熟料中的 C_3S 和 C_3A 的含量，可制得快凝快硬水泥。如若制成水利工程上所用低水化热的大坝水泥，则要尽可能降低熟料中的 C_3A 和 C_3S 的含量，提高 C_2S 的含量。

二、硅酸盐水泥的水化与凝结硬化

硅酸盐水泥加适量的水拌和后成为可塑性的水泥浆，同时各矿物成分发生水化反应，随着水化反应的深入进行，水泥浆逐渐变稠失去可塑性，但尚不具有强度的过程，称为水泥的"初凝"，待完全失去可塑性，并开始产生强度时，称为水泥的"终凝"。随后产生明显的强度，并逐渐发展成坚硬的人造石(水泥石)的过程，称为水泥的硬化。水泥的凝结和硬化过程实际上是水泥熟料中的矿物成分水化作用的结果，是连续、复杂的物理化学变化过程。

(一)硅酸盐水泥的水化

水泥与水接触后，其表面的熟料矿物会立即与水发生化学反应，生成各种水化产物，并伴随放出一定的热量，其反应方程式为：

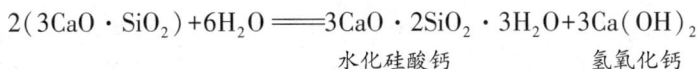

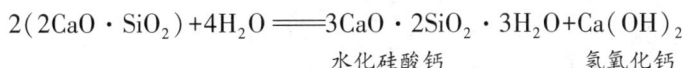

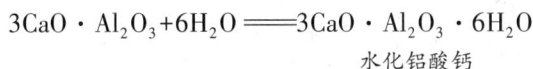

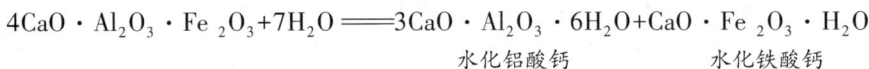

$$2(3CaO \cdot SiO_2)+6H_2O \Longrightarrow 3CaO \cdot 2SiO_2 \cdot 3H_2O+3Ca(OH)_2$$
水化硅酸钙　　　　氢氧化钙

$$2(2CaO \cdot SiO_2)+4H_2O \Longrightarrow 3CaO \cdot 2SiO_2 \cdot 3H_2O+Ca(OH)_2$$
水化硅酸钙　　　　氢氧化钙

$$3CaO \cdot Al_2O_3+6H_2O \Longrightarrow 3CaO \cdot Al_2O_3 \cdot 6H_2O$$
水化铝酸钙

$$4CaO \cdot Al_2O_3 \cdot Fe_2O_3+7H_2O \Longrightarrow 3CaO \cdot Al_2O_3 \cdot 6H_2O+CaO \cdot Fe_2O_3 \cdot H_2O$$
水化铝酸钙　　　　水化铁酸钙

铝酸三钙水化速度非常快，生成水化铝酸钙，水化铝酸钙呈晶体析出。为了调节水泥的凝结时间，在熟料磨细时掺加适量的(约3%)石膏作缓凝剂，水化铝酸钙和石膏反应生成水化硫铝酸钙(也称钙矾石)。水化硫铝酸钙为难溶于水的稳定的针状晶体。其反应式为：

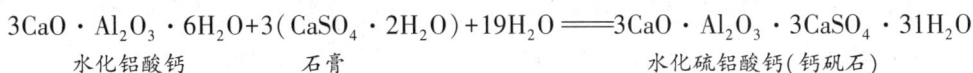

$$3CaO \cdot Al_2O_3 \cdot 6H_2O+3(CaSO_4 \cdot 2H_2O)+19H_2O \Longrightarrow 3CaO \cdot Al_2O_3 \cdot 3CaSO_4 \cdot 31H_2O$$
水化铝酸钙　　　　石膏　　　　　　　水化硫铝酸钙(钙矾石)

在熟料颗粒表面形成的钙矾石保护膜封闭熟料组分的表面，阻止水分子及离子的扩散，从而延缓了熟料颗粒特别是 C_3A 的继续水化。

硅酸三钙水化速度也很快，生成水化硅酸钙和氢氧化钙，其中水化硅酸钙是不溶于水的凝胶体，氢氧化钙是以六方晶体析出。

综上所述，硅酸盐水泥经完全水化后，生成的水化物主要有：水化硅酸钙和水化铁酸钙凝胶体、氢氧化钙、水化铝酸钙和水化硫铝酸钙晶体。在完全水化的水泥石中，水化硅酸钙凝胶约占70%，且对水泥石形成强度起决定性作用；氢氧化钙晶体约占20%；水化铝酸钙和钙矾石约占10%。

水泥的水化反应为放热反应，放出的热量称为水化热。硅酸盐水泥的水化热大，放热的周期也较长，但大部分(50%以上)热量在 3 d 以内，特别是在水泥浆发生凝结、硬化的初期放出。水泥水化热的大小与水泥细度、水灰比、养护的温湿度等有关。

(二)硅酸盐水泥的凝结硬化

水泥加水拌合后，生成各种水化产物，从而形成可塑性的浆体，随着时间的延长(水化反应的进行），水泥浆逐渐失去可塑性，并发展成具有一定强度的坚硬体，这称为水泥的凝结硬化。硅酸盐水泥的凝结硬化过程是很复杂的物理化学过程。在水泥浆体内，各种物理化学变化不能按时间来划分，但在不同的凝结硬化阶段由不同的变化起主要作用。人为地将硅酸盐水泥的凝结硬化主要分为以下几个过程：

第一过程：当水泥加水拌合后，未水化的水泥颗粒分散在水中，并与水化合形成水泥浆体。

第二过程：水泥颗粒表面和水接触后，表面的水泥颗粒与水反应，形成不同的水化产物，由于水化产物的溶解度很小，且随着新生水化产物的增多，自由水分减少，各种水化产物先后析出，并包裹在水泥颗粒表面，形成包有水化物膜层的水泥颗粒。

第三过程：随着水化的不断进行，生成更多的水化产物。各种水化凝胶体和氢氧化钙、水化硅酸钙晶体相互连接形成网状结构，从而使浆体流动性和可塑性逐渐降低，水泥逐渐凝结。

第四过程：随着水化的深入进行，各种晶体和凝胶体水化物越来越多，它们相互连生，形成较紧密的网状结晶结构，并在网状结构内部不断充实水化物，从而使水泥浆具有初步的强度。随着凝结硬化时间的延长，水泥颗粒内部未水化的部分继续水化，生成的水化物进一步发展，填充水泥颗粒内部和颗粒之间的毛细孔，使水泥浆体逐渐产生强度而进入硬化阶段，最后成为坚硬的水泥石。

硅酸盐水泥的凝结硬化过程是连续复杂的过程。从1882年雷·查理特首次提出水泥凝结硬化理论到目前为止，人们仍在研究。水泥凝结硬化的影响因素是多方面的，如熟料矿物成分含量、细度、石膏的掺量、水灰比、养护的温度和湿度以及养护龄期等。其中矿物组成各成分的比例是影响水泥凝结硬化的主要因素，熟料中各矿物成分与水作用时的特性是不同的，其强度发展规律也会不同；水泥颗粒越细，与水泥的接触面大，水化反应速度越快，凝结硬化也越快；石膏的掺加是为了延缓水泥的凝结硬化，但是石膏掺入过多，会引起水泥体积安定性不良，致使水泥产生膨胀性破坏；水灰比的大小直接影响新拌水泥浆体内毛细孔的数量，水灰比小，水泥浆稠，水泥石整体结构内毛细孔减少，水泥的凝结硬化速度快，强度提高也快；养护环境内足够的温度和湿度会有利于水泥的水化和凝结硬化，从而有利于其早期强度的发展；水泥的水化和凝结硬化是连续的过程，水泥石的强度随着养护龄期的增长而增大，实践证明，水泥一般在28 d内强度发展较快，28 d后强度增长缓慢。

三、硅酸盐水泥的技术性质

按照我国现行国家标准《通用硅酸盐水泥》（GB 175—2020）的规定，硅酸盐水泥的技术要求包括化学性质和物理性质。

（一）硅酸盐水泥的化学性质

通用硅酸盐水泥的化学指标应符合表3-6要求。

表 3-6　通用硅酸盐水泥的化学指标(质量分数)　　　　　　　　%

品种	代号	不溶物	烧失量	三氧化硫	氧化镁	氯离子
硅酸盐水泥	P·Ⅰ	≤0.75	≤3.0	≤3.5	≤6.0	≤0.1①
	P·Ⅱ	≤1.50	≤3.5			
普通硅酸盐水泥	P·O	—	≤5.0			
矿渣硅酸盐水泥	P·S·A	—	—	≤4.0	≤6.0	
	P·S·B	—	—		—	
火山灰质硅酸盐水泥	P·P	—	—	≤3.5	≤6.0	
粉煤灰硅酸盐水泥	P·F	—	—			
复合硅酸盐水泥	P·C	—	—			

注：①当有更低要求时,该指标由买卖双方协商确定。

硅酸盐水泥的碱含量(选择性指标)。水泥中的碱含量按 $Na_2O+0.658K_2O$ 计算值表示。如果使用活性骨料,用户要求提供低碱水泥时,由买卖双方协商确定。

(二)硅酸盐水泥的物理性质

水泥的物理性质包括细度(选择性指标)、凝结时间、体积安定性和强度等。

1. 细度

细度是指水泥颗粒的粗细程度。水泥颗粒越细,与水接触的表面积就越大,水化反应速度越快,放热量高且集中,但太细,则硬化收缩较大,研磨成本也较高;如果水泥颗粒过粗则不利于水泥活性的发挥。目前水泥细度主要采用筛余百分数(在 45 μm 筛孔的筛上的筛余量占水泥总质量的百分数)和比表面积(单位质量水泥粉末所具有的总表面积,以 m^2/kg 表示)两种测定方法。国家标准规定,硅酸盐水泥的比表面积不小于 300 m^2/kg,但不大于 400 m^2/kg,用比表面积法测定。

2. 水泥标准稠度用水量

为使水泥的凝结时间和体积安定性的测定结果具有可比性,规定必须用标准稠度的水泥净浆,进行凝结时间和体积安定性的测定。水泥标准稠度用水量是指水泥净浆达到标准稠度时的需水量,常用水泥质量的百分比(水占水泥质量的百分数)P 表示。

水泥标准稠度用水量检测

按国家标准《水泥标准稠度用水量、凝结时间、安定性检验方法》(GB/T 1346—2019)的要求进行水泥的标准稠度用水量、凝结时间和体积安定性的测定,测定方法有标准法和代用法,如果两种测量结果有异时,以标准法为准。这里介绍标准法,采用标准法维卡仪,以试杆沉入水泥净浆并距离底板(6±1)mm 的水泥净浆为标准稠度净浆,其拌合水量为该水泥的标准稠度用水量。

3. 凝结时间

水泥的凝结时间分为初凝时间和终凝时间。初凝时间是从水泥加水拌合时起至标准稠度净浆开始失去可塑性所需的时间;终凝时间为水泥加水拌合时起至标准稠度净浆完全失去可塑性并开始产生强度所需的时间。水泥的凝

水泥凝结时间检测

结时间在施工中具有重要意义。为了保证有足够的时间在初凝之前完成水泥混凝土和砂浆的搅拌、运输、浇筑和振捣及砂浆的粉刷、砌筑等施工工艺的操作，初凝时间不宜过短；为使混凝土、砂浆能尽快地硬化达到一定的强度，以利于下道工序及早进行，终凝时间不宜太长，否则会影响工期。凝结时间按国家标准（GB/T 1346—2019）的规定进行测定，用标准法维卡仪测定。以标准稠度净浆，进行标准养护，从水泥加水拌合时起，至试针沉入水泥净浆并距离底板（4±1）mm 时为水泥的初凝时间，用 min 表示；从加水拌合时起，至试针沉入试件 0.5 mm 时，即为终凝时间，用 min 表示。

国家标准规定，硅酸盐水泥的初凝时间不小于 45 min，终凝时间不大于 390 min。

4. 体积安定性

水泥安定性检测

水泥的体积安定性是指水泥凝结硬化过程中，体积变化的均匀程度。如果水泥构件硬化前后体积变化不均匀，将会产生膨胀、裂缝或翘曲，降低工程质量，甚至引起严重事故。因此，施工中必须使用安定性合格的水泥。国家标准规定，体积安定性不良的水泥严禁用于工程中。导致水泥体积安定性不良的主要原因是水泥熟料矿物中所含的游离氧化钙或游离氧化镁过多，或者水泥粉磨时石膏掺量过多。水泥熟料中所含的游离氧化钙或氧化镁都是过烧的，熟化很慢，在水泥已经硬化后还在慢慢水化并产生体积膨胀，引起不均匀的体积变化，导致水泥石开裂。石膏掺量过多，水泥硬化后过量的石膏还会继续与已固化的水化铝酸钙作用，生成高硫型水化硫铝酸钙（俗称钙矾石），体积增大 1.5 倍，引起水泥石开裂。

国家标准（GB/T 1346—2019）规定，水泥体积安定性检验用沸煮法，包括雷氏法（标准法）和试饼法（代用法）两种，其中雷氏法是通过观测水泥标准稠度净浆在雷氏夹中沸煮（180±5）min 后指针的相对位移表征其体积的膨胀程度来检验水泥的体积安定性；代用法是通过观测水泥标准稠度净浆试饼沸煮（180±5）min 后的外形变化情况来表征其体积安定性。当有争议时，以雷氏法为准。

国家标准规定，硅酸盐水泥的体积安定性以沸煮法检验必须合格。其中游离氧化钙对水泥体积安定性的影响用沸煮法来检验，测试方法可采用试饼法或雷氏法。由于游离氧化镁及过量石膏对水泥体积安定性的影响不便于检验，故国家标准对水泥中的氧化镁和三氧化硫含量都分别作了限制，见表 3-6。国家标准规定，硅酸盐水泥压蒸安定性必须合格。

5. 强度

水泥胶砂强度检验用试件的制作及抗折、抗压强度检测

水泥的强度是评价和选用水泥的重要技术指标，也是划分强度等级的重要依据。水泥的强度除受水泥熟料的矿物组成、混合料的掺量、石膏掺量、细度、龄期和养护条件等因素影响外，还与试验方法有关。水泥的强度用水泥胶砂强度 ISO 法（GB/T 17671—2021），按灰砂比（C/S）1∶3，水灰比（W/C）0.5，其中水泥（450±2）g，ISO 标准砂（1350±5）g，水（225±1）g，按标准方法制作成 40 mm×40 mm×160 mm 试件，标准条件下［（20±1）℃，湿度≥90%］养护，测定龄期 3 d、28 d 的抗折和抗压强度，根据测定结果来确定该水泥的强度等级。根据 3 d 和 28 d 的抗折强度和抗压强度，硅酸盐水泥分为 42.5、42.5 R、52.5、52.2 R、62.5、62.5 R 六个强度等级，各龄期强度值不得低于表 3-7 规定的数值。硅酸盐水泥根据 3 d 的强度分为普通型和早强型（R 型），其中早强型水泥的 3 d 强度可达到 28 d 强度的 50%；同强度等级的早强型水泥，3 d 抗压强度较普通型的可提高 10%～33%。

表 3-7 通用硅酸盐水泥的强度等级和各龄期的强度值

品种	强度等级	抗压强度/MPa		抗折强度/MPa	
		3 d	28 d	3 d	28 d
硅酸盐水泥 普通硅酸盐水泥	42.5	≥17.0	≥42.5	≥4.0	≥6.5
	42.5R	≥22.0		≥4.5	
	52.5	≥22.0	≥52.5	≥4.5	≥7.0
	52.5R	≥27.0		≥5.0	
	62.5	≥27.0	≥62.5	≥5.0	≥8.0
	62.5R	≥32.0		≥5.5	
矿渣硅酸盐水泥 火山灰硅酸盐水泥 粉煤灰硅酸盐水泥	32.5	≥12.0	≥32.5	≥3.0	≥5.5
	32.5R	≥17.0		≥4.0	
	42.5	≥17.0	≥42.5	≥4.0	≥6.5
	42.5R	≥22.0		≥4.5	
	52.5	≥22.0	≥52.5	≥4.5	≥7.0
	52.5R	≥27.0		≥5.0	
复合硅酸盐水泥	42.5	≥17.0	≥42.5	≥4.0	≥6.5
	42.5R	≥22.0		≥4.5	
	52.5	≥22.0	≥52.5	≥4.5	≥7.0
	52.5R	≥27.0		≥5.0	

R——早强型。

6. 水化热

水化热是指水泥在水化过程中放出的热量。水化热通常在水泥水化初期放出，其大小取决于熟料中各矿物成分的含量、掺合料的数量、水泥的细度、养护条件、外加剂的品种等。硅酸盐水泥是通用水泥中放热量最大的一种。水化热大的水泥不适合用于大体积混凝土工程（如大坝、桥墩、厚大型基础等），主要是因为水化热积聚在内部，从而造成构件内外温度较大，产生温度应力，导致产生混凝土裂缝。但是水化热大利于冬季施工，可防止冻害。所以硅酸盐水泥可优先用于冬季施工，但不适合用于大体积混凝土工程。

四、硅酸盐水泥的腐蚀与防治

(一)硅酸盐水泥的腐蚀类型

硅酸盐水泥构件在正常的使用环境中有较好的耐久性。但将硅酸盐水泥制品长期放在侵蚀性介质中，如流动的软水、酸性水、强碱、含硫酸盐、镁盐的溶液等，将会导致水泥石表面疏松、强度降低，从而降低建筑的使用寿命，这种现象称为硅酸盐水泥的腐蚀。硅酸盐水泥的腐蚀类型主要由以下几种：

1. 软水侵蚀(溶出性侵蚀)

软水是指只含少量可溶性钙盐和镁盐的天然水,或是经过软化处理的硬水。江水、河水、湖(淡水湖)水等均属于软水。硅酸盐水泥的水化产物主要是 $Ca(OH)_2$ 且其溶解度是最大的。当水量不多时,$Ca(OH)_2$ 溶解于水且浓度很快达到饱和而停止。若在流动的压力水中,水泥中的 $Ca(OH)_2$ 就会不断地溶解于水,并被水流带走。水泥中由于 $Ca(OH)_2$ 浓度的降低,会导致其他水泥产物发生分解。水泥制品中毛细孔的存在将导致腐蚀现象不断深入,从而使水泥内部孔隙增大,强度降低,最终致使水泥结构破坏。

2. 酸类侵蚀

水泥的主要水化产物中含有大量的 $Ca(OH)_2$,当遇到酸(弱酸和强酸)时,将会和酸发生反应,从而生成能溶于水泥的各种盐。

如 CO_2 含量较多的工业污水或地下水。这种碳酸水和水泥石中的 $Ca(OH)_2$ 发生反应生成溶于水的 $Ca(HCO_3)_2$,从而腐蚀水泥。具体的化学反应式如下:

$$Ca(OH)_2 + CO_2 + H_2O = CaCO_3 + 2H_2O$$
$$CaCO_3 + H_2O + CO_2 = Ca(HCO_3)_2$$

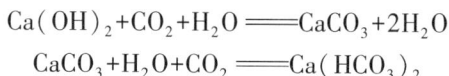

如工业废水或地下水中含有较多的无机酸、有机酸。则这种酸水将会和水泥石中的 $Ca(OH)_2$ 发生化学反应,生成溶于水或体积膨胀的产物,从而导致水泥石破坏。无机酸中的盐酸、硫酸、氢氟酸,有机酸中的醋酸、蚁酸、乳酸对水泥石的腐蚀较严重。其中盐酸和硫酸与水泥石中的 $Ca(OH)_2$ 发生化学反应如下:

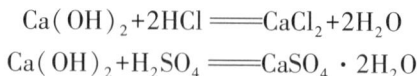

$$Ca(OH)_2 + 2HCl = CaCl_2 + 2H_2O$$
$$Ca(OH)_2 + H_2SO_4 = CaSO_4 \cdot 2H_2O$$

3. 盐类侵蚀

盐的侵蚀主要有硫酸盐侵蚀和镁盐侵蚀。

硫酸盐侵蚀是海水、湖水、沼泽水或地下水的 SO_4^{2-} 与水泥石中的 $Ca(OH)_2$ 发生化学反应生成 $CaSO_4$,而 $CaSO_4$ 又会和水泥石中的水化铝酸钙反应生成含有结晶水的硫铝酸钙,体积增大 1.5 倍以上,从而破坏水泥石。具体化学反应如下:

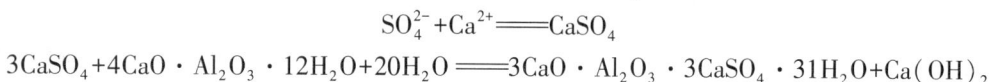

$$SO_4^{2-} + Ca^{2+} = CaSO_4$$

$$3CaSO_4 + 4CaO \cdot Al_2O_3 \cdot 12H_2O + 20H_2O = 3CaO \cdot Al_2O_3 \cdot 3CaSO_4 \cdot 31H_2O + Ca(OH)_2$$

镁盐侵蚀是海水或地下水中含有硫酸镁和氯化镁,它们会和水泥石中的 $Ca(OH)_2$ 发生反应。具体反应式如下:

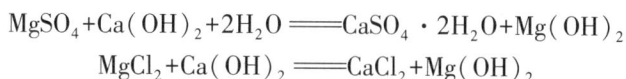

$$MgSO_4 + Ca(OH)_2 + 2H_2O = CaSO_4 \cdot 2H_2O + Mg(OH)_2$$
$$MgCl_2 + Ca(OH)_2 = CaCl_2 + Mg(OH)_2$$

生成的 $Mg(OH)_2$ 没有胶结能力,二水石膏引起硫酸盐的破坏作用,$CaCl_2$ 易溶于水,从而导致水泥石破坏。

4. 强碱侵蚀

水泥石本身具有相当高的碱度,因此弱碱溶液一般不会侵蚀水泥石,但是,当铝酸盐含量较高的水泥石遇到强碱(如氢氧化钠)作用后会被腐蚀破坏。氢氧化钠与水泥熟料中未水化的铝酸三钙作用,生成易溶的铝酸钠:

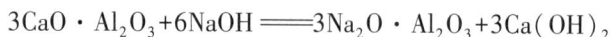

$$3CaO \cdot Al_2O_3 + 6NaOH = 3Na_2O \cdot Al_2O_3 + 3Ca(OH)_2$$

当水泥石被氢氧化钠浸润后又在空气中干燥,与空气中的二氧化碳作用生成碳酸钠,它在水泥石毛细孔中结晶沉积，会使水泥石胀裂。

(二)防止硅酸盐水泥腐蚀的方法

1. 根据水泥制品的使用环境及侵蚀类型，合理选择水泥品种

根据水泥制品使用环境和侵蚀特点，合理选择水泥品种。如在有压力的流动水环境中，选择水化产物中 $Ca(OH)_2$ 含量较少的水泥，可提高其抗软水侵蚀能力；在含有硫酸盐的环境中，采用抗硫酸盐水泥，可有效抵抗硫酸盐的侵蚀；掺入活性混合材料，可提高硅酸盐水泥抵抗多种介质的侵蚀作用。

2. 提高水泥石的密实度

水泥石(或混凝土)的孔隙率越小，抗渗能力越强，侵蚀介质也越难进入，侵蚀作用越轻。在实际工程中，可采用多种措施提高混凝土与砂浆的密实度，如合理设计混凝土配合比、降低水灰比、掺外加剂，改善施工方法等。

3. 在水泥石表面设置保护层

当侵蚀作用较强或上述措施不能满足要求时，可在水泥制品(混凝土、砂浆等)表面设置耐腐蚀性高且不透水的隔离层或保护层。

五、硅酸盐水泥的特性及应用

(1)凝结硬化快，早期强度及后期强度高，适用于有早强要求的混凝土、冬季施工混凝土，地上、地下重要结构的高强混凝土和预应力混凝土工程。

(2)抗冻性好，适用于严寒地区水位升降范围内遭受反复冻融循环的混凝土工程。

(3)水化热大，不宜用于大体积混凝土工程，但可用于低温季节或冬期施工。

(4)耐腐蚀性差，不宜用于经常与流动淡水或硫酸盐等腐蚀介质接触的工程，也不宜用于经常与海水、矿物水等腐蚀介质接触的工程。

(5)耐热性差，不宜用于有耐热要求的混凝土工程。

(6)抗碳化性能好，适用于空气中 CO_2 浓度较高的环境，如铸造车间等。

(7)干缩小，可用于干燥环境下的混凝土工程。

(8)耐磨性好，可用于路面与地面工程。

第二节　掺有混合材料的硅酸盐水泥

硅酸盐水泥因为熟料含量高，具有水化热高、强度高、成本高等特点。为了扩大硅酸盐水泥的应用范围，降低成本，可在硅酸盐水泥熟料中掺加一定量的混合材料，从而改善水泥的性能，提高产量，调节水泥的强度等级，称为掺混合材料的硅酸盐水泥。掺混合材料的硅酸盐水泥有：普通硅酸盐水泥、矿渣硅酸盐水泥、火山灰质硅酸盐水泥、粉煤灰硅酸盐水泥和复合硅酸盐水泥。上述五种水泥和硅酸盐水泥统称为通用硅酸盐水泥。

一、混合材料的作用

有些混合材料具有一定的化学活性，能和水泥的水化物产生化学反应，生成新的水硬性胶凝材料，凝结硬化产生强度，从而改变水泥的某些特性。常见的这类混合材料有粒化高炉矿渣、火山灰质混合材料和粉煤灰。其中粒化高炉矿渣是高炉炼铁的副产品经水淬急冷处理

后得到的颗粒状材料；火山灰质混合材料是凡天然的和人工的以氧化硅、氧化铝为主要成分的矿物质材料，本身磨细加水拌和并不硬化，但与气硬性石灰混合物后，再加水拌和，不但能在空气中硬化，而且能在水中继续硬化的矿物质材料；粉煤灰是燃煤电厂排出的烟气中收捕下来的细颗粒废渣，上述三种混合材料中均有活性的 SiO_2 和活性 Al_2O_3，磨细后在水泥中，和水泥水化后的产物 $Ca(OH)_2$ 发生二次反应，生成具有水硬性的水化硅酸钙和水化铝酸钙。当有石膏存在时，水化铝酸钙将和石膏进一步发生反应生成水化硫铝酸钙。

掺这类混合材料的硅酸盐水泥的反应分次进行。首先是硅酸盐水泥熟料中的各矿物成分水化生成 $Ca(OH)_2$ 等水化产物；然后是混合材料材料中的活性 SiO_2 和活性 Al_2O_3 与 $Ca(OH)_2$，在掺入石膏的激发下发生二次反应。这类混合材料的掺加主要起改善水泥的某些性能、扩大水泥强度的等级范围、降低水化热、增加产量和降低成本等作用。

有些混合材料不具有化学活性或化学活性很小。掺在水泥中主要起填充作用，可以调节水泥强度，降低水化热，降低水泥生产成本，增加水泥产量。常见的这类混合材料有石灰石、砂岩、窑灰等。

二、几种掺有混合材料的硅酸盐水泥

(一)普通硅酸盐水泥

凡由硅酸盐水泥熟料、>5%且≤20%的混合材料和适量石膏磨细制成的水硬性胶凝材料，称为普通硅酸盐水泥，简称普通水泥，代号为 P·O，如表 3-2 所示。

1. 技术要求

(1)普通水泥的化学指标如表 3-6 所示。

(2)细度。普通水泥以 45 μm 方孔筛筛余表示，不小于 5%。

(3)凝结时间。初凝时间不小于 45 min，终凝时间不大于 600 min。

(4)体积安定性。用沸煮法、压蒸法检验必须合格。标准规定普通水泥中 MgO 的含量和 SO_3 的含量须符合表 3-6 的要求。

(5)强度等级。根据 3 d 和 28 d 的抗折强度和抗压强度分 42.5、42.5R、52.5、52.5R、62.5、62.5R 六个强度等级。各龄期强度不得低于表 3-7 规定的数值。

2. 特性及应用

由于普通水泥混合材料的掺量较少，所以其性质与硅酸盐水泥相近。与硅酸盐水泥相比，水化热略低，早期强度略低，抗冻性、耐磨性和抗碳化能力略有降低，耐腐蚀能力略有提高。普通水泥被广泛应用于各种强度等级的钢筋混凝土工程中。

(二)矿渣硅酸盐水泥

凡由硅酸盐水泥熟料和粒化高炉矿渣、适量石膏磨细制成的水硬性胶凝材料称为矿渣硅酸盐水泥，简称矿渣水泥，分为 A 型矿渣水泥(P·S·A)和 B 型矿渣水泥(P·S·B)，其中 A 型水泥矿渣含量为>20%且≤50%，B 型水泥矿渣含量>50%且≤70%，如表 3-3 所示。

1. 技术要求

(1)矿渣水泥的化学指标如表 3-6 所示。

(2)细度。以 45 μm 方孔筛筛余表示，不小于 5%。

(3)凝结时间。初凝时间不小于 45 min，终凝时间不大于 600 min。

(4)体积安定性。用沸煮法、压蒸法检验必须合格。标准规定矿渣水泥中 MgO 的含量和

SO_3 的含量须符合表 3-6 的要求。

(5)强度等级。根据 3 d 和 28 d 的抗折强度和抗压强度分 32.5、32.5R、42.5、42.5R、52.5、52.5R 六个强度等级。各龄期强度不得低于表 3-7 规定的数值。

2. 特性及应用

由于矿渣水泥中熟料矿物较少而活性混合材料较多，且掺入的矿渣对水的吸附力较差，所以具有保水性差、泌水性大、水化热低、凝结硬化慢，早期强度较低等特点。由于矿渣水泥水化析出的 $Ca(OH)_2$ 较少，因此这种水泥具有抵抗软水、海水和硫酸盐腐蚀的能力较强，宜用于水工和海港工程。矿渣水泥还具有耐热性，所以可用于耐热混凝土，但这种水泥硬化后碱度较低，故抗碳化能力较差。矿渣水泥的抗冻性、耐磨性、抗渗性和抵抗干湿交替循环的性能均不如普通水泥。

(三)火山灰质硅酸盐水泥

凡由硅酸盐水泥熟料、>20%且≤40%火山灰质混合材料、适量石膏磨细制成的水硬性胶凝材料称为火山灰质硅酸盐水泥，简称火山灰水泥，代号为 P·P。如表 3-3 所示。

1. 技术要求

(1)火山灰水泥的化学指标如表 3-6 所示。

(2)细度。以 45 μm 方孔筛筛余表示，不小于 5%。

(3)凝结时间。初凝时间不小于 45 min，终凝时间不大于 600 min。

(4)体积安定性。沸煮法、压蒸法检验必须合格。标准规定矿渣水泥中 MgO 的含量和 SO_3 的含量须符合表 3-6 的要求。

(5)强度等级。根据 3 d 和 28 d 的抗折强度和抗压强度分 32.5、32.5R、42.5、42.5R、52.5、52.5R 六个强度等级。各龄期强度不得低于表 3-7 规定的数值。

2. 特性及应用

火山灰水泥和矿渣水泥一样具有水化热低、凝结硬化慢、早期强度增长慢，后期强度增长较快、耐腐蚀能力强，抗碳化能力差等特点。但火山灰水泥颗粒较细，泌水性小，故具有较高的抗渗性，适合用于有抗渗要求的混凝土工程。火山灰水泥需水量大，在干热环境中易产生干缩裂缝，所以在干燥环境中的混凝土工程，使用时必须加强养护，使其在较长时间内保持润湿状态。

(四)粉煤灰质硅酸盐水泥

凡由硅酸盐水泥熟料和>20%且≤40%粉煤灰、适量石膏磨细制成的水硬性胶凝材料称为粉煤灰硅酸盐水泥，简称粉煤灰水泥，代号为 P·F。粉煤灰水泥的代号及其组分要求如表 3-3 所示。

1. 技术要求

(1)粉煤灰水泥的化学指标如表 3-6 所示。

(2)细度。以 45 μm 方孔筛筛余表示，不小于 5%。

(3)凝结时间。初凝时间不小于 45 min，终凝时间不大于 600 min。

(4)体积安定性。沸煮法、压蒸法检验必须合格。标准规定矿渣水泥中 MgO 的含量和 SO_3 的含量须符合表 3-6 的要求。

(5)强度等级。根据 3 d 和 28 d 的抗折强度和抗压强度分 32.5、32.5R、42.5、42.5R、52.5、52.5R 六个强度等级。各龄期强度不得低于表 3-7 规定的数值。

2. 特性及应用

粉煤灰水泥和火山灰水泥、矿渣水泥一样具水化热低、凝结硬化慢，早期强度较低、后期强度增长较快、耐腐蚀能力强，抗碳化能力差等特点。但粉煤灰水泥还具干缩性小，故抗裂性较好，所以可用于大体积混凝土工程、水下混凝土及海港工程。粉煤灰水泥的吸水率小，故需水量小，配制的混凝土和易性较好。

（五）复合硅酸盐水泥

凡由硅酸盐水泥熟料、>20%且≤50%规定的混合材料，适量石膏磨细制成的水硬性胶凝材料，称为复合硅酸盐水泥，简称复合水泥，代号为 P·C。复合水泥的组分要求如表 3-4 所示。

1. 技术要求

（1）复合水泥的化学指标如表 3-6 所示。

（2）细度。以 45 μm 方孔筛筛余表示，不小于 5%。

（3）凝结时间。初凝时间不小于 45 min，终凝时间不大于 600 min。

（4）体积安定性。沸煮法、压蒸法检验必须合格。标准规定复合水泥中 MgO 的含量和 SO_3 的含量须符合表 3-6 的要求。

（5）强度等级。根据 3 d 和 28 d 的抗折强度和抗压强度分 42.5、42.5R、52.5、52.5R 四个强度等级。各龄期强度不得低于表 3-7 规定的数值。

2. 特性及应用

复合水泥的性能一般受掺加混合材料的种类、掺量和比例等因素的影响，早期强度接近于普通水泥，高于矿渣水泥、火山灰水泥和粉煤灰水泥，其他性能优于矿渣水泥、火山灰水泥、粉煤灰水泥，因而适用范围广。

三、通用硅酸盐水泥的特性及应用

通用硅酸盐水泥简称通用水泥，包括硅酸盐水泥、普通水泥、矿渣水泥、粉煤灰水泥、火山灰水泥和复合水泥，是目前土木工程中应用最广泛的水泥品种。它们的特性如表 3-8 所示。

表 3-8　通用水泥的特性

	硅酸盐水泥	普通水泥	矿渣水泥	火山灰水泥	粉煤灰水泥	复合水泥
特性	①凝结硬化快、早期强度较高 ②水化热大 ③抗冻性好 ④耐热性差 ⑤耐蚀性差 ⑥干缩性较小	①凝结硬化较快、早期强度较高 ②水化热较大 ③抗冻性较好 ④耐热性较差 ⑤耐蚀性较差 ⑥干缩性较小	①凝结硬化慢、早期强度低，后期强度增长较快 ②水化热较小 ③抗冻性差 ④耐热性好 ⑤耐蚀性较好 ⑥干缩性较大 ⑦泌水性大、抗渗性差	①凝结硬化慢、早期强度低，后期强度增长较快 ②水化热较小 ③抗冻性差 ④耐热性较差 ⑤耐蚀性较好 ⑥干缩性较大 ⑦保水性好抗渗性较好	①凝结硬化慢、早期强度低，后期强度增长较快 ②水化热较小 ③抗冻性差 ④耐热性差 ⑤耐蚀性较好 ⑥干缩性较小、抗裂性较高 ⑦保水性差，易泌水	①凝结硬化慢、早期强度低，后期强度增长较快 ②水化热较小 ③抗冻性差 ④耐蚀性较好 ⑤干缩较大 ⑥其他性能与所掺入的两种或两种以上混合材料的种类、掺量有关

通用水泥的选用如表 3-9 所示。

表 3-9 通用水泥的选用

混凝土工程特点或所处环境条件		优先选用	可以使用	不宜使用
普通混凝土	1 在普通气候环境中的混凝土	普通水泥	矿渣水泥、火山灰水泥、粉煤灰水泥、复合水泥	—
	2 在干燥环境中的混凝土	普通水泥	矿渣水泥	火山灰水泥、粉煤灰水泥
	3 在高湿度环境中或长期处于水中的混凝土	矿渣水泥、火山灰水泥、粉煤灰水泥、复合水泥	普通水泥	—
	4 厚大体积的混凝土	矿渣水泥、火山灰水泥、粉煤灰水泥、复合水泥	—	硅酸盐水泥
有特殊要求的混凝土	1 要求快硬早强的混凝土	硅酸盐水泥	普通水泥	矿渣水泥、火山灰水泥、粉煤灰水泥、复合水泥
	2 高强(大于 C50 级)混凝土	硅酸盐水泥	普通水泥 复合水泥	矿渣水泥、火山灰水泥、粉煤灰水泥
	3 严寒地区的露天混凝土、寒冷地区的处在水位升降范围内的混凝土	普通水泥	矿渣水泥	火山灰水泥 粉煤灰水泥
	4 严寒地区处在水位升降范围内的混凝土	普通水泥	—	矿渣水泥、火山灰水泥、粉煤灰水泥、复合水泥
	5 有抗渗性要求的混凝土	普通水泥 火山灰水泥	—	矿渣水泥
	6 有耐磨性要求的混凝土	硅酸盐水泥 普通水泥	矿渣水泥	火山灰水泥 粉煤灰水泥
	7 受侵蚀介质作用的混凝土	矿渣水泥、火山灰水泥、粉煤灰水泥、复合水泥	—	硅酸盐水泥 普通水泥

第三节 其他品种水泥

一、铝酸盐水泥

铝酸盐水泥是以铝酸钙为主的铝酸盐水泥熟料,经磨细制成的水硬性胶凝材料,代号 CA。铝酸盐水泥按 Al_2O_3 的含量(质量分数)分为 CA50($50\% \leqslant Al_2O_3 < 60\%$)、CA60($60\% \leqslant$

$Al_2O_3<68\%$)、CA70($68\%\leqslant Al_2O_3<77\%$)、CA80($77\%\leqslant Al_2O_3$)四个类型，各类型水泥的化学成分、凝结时间和各龄期强度不得低于标准 GB/T 201—2015 的规定。高铝水泥是铝酸盐系列水泥的代表。该种水泥具有快硬、高强、耐腐蚀、耐热等特性。

1. 技术要求

铝酸盐水泥(GB/T 201—2015)标准规定了铝酸盐水泥的技术要求如下：

(1)细度：比表面积不小于 300 m^2/kg 或 45 μm 筛余不大于 20%，由供需双方商定，在无约定的情况下发生争议时以比表面积为准。

(2)凝结时间

铝酸盐水泥(胶砂)的凝结时间应符合表 3-10 要求。

表 3-10　铝酸盐水泥的凝结时间　　　　　　　　　　　　单位：分钟

水泥类型		初凝时间	终凝时间
CA50		≥30	≤360
CA60	CA60-Ⅰ	≥30	≤360
	CA60-Ⅱ	≥60	≤1080
CA70		≥30	≤360
CA80		≥30	≤360

(3)强度

铝酸盐水泥(胶砂)是以不同龄期的抗压和抗折强度划分强度等级的。不同强度等级的水泥各龄期强度须满足表 3-11 要求。

表 3-11　铝酸盐水泥胶砂强度　　　　　　　　　　　　单位：MPa

水泥类型		抗压强度/MPa				抗折强度/MPa			
		6 h	1 d	3 d	28 d	6 h	1 d	3 d	28 d
CA50	CA50-Ⅰ	≥20注	≥40	≥50	—	≥3.0注	≥5.5	≥6.5	—
	CA50-Ⅱ		≥50	≥60	—		≥6.5	≥7.5	—
	CA50-Ⅲ		≥60	≥70	—		≥7.5	≥8.5	—
	CA50-Ⅳ		≥70	≥80	—		≥8.5	≥9.5	—
CA60	CA60-Ⅰ	—	≥65	≥85	—	—	≥7.0	≥10.0	—
	CA60-Ⅱ	—	≥20	≥45	≥85	—	≥2.5	≥5.0	≥10.0
CA70			≥30	≥40	—		≥5.0	≥6.0	—
CA80		—	≥25	≥30	—	—	≥4.0	≥5.0	—

注：当用户需要时，生产厂应提供结果

2. 特性及应用

(1)铝酸盐水泥凝结硬化速度快。1 d 强度可达最高强度的 80% 以上，主要用于工期紧急的工程,如国防、道路和特殊抢修工程等。

(2)铝酸盐水泥水化热大,且放热速度特别快。1 d 内放出的水化热为总量的 70% ~ 80%,使混凝土内部温度上升较高,即使在-10℃下施工,铝酸盐水泥也能很快凝结硬化,可用于冬季施工的工程,但不宜用于大体积混凝土。

(3)铝酸盐水泥在普通硬化条件下,由于水泥石中不含铝酸三钙和氢氧化钙,且密实度较大,因此具有很强的抗硫酸盐腐蚀作用。

(4)铝酸盐水泥具有较高的耐热性。如采用耐火粗细骨料(如铬铁矿等)可制成使用温度达 1300~1400℃的耐热混凝土。

(5)铝酸盐水泥不能进行蒸汽养护,且不宜在高温季节施工。

(6)硬化后的铝酸盐水泥构件的长期强度有降低的趋势,长期强度约降低 40% ~ 50%左右,因此铝酸盐水泥不宜用于长期承重的结构及处在高温高湿环境的工程中,它只适用于紧急军事工程(筑路、桥)、抢修工程(堵漏等)、临时性工程,以及配制耐热混凝土等

(7)铝酸盐水泥与硅酸盐水泥或石灰相混合会产生闪凝,且生成高碱性的水化铝酸钙,从而使混凝土开裂或破坏。因此施工时,不得和其他品种水泥混合使用。

二、砌筑水泥

砌筑水泥是由一种或一种以上的水泥混合材料,加入适量硅酸盐水泥熟料和石膏,经磨细制成的工作性较好的水硬性胶凝材料,代号为 M。

1. 技术要求

根据国家标准《砌筑水泥》(GB/T 3183—2017)规定,砌筑水泥的技术要求如下:

(1)三氧化硫:水泥中三氧化硫含量应不大于 3.5%。

(2)细度:80 μm 方孔筛筛余不大于 10.0%。

(3)凝结时间:初凝不早于 60 min,终凝不迟于 12 h。

(4)安定性:用沸煮法检验,应合格。

(5)保水率:保水率应不低于 80%。

(6)强度及强度等级。各等级水泥各龄期强度应不低于表 3-12 中的数值。

表 3-12 砌筑水泥的强度等级和各龄期强度

水泥等级	抗压强度/MPa			抗折强度/MPa		
	3 d	7 d	28 d	3 d	7 d	28 d
12.5	—	≥7.0	≥12.5	—	≥1.5	≥3.0
22.5	—	≥10.0	≥22.5	—	≥2.0	≥4.0
32.5	≥10.0	—	≥32.5	≥2.5	—	≥5.5

2. 特性及应用

砌筑水泥的强度较低,主要用于工业与民用建筑的砌筑和抹面砂浆、垫层混凝土等,不能用于钢筋混凝土或结构混凝土。

三、道路硅酸盐水泥

由道路硅酸盐水泥熟料,适量石膏,可加入《道路硅酸盐水泥》(GB/T 13693—2017)规定的混合材料,磨细制成的水硬性胶凝材料,称为道路硅酸盐水泥,简称道路水泥,代号为P·R。其中道路硅酸盐水泥熟料是以适当成分的生料烧至部分熔融,所得以硅酸钙为主要成分和含量较多的铁铝酸钙的硅酸盐水泥熟料,熟料中铝酸三钙的含量应不超过5.0%,铁铝酸四钙的含量应不低于15.0%,游离氧化钙的含量应不大于1.0%。道路硅酸盐水泥中活性混合材料的掺加量应按质量分数计为0~10%。

1. 技术要求

《道路硅酸盐水泥》(GB/T 13693—2017)规定了道路水泥的技术要求如下:

(1)氧化镁:道路水泥中氧化镁含量不得超过5.0%;如果水泥压蒸试验合格,则水泥中氧化镁含量(质量分数)允许放宽至6.0%。

(2)三氧化硫:道路水泥中三氧化硫含量不得超过3.5%。

(3)烧失量:道路水泥中的烧失量不得大于3.0%。

(4)比表面积。道路水泥比表面积为300~450 m^2/kg。

(5)凝结时间:初凝不得早于1.5 h,终凝不得迟于12 h。

(6)安定性:用沸煮法检验必须合格。

(7)干缩率:28 d干缩率不得大于0.10%。

(8)耐磨性:28 d磨耗量应不大于3.00 kg/m^2。

(9)强度:道路水泥按3 d、28 d的抗压强度和抗折强度分32.5、42.5和52.5三个强度等级,不同龄期各强度等级不得低于表3-13中的规定。

表 3-13　道路水泥强度等级及各龄期强度

强度等级	抗折强度/MPa ≥		抗压强度/MPa ≥	
	3 d	28 d	3 d	28 d
7.5	4.0	7.5	21.0	42.5
8.5	5.0	8.5	26.0	52.5

(10)氯离子:氯离子含量(质量分数)不大于0.06%。

(11)碱含量。如用户提出要求,由供需双方商定。若使用活性骨料,用户要求提供低碱水泥时,水泥中碱含量应不超过0.60%。碱含量按 $\omega(Na_2O)+0.658\omega(K_2O)$ 计算值表示。

2. 特性及应用

道路水泥具有早期强度高、干缩率小、耐磨性好、抗冲击性好、抗冻性好和抗硫酸盐腐蚀能力强等特点,主要用于修筑混凝土道路路面、机场跑道和城市广场等工程。

四、抗硫酸盐硅酸盐水泥

抗硫酸盐硅酸盐水泥按抗硫酸盐性能分为中抗硫酸盐硅酸盐水泥(Moderate sulfate resistance Portland cement)和高抗硫酸盐硅酸盐水泥(High sulfate resistance Portland cement)两

类。中抗硫酸盐硅酸盐水泥是以特定矿物组成的硅酸盐水泥熟料,加入适量石膏,磨细制成的具有抵抗中等浓度硫酸根离子侵蚀的水硬性胶凝材料,简称中抗硫酸盐水泥,代号为 P·MSR。高抗硫酸盐硅酸盐水泥是以特定矿物组成的硅酸盐水泥熟料,加入适量石膏,磨细制成的具有抵抗较高浓度硫酸根离子侵蚀的水硬性胶凝材料,简称高抗硫酸盐水泥,代号为 P·HSR。

1. 技术要求

《抗硫酸盐硅酸盐水泥》(GB 748—2005)标准规定了抗硫酸盐水泥的技术要求如下:

(1)水泥中硅酸三钙和铝酸三钙的含量应符合表3-14中的要求。

表3-14 抗硫酸盐水泥中硅酸三钙和铝酸三钙的含量(质量分数)

分类	硅酸三钙/%,≤	铝酸三钙/%,≤
中抗硫酸盐水泥	55.0	5.0
高抗硫酸盐水泥	50.0	3.0

(2)烧失量:水泥中烧失量应不大于3.0%。

(3)氧化镁:水泥中氧化镁含量应不大于5.0%。如果经水泥压蒸安定性试验合格,则水泥中氧化镁的含量允许放宽到6.0%。

(4)三氧化硫:水泥中三氧化硫的含量应不大于2.5%。

(5)不溶物:水泥中不溶物的含量应不大于1.5%。

(6)比表面积:水泥的比表面积应不小于280 m^2/kg。

(7)凝结时间:水泥的初凝时间不早于45 min,终凝时间应不迟于10 h。

(8)体积安定性:用沸煮法检验必须合格。

(9)强度:水泥强度等级按规定龄期的抗压强度和抗折强度来划分,各龄期的抗压强度和抗折强度不低于表3-15中的数值。

(10)碱含量:如果有需要,由供需双方商定,若使用活性骨料,用户要求提供低碱水泥时,水泥中的碱含量按 $\omega(Na_2O)+0.658\omega(K_2O)$ 计算应不大于0.60%。

表3-15 抗硫酸盐水泥强度等级及各龄期强度

分类	强度等级	抗压强度/MPa		抗折强度/MPa	
		3 d	28 d	3 d	28 d
中抗硫酸盐水泥	32.5	10.0	32.5	2.5	6.0
高抗硫酸盐水泥	42.5	15.0	42.5	3.0	6.5

(11)抗硫酸盐性:中抗抗硫酸盐水泥14 d线膨胀率应不大于0.060%,高抗硫酸盐水泥14 d线膨胀应不大于0.040%。

2. 特性及应用

抗硫酸盐水泥主要用于受硫酸盐侵蚀的海港、水利、地下、隧道、引水、道路和桥梁基础等工程。

五、膨胀水泥和自应力水泥

在水化和硬化过程中产生体积膨胀的水泥属膨胀类水泥。膨胀水泥中膨胀组分含量较多，膨胀值较大，在膨胀过程中又受到限制时（如钢筋限制），则水泥本身会受到压应力。该压力是依靠水泥自身水化而产生的，称为自应力，用自应力值（MPa）表示应力大小。其中自应力值大于 2 MPa 的称为自应力水泥。一般硅酸盐水泥在空气中硬化时，体积会发生收缩。收缩会使水泥石结构产生微裂缝，降低水泥石结构的密实性，影响结构的抗渗、抗冻、抗腐蚀等。膨胀水泥在硬化过程中体积不会发生收缩，还略有膨胀，可以解决由于收缩带来的不利后果。常见的膨胀水泥及主要用途：

1. 硅酸盐膨胀水泥

主要是用于制造防水砂浆和防水混凝土。适用于加固结构、浇筑机器底座或固结地脚螺栓，并可用于接缝及修补工程。但禁止在有硫酸盐侵蚀的水中工程中使用。

2. 低热微膨胀水泥

主要用于较低水化热和要求补偿收缩的混凝土、大体积混凝土，也适用于要求抗渗和抗硫酸盐侵蚀的工程。

3. 硫铝酸盐膨胀水泥

主要用于浇筑构件节点及应用于抗渗和补偿收缩的混凝土工程中。

4. 自应力水泥

主要用于自应力钢筋混凝土压力管及其配件。

六、中低热硅酸盐水泥

中低热硅酸盐水泥包括中热硅酸盐水泥、低热硅酸盐水泥。

中热硅酸盐水泥是以适当成分的硅酸盐水泥熟料、加入适量石膏，磨细制成的具有中等水化热的水硬性胶凝材料，简称中热水泥，代号为 P·MH。其中，中热硅酸盐水泥熟料中硅酸三钙的含量应不超过 55%，铝酸三钙的的含量应不超过 6%，游离氧化钙的含量应不超过 1.0%。

低热硅酸盐水泥是以适当成分的硅酸盐水泥熟料、加入适量石膏，磨细制成的具有低水化热的水硬性胶凝材料，简称低热水泥，代号为 P·LH。其中，低热硅酸盐水泥熟料中硅酸二钙的含量应不小于 40%，铝酸三钙的含量应不超过 6%，游离氧化钙的含量应不超过 1.0%。

1. 技术要求

国家标准《中热硅酸盐水泥、低热硅酸盐水泥》（GB/T 200—2017）规定了中低热硅酸盐水泥的技术要求如下：

（1）氧化镁：水泥中氧化镁的含量不宜大于 5.0%。如果水泥经压蒸安定性试验合格，则水泥中氧化镁的含量允许放宽到 6.0%。

（2）碱含量：碱含量由供需双方商定。当水泥在混凝土中和骨料发生有害反应并经用户提出低碱要求时，水泥中的碱含量应不超过 0.60%，碱含量按 $Na_2O + 0.658K_2O$ 计算值表示。

（3）三氧化硫：水泥中三氧化硫的含量应不大于 3.5%。

（4）烧失量：水泥的烧失量不应大于 3.0%。

（5）比表面积：水泥的比表面积应不低于 250 m^2/kg。

（6）凝结时间。初凝应不早于 60 min，终凝应不迟于 12 h。

（7）安定性：用沸煮法检验应合格。

（8）强度：水泥的强度等级按规定龄期的抗压强度和抗折强度划分，各龄期的抗压强度和抗折强度应不低于表 3-16 中的数值。

表 3-16　中低热硅酸盐水泥的强度等级和各龄期强度

品种	强度等级	抗压强度/MPa			抗折强度/MPa		
		3 d	7 d	28 d	3 d	7 d	28 d
中热水泥	42.5	≥12.0	≥22.0	≥42.5	≥3.0	≥4.5	≥6.5
低热水泥	32.5	—	≥10.0	≥32.5	—	≥3.0	≥5.5
	42.5	—	≥13.0	≥42.5	—	≥3.5	≥6.5

低热水泥 90 d 的抗压强度不低于 62.5 MPa。

（9）水化热

水泥的水化热允许采用直接法或溶解热法进行检验。各龄期的水化热应不大于表 3-17 中的数值。

表 3-17　水泥的强度等级和各龄期水化热

品种	强度等级	水化热 kJ/kg	
		3 d	7 d
中热水泥	42.5	≤251	≤293
低热水泥	32.5	≤197	≤230
	42.5	≤230	≤260

32.5 级低热水泥 28 d 的水化热不大于 290 kJ/kg，42.5 级低热水泥 28 d 的水化热不大于 310 kJ/kg。

2. 特性及应用

研究和应用结果表明，低热硅酸盐水泥所配制的混凝土后期强度远高于中热硅热酸盐水泥混凝土；绝热温升比中热硅酸盐水泥混凝土低 35℃；干缩小，自身体积变形为微膨胀。这一切说明低热硅酸盐水泥对进一步提高大坝混凝土的抗裂性，减少大坝混凝土裂缝，提高混凝土耐久性，将起到非常重要的作用。中热硅酸盐水泥主要适用于大坝溢流面的面层和水位变动区等要求较高的耐磨性和抗冻性工程；低热水泥和低热矿渣水泥主要适用于大坝或大体积建筑物内部及水下工程，其中低热水泥特别适合水工大体积混凝土、高强高性能混凝土工程应用。

七、白色和彩色硅酸盐水泥

(一)白色硅酸盐水泥

由白色硅酸盐水泥熟料,加入适量石膏和混合材料,磨细制成的水硬性胶凝材料称为白色硅酸盐水泥,简称白水泥,代号 P·W。白色硅酸盐水泥熟料和石膏共70%~100%,石灰岩、白云质石灰岩和石英砂等天然物0%~30%。熟料中氧化镁的含量不宜超过 5.0%。

1. 技术要求

《白色硅酸盐水泥》(GB/T 2015—2017)标准规定了白水泥的技术要求如下:

(1)三氧化硫:水泥中三氧化硫含量应不超过 3.5%。

(2)细度:45 μm 方孔筛筛余应不超过 30.0%。

(3)凝结时间:初凝时间应不早于 45 min,终凝时间应不迟于 10 h。

(4)体积安定性:用沸煮法检验必须合格。

(5)强度等级:白色硅酸盐水泥按 3 d、28 d 抗压强度和抗折强度分 32.5、42.5 和 52.5 三个强度等级,各强度等级的各龄期强度值不得低于表 3-18 中的数值。

表 3-18 白水泥强度等级及各龄期强度

强度等级	抗压强度/MPa ≥		抗折强度/MPa ≥	
	3 d	28 d	3 d	28 d
32.5	12.0	32.5	3.0	6.0
42.5	17.0	42.5	3.5	6.5
52.5	22.0	52.5	4.0	7.0

(6)白度:1 级白度不小于 89,2 级白度不小于 87。

(7)氯离子(选择性指标):氯离子不大于 0.06%。

2. 特性及应用

白水泥和通用水泥特性相近。主要用于拌制白色或彩色灰浆、砂浆和混凝土,进行建筑物的表面装饰。

(二)彩色硅酸盐水泥

凡由硅酸盐水泥熟料及适量石膏(或白色硅酸盐水泥)、混合材料及着色剂磨细或混合制成的带有色彩的水硬性胶凝材料称为彩色硅酸盐水泥,简称彩色水泥。其生产方法有直接法和间接法,直接法是在白水泥的生料中加少量金属氧化物,直接烧成彩色熟料,然后再加适量石膏磨细而成,间接法是白色硅酸盐水泥熟料、适量石膏和碱性颜料,共同磨细制成。主要由红色、黄色、蓝色、绿色、棕色和黑色等。

1. 技术要求

《彩色硅酸盐水泥》(JC/T 870—2012)标准规定了彩色水泥的技术要求如下:

(1)三氧化硫:水泥中三氧化硫的含量(质量分数)不大于 4.0%

(2)细度:80 μm 方孔筛筛余不大于 6.0%。

(3)凝结时间：初凝不得早于 1 h，终凝不得迟于 10 h。

(4)安定性：用沸煮法检验必须合格。

(5)强度：

彩色硅酸盐水泥强度等级分 27.5、32.5 和 42.5 三个强度等级，各强度等级水泥的各龄期强度应符合表 3-19 中的规定。

表 3-19　彩色水泥强度等级及各龄期强度数值

强度等级	抗压强度/MPa，≥		抗折强度/MPa，≥	
	3 d	28 d	3 d	28 d
27.5	7.5	27.5	2.0	5.0
32.5	10.0	32.5	2.5	5.5
42.5	15.0	42.5	3.5	6.5

(6)色差

色差分同一颜色不同编号彩色硅酸盐水泥的色差和不同编号彩色硅酸盐水泥的色差。前者是指每一分割样或每磨取样与该水泥颜色对比样的色差 ΔE_{ab}^* 不得超过 3.0 CIELAB 色差单位，用目视比对方法作为参考时，颜色不得有明显差异；后者是指同一种颜色的各编号彩色硅酸盐水泥的混合样与该水泥颜色对比样之间的色差 ΔE_{ab}^* 不得超过 4.0 CIELAB 色差单位。

(7)色差耐久性

色差耐久性是 500 h 人工加速老化试验，老化前后的色差 ΔE_{ab}^* 不得超过 6.0 CIELAB 色差单位。

2. 特性及应用

彩色硅酸盐水泥与白水泥特性相近，主要用于建筑装饰工程。

第四节　水泥的判定、验收、储存与运输

一、水泥的判定规则

组分、化学指标、凝结时间、体积安定性、强度、细度的检验结果符合标准中的技术要求为合格品。

组分、化学指标、凝结时间、体积安定性、强度、细度中任何一项的检验结果不符合标准中的技术要求为不合格品。

二、水泥的验收

水泥可以散装或袋装。水泥进场时应对其品种、等级、包装或散装仓号、出厂日期等进行检查并应对其强度、安定性及其他必要的性能指标进行复验，质量必须符合现行国家标准的规定。袋装水泥每袋净含量为 50 kg，应不少于标记质量的 99%，水泥抽取 20 袋总质量（含包装袋）应不少于 1000 kg。当使用中对水泥质量有怀疑或水泥出厂超过 3 个月（快硬硅酸

盐水泥超过 1 个月)时应进行复验并按复验结果使用。

水泥包装袋上应清楚标明：执行标准、水泥品种、代号、强度等级、生产者名称、生产许可证标志(QS)及编号、出厂编号、包装日期、净含量。包装袋两侧应根据水泥的品种采用不同的颜色印刷水泥名称和强度等级，硅酸盐水泥和普通硅酸盐水泥采用红色，矿渣硅酸盐水泥、火山灰质硅酸盐水泥、粉煤灰硅酸盐水泥和复合硅酸盐水泥采用黑色或蓝色。

三、水泥的储存与运输

水泥的储存和运输方式主要有袋装和散装两种。水泥在运输与贮存时不得受潮和混入杂物，不同品种和强度等级的水泥在贮运中避免混杂。存放水泥的仓库，必须注意干燥，门窗不得有漏雨、渗水的情况，以免潮气侵入，导致水泥变质。临时存放的水泥，必须选择地势较高、干燥的场地作料棚。袋装水泥按不同的生产厂、不同品种、标号和不同生产日期标注标志分别堆放，不得混杂，并做好上盖下垫工作，袋装水泥堆垛不宜过高，一般为 10 袋，如果储存时间短，可以堆垛 15 袋。散装水泥应分库进行标志存放。水泥储存期不宜过长，以免受潮变质或降低标号，储存期按出厂日期起，通用水泥一般为 3 个月。水泥储存时间太长，即使条件良好的仓库，也会因吸湿结块失效。水泥如果保管得好，3 个月内可按原标号使用。6 个月后强度降低 15%~30%，不能按原标号使用，需以重新检测的实际强度为准。所以，为保证质量，水泥的使用不超过 3 个月，超过 3 个月的水泥应重新检验，重新确定标号，否则不得在工程中使用。

本模块小结

本模块是本课程的重要内容之一，主要介绍了通用硅酸盐水泥的定义、组成及其特性和应用，是本模块的学习重点。并介绍了其他品种的水泥，如铝酸盐水泥、砌筑水泥、道路硅酸盐水泥、抗硫酸盐硅酸盐水泥、膨胀水泥和自应力水泥、中低热硅酸盐水泥、白色和彩色硅酸盐水泥的技术要求、特性及应用；水泥的判定规则、验收、储存和运输。

自测题

复习思考题

1. 硅酸盐水泥的生产过程有哪些？

2. 硅酸盐水泥熟料的矿物组成有哪些？水化特性如何？水化产物有哪些？

3. 生产水泥时，为什么要掺加适量的石膏？

4. 硅酸盐水泥的凝结时间对水泥制品施工有何影响？现行国家标准规定硅酸盐水泥的初凝和终凝时间有何要求？

5. 什么是水泥的体积安定性？检测水泥体积安定性的方法有哪些？引起水泥体积安定性不良的因素有哪些？

6. 水泥石侵蚀的种类有哪些？防腐方法有哪些？

7. 仓库里有四种白色胶凝材料，分别是白水泥、建筑石膏、白色石灰石粉和生石灰粉，因保管不慎，标签脱落，试问用什么简易的方法加以辨认？

8. 为什么生产硅酸盐水泥时掺加适量石膏对水泥不起破坏作用，而硬化水泥石在有硫酸盐的环境介质中生成石膏时就有破坏作用?

9.某工地购买一批42.5R的普通水泥,因存放期超过三个月,需实验室重新检验其强度等级。已测得该水泥试件3 d的抗折、抗压强度,均符合42.5R的规定指标,又测得28 d的抗折强度、抗压强度如下表所示,试问该水泥的实际强度是否符合42.5R的要求。

试件编号	抗折破坏荷载/N×10³	抗压破坏荷载/N×10³
Ⅰ	2.78	69.7
		69.4
Ⅱ	2.76	67.9
		71.8
Ⅲ	2.50	70.2
		70.0

10.铝酸盐水泥的特性如何? 在使用中应注意哪些问题?

11.在下列混凝土工程中,试分别选用合适的水泥品种,并说明选用的理由?

(1)早期强度要求高、抗冻性好的混凝土;

(2)抗软水和硫酸盐腐蚀较强、耐热的混凝土;

(3)抗硫酸盐腐蚀较高、干缩小、抗裂性较好的混凝土;

(4)处于干燥环境中的混凝土;

(5)紧急军事工程;

(6)大体积混凝土堤坝、大型设备基础;

(7)高温炉或工业熔炉的基础;

(8)在我国北方,冬季施工混凝土;

(9)位于海水下的建筑物;

(10)填塞建筑物接缝的混凝土。

模块四　混凝土

【学习目标】

通过本模块学习，掌握普通混凝土的组成及其原材料的质量控制；掌握普通混凝土的主要技术性质：和易性、强度、变形和耐久性；掌握普通混凝土的配合比设计；了解混凝土外加剂的性能特点及使用注意事项；了解普通混凝土的质量控制和强度评定；了解其他品种混凝土的特点及应用。

【技能目标】

通过本模块学习，能进行砂样筛分析试验；混凝土拌合物的检验；混凝土标准试件制作；混凝土强度检验；能正确填写材料试验报告。能对普通混凝土进行强度评定；能进行普通混凝土的配合比设计。能在实际工程中正确选择混凝土组成材料。

第一节　概　述

混凝土是由胶凝材料、粗细骨料和水，有时掺入外加剂和掺合料，按适当比例配合，拌制、浇筑、成型、养护、硬化后得到的人造石材，是建筑工程中的一种主要建筑材料。混凝土是当今世界用量最大、用途最广的人造石材，广泛应用于建筑、水利、水电、道路和国防等工程。

一、混凝土的分类

（一）按表观密度大小分类

1. 重混凝土

重混凝土是指干表观密度大于 2800 kg/m³ 的混凝土。重混凝土常用密度大的骨料，如重晶石、铁矿石、钢屑等制成，主要用于防辐射的屏蔽材料。

2. 普通混凝土

普通混凝土是指干表观密度在 2000~2800 kg/m³ 之间，以水泥为胶凝材料，采用天然普通砂、石作为骨料配制而成的混凝土，是建筑工程中应用范围最广、用量最大的混凝土，主要用作各种建筑的承重结构材料。

3. 轻混凝土

轻混凝土是指干表观密度小于 1950 kg/m³ 的混凝土。如轻骨料混凝土、大孔混凝土和多孔混凝土等，主要适用于绝热、绝热兼承重或承重材料。

（二）按所使用的胶凝材料分类

混凝土按所使用的胶凝材料可分为水泥混凝土、石膏混凝土、沥青混凝土、水玻璃混凝土和聚合物混凝土等。

（三）按强度等级分类

1. 普通混凝土

其强度等级一般在 60 MPa（C60）以下。其中，抗压强度小于 30 MPa 的混凝土为低强度等级混凝土，抗压强度为 30~60 MPa（C30~C60）的混凝土为中强度等级混凝土。

2. 高强混凝土

高强混凝土抗压强度为 60~100 MPa 之间。

3. 超高强混凝土

超高强混凝土抗压强度在 100 MPa 以上。

（四）按生产方式和施工方法分类

按生产方式可分为商品混凝土和现场拌制混凝土。按施工方法可分为泵送混凝土、喷射混凝土、离心混凝土、碾压混凝土等。

（五）按其用途分类

混凝土按其用途分为结构混凝土、防水混凝土、耐酸混凝土、耐热混凝土、道路混凝土等。

二、混凝土的特点

1. 原材料来源广泛

混凝土组成材料中约占 80% 的砂、石等材料可就地取材，大大降低了生产成本。

2. 拌合物具有良好的可塑性

混凝土可根据工程设计需要，浇筑成各种形状和尺寸的构件及结构物。

3. 与钢筋有良好的黏结性

钢筋和混凝土虽为性能迥异的两种材料，但两者却有几乎相等的线膨胀系数，黏结力强。

4. 有较高的强度和耐久性

在外加剂作用下，可配制出抗压强度达 100 MPa 以上的高强混凝土，并具有较高的抗渗、抗冻、抗腐蚀和抗碳化性能。

5. 性能多样、用途广泛

通过调整组成材料的品种及配合比，可以制成具有不同物理、力学性能的混凝土以满足不同工程的需求。

混凝土除了以上性能特点外，也存在自重大、抗拉强度低、易开裂、硬化速度慢等缺点。但随着混凝土技术的不断发展，这些缺点正在不断被克服。

第二节 普通混凝土的组成材料

普通混凝土是由水泥、砂子、石子和水按适当比例配制，经搅拌均匀而成的浆体，再经凝结硬化而成的人造石材。其中胶凝材料为水泥，水泥加水构成水泥浆。骨料为砂和石子，

59

砂为细骨料、石子为粗骨料。水泥浆包裹在骨料的表面并填充在骨料颗粒与颗粒之间，水泥浆在硬化之前起润滑作用，使混凝土拌合物具有良好的和易性；硬化后，主要起胶结作用，将骨料胶结在一起形成坚硬的整体，使其具有良好的强度和耐久性。普通混凝土如图 4-1 所示。

普通混凝土的性能在很大程度上取决于原材料的性能及其相对含量，同时与施工工艺有关。因此，只有了解原材料的性能及质量要求，合理选择材料，才能保证混凝土的质量。

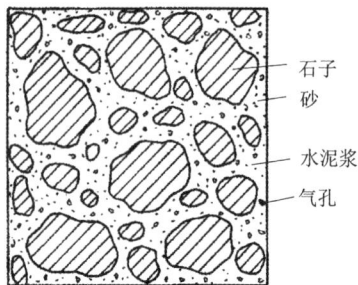

图 4-1　普通混凝土

一、水泥

水泥是混凝土组成材料中最重要的材料，也是影响混凝土强度、耐久性、经济性的最重要的因素。配制混凝土时，应合理地选择水泥品种和强度等级。

（一）水泥品种的选择

水泥品种应根据工程特点、所处环境，结合各种水泥的不同特性及设计、施工的要求进行选择。常用水泥品种可按第三章表 3-9 选择。

（二）水泥强度等级的选择

水泥的强度等级应与混凝土设计强度等级一致。原则上，配置高强度等级的混凝土，应选用高强度等级水泥。通常中低强度等级的混凝土（C60 以下），水泥强度等级为混凝土强度等级的 1.5~2.0 倍，高强度等级的混凝土（≥C60），水泥强度等级为混凝土强度等级的 0.9~1.5 倍。如果水泥强度等级过低，为了达到工程要求，必然增加水泥的用量，减少水灰比，影响混凝土拌合物的流动性，并显著增加混凝土的水化热和混凝土的干缩、徐变；如果水泥强度等级过高，水泥的用量较少就可以达到混凝土强度等级的要求，但不能达到混凝土拌合物和易性与耐久性的要求。

二、细骨料——砂子

骨料性能检测

粒径小于 4.75 mm 的骨料称为细骨料。砂子分为天然砂和人工砂两类。天然砂是在自然条件作用下岩石产生破碎、风化、分选、运移、堆积形成的岩石颗粒，包括河砂、湖砂、山砂、净化处理的海砂，但不包括软质、风化的颗粒。河砂颗粒圆滑，比较洁净；山砂有棱角，较粗糙；海砂有河砂的优点，但常含有盐与杂质。人工砂是经除土处理的机制砂、混合砂的统称。机制砂是以岩石、卵石、矿山废石和尾矿等为原料，经除土处理，由机械破碎、整形、筛分、粉控等工艺制成的，级配、粒形和石粉含量满足要求且粒径小于 4.75 mm 的颗粒。国家标准《建设用砂》（GB/T 14684—2022）确定了机制砂的技术要求、检验方法。混合砂是由机制砂、天然砂按一定比例混合制成的砂。人工砂颗粒尖锐，有棱角，较洁净，但片状颗粒及细粉含量较多，成本较高。因此，一般混凝土用砂多采用天然砂较合适。

砂按技术要求分为Ⅰ类、Ⅱ类、Ⅲ类，各项指标应符合国家标准《建设用砂》（GB/T 14684—2022）的规定。Ⅰ类宜用于强度等级大于 C60 的混凝土；Ⅱ类宜用于强度等级为 C30-C60 及抗冻、抗渗或其他要求的混凝土；Ⅲ类宜用于强度等级小于 C30 的混凝土（或建筑砂浆）。

（一）砂的颗粒级配和粗细程度

1. 颗粒级配

颗粒级配是指大小不同粒径的砂粒相互搭配的情况。由于混凝土中砂粒之间的空隙是由水泥浆填充的，所以，为了节省水泥，提高混凝土强度，应尽量减少砂粒之间的空隙。从图 4-2 可以看出：若是相同粒径的砂，空隙就大，如图 4-2(a) 所示；若粒径分布在更多的尺寸范围内，空隙相应减小，如图 4-2(b) 所示；若用不同粒径的砂搭配，空隙就更小了，如图 4-2(c) 所示。由此可见，要想减少砂粒的空隙，应使用颗粒大小不同的砂相互搭配，即选用颗粒级配良好的砂。级配良好的砂，不仅可以节省水泥用量而且还可以提高混凝土的密实度、强度及耐久性。

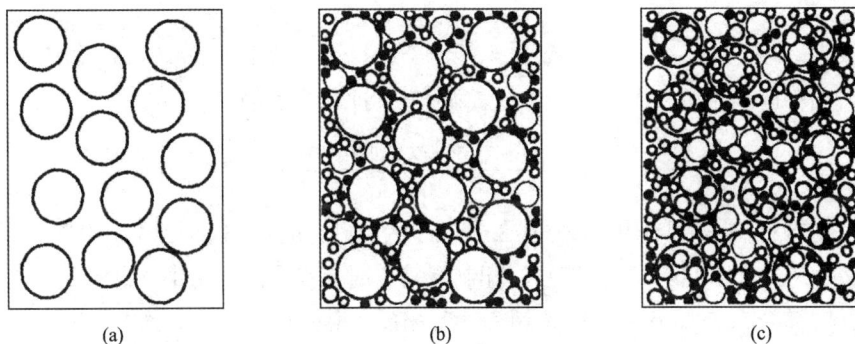

(a)　　　　　　　　　(b)　　　　　　　　　(c)

图 4-2　砂的不同级配情况

2. 粗细程度

粗细程度是指不同粒径的砂粒混合在一起的平均粗细程度。相同质量的砂，粒径小，总表面积大，包裹砂表面的水泥浆就多；粒径大，总表面积小，包裹砂表面的水泥浆少，但砂过粗，混凝土拌合物黏聚性较差。所以，用于拌混凝土的砂不宜过粗，也不宜过细。

在拌制混凝土时，砂的粗细程度和颗粒级配应同时考虑。当砂中含有较多的粗砂，以适当的中砂及少量的细砂填充其空隙，那么既具有较小的空隙率又具有较小的总表面积，不仅水泥用量少，而且还可以提高混凝土的密实度与强度。

3. 砂的粗细程度和颗粒级配的评定

砂的粗细程度和颗粒级配常用筛分析方法测定，用细度模数来判断砂的粗细程度，用级配区来表示砂的颗粒级配。砂的筛分析法是用一套孔径分别为 4.75、2.36、1.18、0.600、0.300 和 0.150 mm 的标准方孔筛，将抽样所得 500 g 烘干砂，由粗到细依次过筛，然后称量留在各筛上砂的质量，并计算出各筛上的分计筛余百分率 a_1、a_2、a_3、a_4、a_5、a_6（各筛上的筛余量占砂样总质量的百分率）及累计筛余百分率 A_1、A_2、A_3、A_4、A_5、A_6（各筛与比该筛粗的所有筛之分计筛余百分率之和）。累计筛余与分计筛余的关系见表 4-1。

表 4-1　分计筛余和累计筛余的关系

筛孔尺寸/mm	筛余量/g	分计筛余百分率/%	累计筛余百分率/%
4.75	m_1	a_1	$A_1 = \alpha_1$
2.36	m_2	a_2	$A_2 = \alpha_1 + \alpha_2$
1.18	m_3	a_3	$A_3 = \alpha_1 + \alpha_2 + \alpha_3$
0.6	m_4	a_4	$A_4 = \alpha_1 + \alpha_2 + \alpha_3 + \alpha_4$
0.3	m_5	a_5	$A_5 = \alpha_1 + \alpha_2 + \alpha_3 + \alpha_4 + \alpha_5$
0.15	m_6	a_6	$A_6 = \alpha_1 + \alpha_2 + \alpha_3 + \alpha_4 + \alpha_5 + \alpha_6$

注：$a_i = m_i / 500$

砂的粗细程度用细度模数表示，细度模数（M_X）计算公式如下：

$$M_X = \frac{(A_2 + A_3 + A_4 + A_5 + A_6) - 5A_1}{100 - A_1} \tag{4-1}$$

细度模数越大，表示砂越粗。M_X 在 3.7～3.1 为粗砂，M_X 在 3.0～2.3 为中砂，M_X 在 2.2～1.6 为细砂，M_X 在 1.5～0.7 为特细砂。配制混凝土时，宜优先选用中砂。

对细度模数为 3.7～1.6 之间的普通混凝土用砂，根据 0.600 mm 筛孔的累计筛余百分率为依据，分成三个级配区，见表 4-2。

表 4-2　砂的颗粒级配区

累计筛余/% 筛孔尺寸/mm	天然砂			机制砂、混合砂		
	1 区	2 区	3 区	1 区	2 区	3 区
4.75 mm	10～0	10～0	10～0	5～0	5～0	5～0
2.36 mm	35～5	25～0	15～0	35～5	25～0	15～0
1.18 mm	65～35	50～10	25～0	65～35	50～10	25～0
0.6 mm	85～71	70～41	40～16	85～71	70～41	40～16
0.3 mm	95～80	92～70	85～55	95～80	92～70	85～55
0.15 mm	100～90	100～90	100～90	97～85	94～80	94～75

为了更直观地反映砂的颗粒级配，可将表 4-2 绘出级配曲线图，如图 4-3 所示。

一般处于 1 区的砂较粗，属于粗砂，其保水性差，应适当提高砂率，并保证足够的水泥用量，以满足混凝土的和易性；3 区砂颗粒较细，属于细砂，配制的混凝土黏聚性好、保水性好，但水泥用量大多，干缩性大，容易产生裂缝，宜适当降低砂率，以保证混凝土强度；2 区砂粗细适中，级配良好，配制普通混凝土时宜优先选用。

如果砂的自然级配不符合要求，应采用人工级配的方法来改善。最简单的措施是将粗、细砂按适当比例进行掺配。

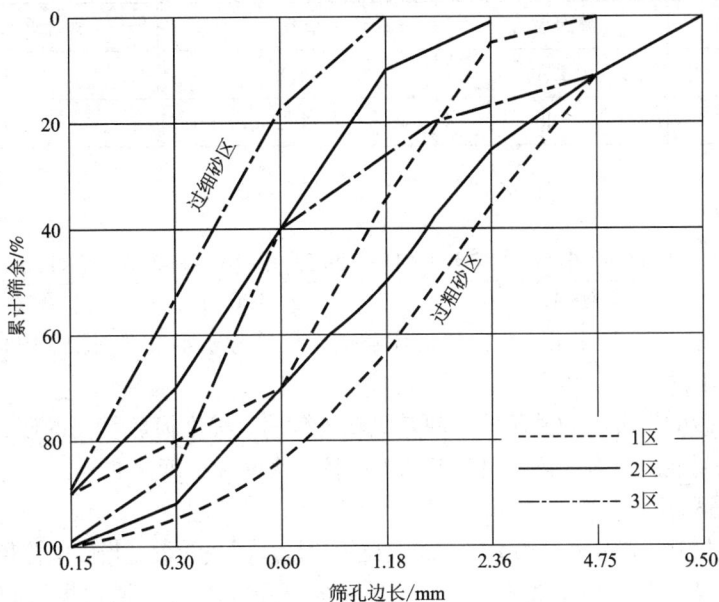

图 4-3 砂的级配曲线

　　除特细砂外，Ⅰ类砂的累计筛余应符合表 4-2 中 2 区的规定，分计筛余应符合表 4-3 的规定；Ⅱ类和Ⅲ类砂的累计筛余应符合表 4-2 的规定。砂的实际颗粒级配除 4.75 mm 和 0.60 mm 筛档外，可以超出，但各级累计筛余超出值总和应不大于 5%。

表 4-3 砂的分计筛余

方筛孔尺寸/mm	4.75[①]	2.36	1.18	0.6	0.3	0.15[②]	筛底[③]
分计筛余/%	0~10	10~15	10~25	20~31	20~30	5~15	0~20

注：①对于机制砂，4.75 mm 筛的分级筛余不应大于 5%；

②对于 MB>1.4 的机制砂，0.15 mm 筛和筛底的分级筛余之和不应大于 25%；

③对于天然砂，筛底的分级筛余不应大于 10%。

例 4-1 某干砂 500 g，筛分结果见表 4-4，试分析该砂的粗细程度和颗粒级配。

表 4-4 砂样筛分结果

筛孔尺寸/mm	筛余量/g	分计筛余百分率/%	累计筛余百分率/%
4.75	8	1.6	1.6
2.36	82	16.4	18
1.18	70	14	32
0.6	98	19.6	51.6

筛孔尺寸/mm	筛余量/g	分计筛余百分率/%	累计筛余百分率/%
0.3	124	24.8	76.4
0.15	106	21.2	97.6

解 砂的细度模数

$$M_X = \frac{(A_2 + A_3 + A_4 + A_5 + A_6) - 5A_1}{100 - A_1} = \frac{(18 + 32 + 51.6 + 76.4 + 97.6) - 5 \times 1.6}{100 - 1.6} = 2.72$$

此砂属于中砂。将表4-4计算出的累计筛余百分率与表4-2作对照，得出此砂级配属于2区砂，级配良好。

应当注意，砂的细度模数并不能反映其级配的优劣，细度模数相同的砂，级配可以相差很大。所以，配制混凝土时，必须同时考虑砂的颗粒级配和细度模数。

（二）含泥量和泥块含量

含泥量为天然砂中粒径小于0.075 mm颗粒的含量。泥块含量是指砂中粒径大于1.18 mm，经水浸泡、淘洗等处理后小于0.600 mm的颗粒的含量。石粉含量是指机制砂中粒径小于0.075 mm的颗粒含量。泥颗粒极细，会黏附在砂颗粒的表面，影响水泥浆与砂之间的胶结能力，使混凝土的强度降低。此外，泥的表面积较大，含量多会降低混凝土拌合物的流动性，或在保持相同流动性的条件下，增加水和水泥用量，从而导致混凝土干缩增大。而泥块会在混凝土中形成薄弱部分，对混凝土的质量影响更大。据此，对天然砂中含泥量和泥块含量必须符合表4-5的规定。

表4-5 建设用砂质量控制指标（GB/T 14684—2022）

项目	指标		
	Ⅰ类	Ⅱ类	Ⅲ类
含泥量（质量分数）/%，≤	1.0	3.0	5.0
泥块含量（质量分数）%，≤	0.2	1.0	2.0
云母（质量分数）/%，≤	1.0	2.0	2.0
轻物质（质量分数）/%，≤	1.0		
有机物（比色法）/%，≤	合格		
硫化物及硫酸盐（按SO₃质量计）/%，≤	0.5		
氯化物（按氯离子质量计）/%，≤	0.01	0.02	0.06
硫酸钠溶液干湿5次循环后的质量损失/%，≤	8	8	10
单级最大压碎性指标/%，≤	20	25	30
级配区	2区	1、2、3区	

（三）有害物质含量

用来配制混凝土的砂，要求清洁不含杂质以保证混凝土的质量。砂中不应混有草根、树叶、树枝、塑料、炉渣和煤块等杂物，并且对云母、轻物质、硫化物、硫酸盐和有机物等的含量作了规定。

云母、轻物质妨碍水泥与砂的黏结，降低混凝土的强度、耐久性；硫化物、硫酸盐对水泥石有腐蚀作用；氯盐的存在会使钢筋混凝土中的钢筋锈蚀。因此，应对有害杂质含量加以限制，见表4-5。

（四）坚固性

砂的坚固性是指砂在自然风化和其他外界物理、化学因素作用下，抵抗破坏的能力。

天然砂采用硫酸钠溶液法进行试验，将砂分成300~600 μm、600 μm~1.18 mm、1.18 mm~2.36 mm、2.36 mm~4.75 mm 4个粒级备用，称取各粒级试样各100 g，分别放入硫酸钠溶液中循环5次后，过规定的筛后，按式（4-2）计算出各粒级试样质量损失率，再计算出试样的总重量损失率。

各粒级试样质量损失百分率

$$P_i = \frac{G_1 - G_2}{G_1} \times 100\% \qquad (4-2)$$

式中：P_i——各粒级试样质量损失百分率，%；

G_1——各粒级试样试验前的质量，g；

G_2——各粒级试样试验后的筛余量，g。

天然砂不同类别的砂，其质量损失应符合表4-5的要求。

人工砂采用压碎指标值来判断砂的坚固性。将烘干后的试样筛分成300~600 μm、600 μm~1.18 mm、1.18 mm~2.36 mm、2.36 mm~4.75 mm 四个粒级。称取约300 g单粒级试样倒入已组装的受压钢模内，以每秒钟500 N的速度加荷，加荷至25 kN时稳荷5 s后，以同样的速度卸荷。倒出压过的试样，然后用该粒级的下限筛进行筛分，称出试样的筛余量和通过量，第i级砂样的压碎指标按式（4-3）计算：

$$\delta_i = \frac{m_0 - m_1}{m_0} \qquad (4-3)$$

式中：δ_i——第i单级砂样压碎值指标；

m_0——第i单级试样的质量；

m_1——第i单级试样的压碎试验后筛余的试样质量。

人工砂单级最大压碎性指标符合表4-5规定。

（五）碱骨料反应

碱骨料反应是指水泥、矿物掺合料、外加剂等混凝土组成物及环境中的碱（主要指K_2O+Na_2O）与集料中碱活性矿物在潮湿环境下缓慢发生并导致混凝土开裂破坏的膨胀反应。经碱集料反应试验后，试件应无裂缝、酥裂、胶体外溢等现象，在规定的试验龄期膨胀率应小于0.10%。

（六）氯离子含量

砂中氯离子含量应符合下列规定：对于钢筋混凝土用砂，其氯离子含量不得大于0.06%（以干砂的质量百分率计）；对于预应力混凝土用砂，其氯离子含量不得大于0.02%。

三、粗骨料——石子

粒径大于 4.75 mm 的骨料称为粗骨料，常见碎石和卵石两种。卵石是在自然条件作用下岩石产生破碎、风化、分选、运移、堆积形成的岩石颗粒，按产源不同可分为是河卵石、海卵石和山卵石等，而河卵石使用最多。碎石是由天然岩石、卵石或矿山废石经破碎、筛分等机械加工而成。碎石与卵石相比，表面比较粗糙多棱角，与水泥的黏结强度较高。在水灰比相同条件下，用碎石拌制的混凝土，流动性较小，但强度较高；而卵石正好相反，流动性较大，但强度较低。因此，在配制高强混凝土时，宜采用碎石。

国家标准《建设用卵石、碎石》(GB/T 14685—2022)将碎石分为三类。Ⅰ类宜用于强度等级大于 C60 的混凝土；Ⅱ类宜用于强度等级为 C30-C60 及抗冻、抗渗或其他要求的混凝土；Ⅲ类宜用于强度等级小于 C30 的混凝土。国家标准《建设用卵石、碎石》(GB/T 14685—2022)对粗骨料各项指标做出了具体规定。

(一)最大粒径及颗粒级配

1. 最大粒径

粗骨料公称粒径的上限称为该粒径的最大粒径。骨料的粒径大，其表面积相应减小，因而包裹其表面所需的水泥浆量减少，可节约水泥。在一定和易性和水泥用量条件下，能减少用水量而提高强度。但对于用普通配合比配制结构混凝土，尤其是高强混凝土时，当粗骨料的最大粒径超过 40 mm 后，由于减少用水量获得的强度提高被较少的黏结面积及大粒径骨料造成的不均匀性的不利影响所抵消，并无好处。

根据《混凝土结构工程施工规范》(GB 50666—2011)规定，混凝土用粗骨料的最大粒径不得大于结构截面最小尺寸的 1/4，同时不得大于钢筋最小净距的 3/4；对于混凝土实心板，可允许采用最大粒径达 1/3 板厚的骨料，但最大粒径不得超过 40 mm。根据《普通混凝土配合比设计规程》(JGJ 55—2011)规定，对泵送混凝土，当泵送高度<50 m 时，碎石最大粒径与输送管内径之比宜小于或等于 1:3，卵石宜小于或等于 1:2.5；当泵送高度 50~100 m 时，碎石最大粒径与输送管内径之比宜小于或等于 1:4，卵石宜小于或等于 1:3；当泵送高度>100 m 时，碎石最大粒径与输送管内径之比宜小于或等于 1:5，卵石宜小于或等于 1:4。

2. 颗粒级配

粗骨料与细骨料一样，也要求有良好的颗粒级配，以减少空隙率，增强密实性，达到节约水泥，保证混凝土的和易性和强度。

粗骨料的颗粒级配也是通过筛分试验来确定，其方孔标准筛孔径分别为 2.36、4.75、9.50、16.00、19.00、26.50、31.50、37.50、53.00、63.00、75.00 及 90.00 mm。分计筛余百分率及累计筛余百分率的计算与砂相同。按各筛上的累计筛余百分率划分级配。各级配的累计筛余百分率须满足表 4-6 的规定。

表 4-6 碎石或卵石的颗粒级配范围

公称粒级 /mm		累计筛余/%											
		方孔筛孔径/mm											
		2.36	4.75	9.50	16.0	19.0	26.5	31.5	37.5	53.0	63.0	75.0	90
连续粒级	5~16	95~100	85~100	30~60	0~10	0	—	—	—	—	—	—	—
	5~20	95~100	90~100	40~80	—	0~10	0	—	—	—	—	—	—
	5~25	95~100	90~100	—	30~70	—	0~5	0	—	—	—	—	—
	5~31.5	95~100	90~100	70~90	—	15~45	—	0~5	0	—	—	—	—
	5~40	—	95~100	70~90	—	30~65	—	—	0~5	0	—	—	—
单粒粒级	5~10	95~100	80~100	0~15	0	—	—	—	—	—	—	—	—
	10~16	—	95~100	80~100	0~15	0	—	—	—	—	—	—	—
	10~20	—	95~100	85~100	—	0~15	0	—	—	—	—	—	—
	16~25	—	—	95~100	55~70	25~40	0~10	0	—	—	—	—	—
	16~31.5	—	95~100	—	85~100	—	—	0~10	0	—	—	—	—
	20~40	—	—	95~100	—	80~100	—	—	0~10	0	—	—	—
	25~31.5	—	—	—	95~100	—	80~100	0~10	0	—	—	—	—
	40~80	—	—	—	—	95~100	—	—	70~100	—	30~60	0~10	0

注："—"表示该孔径累计筛余不做要求；"0"表示该孔径累计筛余为0。

粗骨料的颗粒级配有连续级配和单粒级配两种。连续级配是按颗粒尺寸由小到大连续分级，每级骨料都占有一定比例。连续级配颗粒级差小($D/d=2$)，配制的混凝土拌合物和易性好，不易发生分层、离析现象，目前应用较广泛。单粒级配是人为剔除某些中间粒级颗粒，使粗骨料的级配不连续，又称间断级配。单粒级配中，较大颗粒之间的空隙直接由比它小得多的颗粒去填充，空隙率的降低比连续级配快得多，可最大限度地发挥骨料的骨架作用，减小水泥用量。但由于颗粒粒径相差较大，混凝土拌合物易产生离析现象，增加施工难度，工程应用较少。单粒级骨料一般不单独使用，宜用于组合成具有所要求级配的连续粒级，也可与连续粒级配合使用，以改善骨料级配或配成较大粒度的连续粒级，这种专门组配的骨料级配易于保证混凝土质量，便于大型搅拌站使用。

(二)有害杂质含量

粗骨料中常含有一些有害杂质，如泥块、淤泥、硫化物、硫酸盐和有机物，这些有害物质对混凝土的危害作用与细骨料相同。另外，粗骨料中还可能含有针状颗粒(颗粒长度大于相应颗粒平均粒径的 2.4 倍)和片状颗粒(颗粒厚度小于平均粒径的 0.4 倍)，针、片状颗粒易折断，其含量较多时，会降低混凝土拌合物的流动性和硬化后混凝土的强度。因此，粗骨料中有害杂质及针片状颗粒的允许含量应符合表 4-7 中的规定。

表 4-7 卵石、碎石质量控制指标(GB/T 14685—2022)

项目	指标		
	Ⅰ类	Ⅱ类	Ⅲ类
含泥量(质量分数)/%,≤	0.5	1.0	1.5
泥块含量(质量分数)%,≤	0.1	0.2	0.7
有机物含量	合格		
硫化物及硫酸盐(按 SO_3 质量计)/%,≤	0.5	1.0	1.0
针片状颗粒含量(质量分数)/%,≤	5	8	15
硫酸钠溶液干湿5次循环后的质量损失/%,≤	5	8	12
碎石压碎指标/%,≤	10	20	30
卵石压碎指标/%,≤	12	14	16
连续级配松散堆积孔隙率/%,≤	43	45	47
吸水率/%,≤	1.0	2.0	2.5

(三)强度

为保证混凝土的强度必须保证粗骨料具有足够的强度。碎石的强度指标有两个,岩石抗压强度与压碎值指标;卵石的抗压强度可用压碎值指标来表示。

1. 岩石抗压强度

岩石抗压强度是将轧制碎石的母岩制成边长为5 cm的立方体试件或直径与高均为5 cm的圆柱体试件,在水中浸泡48 h以后,取出后擦干表面水分,测定其在饱和水状态下的抗压强度值。岩石抗压强度符合表4-8中的规定。

表 4-8 岩石抗压强度

类别	岩浆岩	变质岩	沉积岩
岩石抗压强度/MPa,≥	80	60	45

2. 压碎值指标

压碎值指标是将3000 g气干状态下粒径9.5~19.0 mm的石子装入压碎值测定仪内,放置于压力机上,开动压力机,在160~300 s内均匀加荷至200 kN并稳荷5 s。卸荷后,用孔径2.36 m的筛筛除被压碎的细粒,称出留在筛上的试样质量,按式(4-4)计算压碎值指标。

$$Q_e = \frac{m_0 - m_1}{m_0} \times 100\% \qquad (4-4)$$

式中:Q_e——压碎值指标,%;

m_0——试样的质量,g;

m_1——压碎试验后筛余的试样质量,g。

压碎值指标是测定碎石或卵石抵抗压碎的能力,压碎值指标越小,表示粗骨料抵抗受压破坏的能力越强，也可间接地推测其强度的高低，压碎值指标应满足表 4-7 中的规定。

对经常性的生产质量控制常用压碎指标来检验石子的强度。当在选采石场或对粗骨料强度有严格要求，以及对其质量有争议时，宜采用岩石抗压强度进行检验。

（四）坚固性

石子的坚固性是指石子在自然风化和其他外界物理化学因素作用下抵抗碎裂的能力。对粗骨料坚固性要求及检验方法与细骨料基本相同，采用硫酸钠溶液浸泡法进行试验，碎石和卵石经 5 次干湿循环后，其质量损失应满足表 4-7 中的规定。

（五）碱含量要求

对于长期处于潮湿环境的重要结构混凝土，其所使用的碎石或卵石应进行骨料的碱活性检验。经检验判断存在潜在危害时，应控制混凝土中碱含量不超过 3 kg/m³，或采用能抑制碱-骨料反应的有效措施。

四、混凝土拌制及养护用水

对拌和及养护混凝土用水的质量要求是：不影响混凝土的凝结和硬化，无损于混凝土的强度发展和耐久性，不加快钢筋的锈蚀，不引起应力钢筋脆断，不污染混凝土表面等。因此，《混凝土用水标准》（ JGJ 63—2006 ）对混凝土用水提出了具体的质量要求。

混凝土养护用水

混凝土用水按水源不同分为饮用水、地表水、地下水、海水及经适当处理过的工业废水。混凝土用水采用符合国家标准的饮用水时，可不检验。地表水和地下水常溶有较多的有机质和矿物盐类，必须按标准规定检验合格后方可使用。海水中含有较多硫酸盐和氯盐，会影响混凝土的耐久性和加速混凝土中钢筋的锈蚀，因此，未经处理的海水严禁用于钢筋混凝土和预应力混凝土。在无法获得水源的情况下，海水可用于素混凝土，但不宜用于装饰混凝土，以免由于表面产生盐析而影响装饰效果。工业废水处理后经检验合格后方可用于拌制混凝土。

对水质有怀疑时，应将待检验水与饮用水分别做水泥凝结时间对比试验，对比试验测得的水泥初凝时间差和终凝时间差均不得超过 30 min，且其初凝及终凝时间应符合国家水泥标准的规定。用待检验水配制的水泥胶砂 3 d、28 d 强度不应低于用饮用水配制的水泥胶砂 3 d、28 d 强度的 90%。混凝土用水中各种有害物质的含量应符合表 4-9 的规定。

表 4-9　混凝土用水中有害物质含量限制值

项目	预应力混凝土	钢筋混凝土	素混凝土
pH, ≥	5.0	4.5	4.5
不溶物/mg·L⁻¹, ≤	2000	2000	5000
可溶物/mg·L⁻¹, ≤	2000	5000	10000
氯化物（按 Cl⁻ 计）/mg·L⁻¹, ≤	500	1000	3500
硫酸盐（按 SO₄²⁻ 计）/mg·L⁻¹, ≤	600	2000	2700
碱含量/mg·L⁻¹, ≤	1500	1500	1500

注：碱含量按 $Na_2O+0.658K_2O$ 计算值来表示。采用非碱活性骨料时，可不检验碱含量。

使用钢丝或经热处理钢筋的预应力混凝土，氯化物含量不得超过 350 mg/L。

混凝土养护用水可不检验不溶物和可溶物，不检验水泥凝结时间和水泥胶砂强度。

第三节　混凝土外加剂及掺合料

混凝土外加剂是指在混凝土拌和过程中掺入的，用以改善混凝土性能的物质，其掺量一般不超过水泥质量的5%。

混凝土外加剂的使用是混凝土技术的重大突破。随着混凝土材料的广泛应用，对混凝土性能提出了许多新的要求：如泵送混凝土要求高流动性；冬季施工要求高的早期强度；高层大跨度建筑要求高强、高耐久性；夏季大体积混凝土要求缓凝等等。这些性能的实现，只有高性能外加剂的使用才使其成为可能。在混凝土中使用外加剂已被公认为是提高混凝土强度、改善混凝土性能、降低生产能耗、环保等方面最有效的措施。因此，外加剂已逐渐成为混凝土中必不可少的第五种组成材料。

矿物掺合料是以硅、铝、钙等一种或多种氧化物为主要成分，具有规定细度，掺入混凝土中能改善混凝土性能的粉体材料。矿物掺合料与水泥混合材料的最大不同点是具有更高的细度。

一、混凝土外加剂的分类

混凝土外加剂种类繁多，分类方法也有多种。根据《混凝土外加剂术语》(GB 8075—2017)规定，混凝土外加剂按其主要功能分为四类：

(1)改善混凝土拌合物流变性能的外加剂，包括各种减水剂和泵送剂等。

(2)调节混凝土凝结时间、硬化过程的外加剂，包括缓凝剂、早强剂、促凝剂和速凝剂等。

(3)改善混凝土耐久性的外加剂，包括引气剂、防水剂和阻锈剂等。

(4)改善混凝土其他性能的外加剂，包括膨胀剂、防冻剂和着色剂等。

目前在工程中常用的外加剂主要有减水剂、引气剂、早强剂、缓凝剂、防冻剂和速凝剂等。

二、常用的混凝土外加剂

(一)减水剂

减水剂是指在混凝土坍落度基本相同的条件下，能显著减少混凝土拌合水量的外加剂。根据减水剂的作用效果及功能情况，可分为普通减水剂、高效减水剂、早强减水剂、缓凝减水剂和引气减水剂等。

1. 减水剂的作用机理

常用减水剂均属表面活性物质，其分子结构是由亲水基团和憎水基团两个部分组成。当水泥加水拌合后，由于水泥颗粒间分子凝聚力的作用，使水泥浆形成絮凝结构，如图4-4(a)所示，在这些絮凝结构中包裹了一定的拌合水(游离水)，从而降低了混凝土拌和物的和易性。如在水泥浆中加入适量的减水剂，由于减水剂的表面活性作用，致使亲水基团指向水溶液，憎水基团定向吸附于水泥颗粒表面，使水泥颗粒表面带有相同的电荷，在静电斥力作用下，使水泥颗粒分开，如图4-4(b)所示，絮凝结构解体，包裹的游离水被释放出来，从而有效地增加了混凝土拌和物的流动性。当水泥颗粒表面吸附足够的减水剂后，在水泥颗粒表面形成一层稳定的溶剂化水膜，如图4-4(c)所示，它阻止了水泥颗粒间的直接接触，并在颗粒间起润滑作用，也改善了混凝土拌和物的和易性。此外，由于水泥颗粒被有效分散，颗粒表面被水分充分润湿，增大了水泥颗粒的水化面积，使水化比较充分，从而提高了混凝土的强度。

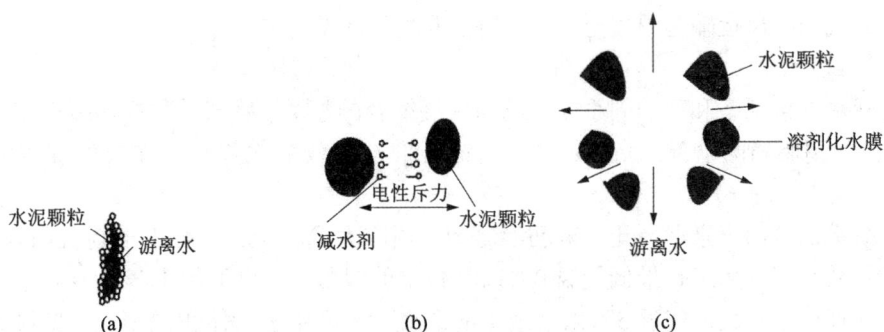

图4-4 水泥浆的絮凝结构和减水剂作用示意图

2. 减水剂的主要经济技术效果

在混凝土中加入减水剂，根据使用目的的不同，一般可取得以下效果：

(1)减少用水量。在保持拌合物流动性不变的情况下，可减少用水量10%~20%。

(2)提高流动性。在用水量及水灰比不变的条件下，掺入减水剂后，可提高混凝土拌合物的流动性，且不影响混凝土的强度。

(3)提高混凝土强度。在保持流动性及水泥用量不变的条件下，可减少用水量，从而降低了水灰比，使混凝土强度提高15%~20%，特别是早期强度提高更为显著。

(4)节约水泥。在保持流动性及水灰比不变的条件下，可以在减少拌合水量的同时，相应减少水泥用量，即在保持混凝土强度不变时，可节约水泥用量。

(5)改善混凝土的耐久性。由于减水剂的掺入，显著地改善了混凝土的孔结构，使混凝土的密实度提高，从而提高混凝土抗渗、抗冻、抗化学腐蚀性，使耐久性提高。

此外，掺用减水剂后，还可以改善混凝土拌合物的泌水、离析现象；延缓混凝土拌合物的凝结时间；降低水泥水化放热速度。可配制特殊混凝土、高强混凝土、高性能混凝土。

3. 目前常用的减水剂

减水剂是使用最广泛、效果最显著的一种外加剂。按其对混凝土的作用及减水效果可分为普通减水剂、高效减水剂、早强减水剂、缓凝减水剂和引气减水剂；按其化学成分可分为木质素系、萘系、树脂系、聚羧酸系等。

(1)普通减水剂

这类减水剂包括木质素磺酸钙(木钙)、木质素磺酸钠(木钠)、木质素磺酸镁(木镁)等普通减水剂、由早强剂与普通减水剂复合而成的早强型普通减水剂、由缓凝剂与普通减水剂复合而成的缓凝型普通减水剂。

木钙减水剂的掺量一般为水泥质量的0.2%~0.3%，其减水率为10%~15%，混凝土28 d抗压强度提高10%~20%。若不减水，混凝土坍落度可增大80~100 mm；若保持混凝土的抗压强度和坍落度不变，可节约水泥用量10%左右。木钙减水剂对混凝土有缓凝作用，掺量过多或在低温下缓凝作用更为显著，而且还可能使混凝土强度降低，使用时应注意。

普通减水剂宜用于日最低气温5℃以上强度等级为C40以下的混凝土，不宜单独用于蒸养混凝土，以免蒸养后混凝土表面出现酥松现象。早强型普通减水剂宜用于常温、低温和最低温度不低于–5℃环境中施工的混凝土。炎热环境下不宜使用早强型普通减水剂。缓凝型普通减水剂可用于大体积混凝土、炎热气候条件下施工的混凝土、大面积浇筑的混凝土、需长时间停放或长距离运输的混凝土、滑模施工混凝土等。

（2）高效减水剂

这类减水剂包括萘和萘的同系磺化物与甲醛缩合的盐类、氨基磺酸盐等多环芳香族磺酸盐类、水溶性树脂磺酸盐类、脂肪族类、由缓凝剂与高效减水剂复合而成的缓凝型高效减水剂。

高效减水剂可用于素混凝土、钢筋混凝土、预应力混凝土，并可用于制备高强混凝土。标准型高效减水剂宜用于日最低气温0℃以上施工的混凝土，也可用于蒸养混凝土。缓凝型高效减水剂宜用于日最低气温5℃以上施工的混凝土，可用于大体积混凝土、炎热气候条件下施工的混凝土、大面积浇筑的混凝土、需长时间停放或长距离运输的混凝土、自密实混凝土、滑模施工混凝土等且有较高减水率要求的混凝土。

（3）聚羧酸型高性能减水剂

此类减水剂包括标准型、早强型和缓凝型聚羧酸系高性能减水剂。

聚羧酸系高性能减水剂可用于素混凝土、钢筋混凝土、预应力混凝土。宜用于高强混凝土、自密实混凝土、泵送混凝土、清水混凝土、预制构件混凝土、钢管混凝土和具有高体积稳定性、高耐久性或高工作性要求的混凝土。早强型聚羧酸系高性能减水剂宜用于有枣强要求或低温季节施工的混凝土，但不宜用于日最低气温–5℃以下施工的混凝土，且不宜用于大体积混凝土。缓凝型聚羧酸系高性能减水剂宜用于大体积混凝土，不宜用于日最低气温5℃以下施工的混凝土。

（二）早强剂

早强剂是加速混凝土早期强度发展，并对后期强度发展无显著影响的外加剂。早强剂宜用于蒸养、常温、低温和最低温度不低于–5℃环境中有早强要求的混凝土工程，炎热条件以及温度低于–5℃环境下不宜使用早强剂，不宜用于大体积混凝土结构，多用于冬季施工和抢修工程。早强剂按其化学成分不同，可分为无机盐类、有机化合物类和复合类三大类。

1. 无机盐类早强剂

无机盐类早强剂中，以氯化物、硫酸盐最为常用。

氯化物主要有氯化钙和氯化钠，其中以氯化钙应用最广。氯化钙掺量一般为水泥质量的0.5%~1.0%，能使混凝土3 d强度提高50%~100%，7 d强度提高20%~40%，同时能降低混凝土中水的冰点，防止混凝土早期受冻。

在混凝土中掺氯化钙后，氯化钙可与水泥中的铝酸三钙作用生成不溶性的复盐——水化氯铝酸钙（$C_3A \cdot CaCl_2 \cdot 10H_2O$），并与氢氧化钙作用生成不溶性复盐——氧氯化钙（$CaCl_2 \cdot 3Ca(OH)_2 \cdot 12H_2O$）。这些复盐的形成，增加了水泥浆中固相的比例，有助于水泥石结构的形成。同时，由于氯化钙与氢氧化钙的迅速反应，降低了液相中的碱度，使C_3S、C_2S水化反应加快，也有利于提高水泥石早期强度。

《混凝土外加剂应用技术规范》（GB 50119—2013）规定，含有氯盐的早强剂严禁用于钢筋混凝土结构、预应力混凝土结构、钢纤维混凝土结构。早强剂在素混凝土中引入的氯离子含量不应大于胶凝材料质量的 1.8%。

硫酸盐类早强剂主要有硫酸钠、硫代硫酸钠、硫酸钙和硫酸铝等，其中硫酸钠应用最广。硫酸钠一般掺量为 0.5%~2.0%，当掺量为 1%~1.5% 时，达到混凝土设计强度 70% 的时间可缩短一半左右。

在混凝土中掺入硫酸钠后，硫酸钠与水泥化产物 $Ca(OH)_2$ 迅速发生化学反应，生成高分散性的硫酸钙，均匀分布在混凝土中，这些高度分散的硫酸钙，极易与 C_3A 的反应，能迅速生成水化硫铝酸钙，大大加快了水泥的硬化。同时，由于上述反应的进行，使得溶液中 $Ca(OH)_2$ 浓度降低，从而促使 C_3S 水化加速，使混凝土早期强度提高。

硫酸钠对钢筋无锈蚀作用，适用于不允许掺用氯盐的混凝土。但由于它与 $Ca(OH)_2$ 作用生成强碱 NaOH，为防止碱-骨料反应，硫酸钠严禁用于含有活性骨料的混凝土。同时应注意硫酸钠不能超量掺加，以免导致混凝土产生后期膨胀开裂破坏以及防止混凝土表面产生"白霜"。

《混凝土外加剂应用技术规范》(GB 50119—2013)规定，无机盐类早强剂不宜处于水位变化的结构、露天结构及经常受水淋、受水流冲刷的结构、相对湿度大于 80% 环境中使用的结构、直接接触酸、碱或其他侵蚀性介质的结构、有装饰要求的混凝土，特别是要求色彩一致或表面有金属装饰的混凝土；严禁用于与镀锌或铝铁相接触部位的混凝土结构，有外露钢筋预埋铁件而无防护措施的混凝土结构，使用直流电源的混凝土结构和距高压直流电源 100 m 以内的混凝土结构。

2. 有机物类早强剂

这类早强剂主要有三乙醇胺、三异丙醇胺和尿素等，其中早强效果以三乙醇胺为佳。三乙醇胺为无色或淡黄色油状液体，呈碱性，能溶于水。掺量为水泥质量的 0.02%~0.05%，一般不单独使用，常与其他早强剂(如氯化钠、氯化钙和硫酸钠等)复合使用，早强效果更加显著。

三乙醇胺对混凝土稍有缓凝作用，掺量过多会造成混凝土严重缓凝和混凝土强度下降，故应严格控制掺量，掺量不大于水泥质量的 0.05%。《混凝土外加剂应用技术规范》(GB 50119—2013)规定，三乙醇胺等有机胺类早强剂不宜用于蒸养混凝土；硝铵类等可释放氨气的早强剂严禁用于办公、居住、地铁等建筑工程。

(三)引气剂

引气剂是指在混凝土搅拌过程中，能引入大量分布均匀的微小气泡，以减少混凝土拌合物泌水、离析，改善和易性，并能显著提高硬化混凝土的抗冻性、耐久性的外加剂。

目前应用较多的引气剂为松香热聚物、松香皂和烷基苯磺酸盐等。其中，以松香热聚物的效果最好、应用最多，松香热聚物是由松香与硫酸、石碳酸起聚合反应，再经氢氧化钙中和而成。松香热聚物的适宜掺量为水泥质量的 0.005%~0.020%，混凝土的含气量为 3%~5%，减水率为 8% 左右。

引气剂属憎水性表面活性剂，由于能显著降低水的表面张力和界面能，使水溶液在搅拌过程中极易产生许多微小的封闭气泡。同时，因引气剂定向吸附在气泡表面，形成较为牢固的液膜，使气泡稳定而不易破裂。由于大量微小、封闭并均匀分布的气泡的存在，使混凝土的某些性能得到明显改善。

（1）改善混凝土拌和物的和易性

混凝土内大量微小封闭球状气泡，如同滚珠一样，减少了颗粒间的摩擦阻力，使混凝土拌和物流动性增加。同时，由于水分均匀分布在大量气泡的表面，使能自由移动的水量减少，混凝土拌和物的泌水量大大减少，保水性、黏聚性也随之提高。

（2）显著提高混凝土的抗渗性、抗冻性

大量均匀分布的封闭气泡切断了混凝土中毛细管渗水通道，改变了混凝土的孔结构，使混凝土抗渗性显著提高。同时，封闭气泡有较大的弹性变形能力，对由于结冰所产生的膨胀应力有一定的缓冲作用，因而混凝土的抗冻性也得到提高。

（3）降低混凝土的强度

由于大量气泡的存在，减少了混凝土的有效受力面积，使混凝土的强度有所降低。一般混凝土的含气量每增加 1% 时，其抗压强度将降低 4%～5%。

引气剂及引气减水剂宜用于有抗冻融要求的混凝土、泵送混凝土和易产生泌水的混凝土；可用于抗渗混凝土、抗硫酸盐混凝土、贫混凝土、轻骨料混凝土、人工砂混凝土和有饰面要求的混凝土；不宜用于蒸养混凝土及预应力混凝土。

（四）缓凝剂

缓凝剂是指能延缓混凝土凝结的时间，并对混凝土后期强度发展无不利影响的外加剂。

缓凝剂的品种主要有：糖类化合物，如葡萄糖、糖蜜；羟基羧酸及其盐类，如柠檬酸、酒石酸；山梨醇等多元醇及其衍生物；有机磷酸及其盐类；无机盐类，如锌盐、硼酸等。

缓凝剂宜用于日最低气温 5℃ 以上施工的混凝土、延缓凝结时间的混凝土、对坍落度保持能力有要求的混凝土、静停时间较长或长距离运输的混凝土、自密实混凝土。缓凝剂可用于大体积混凝土。柠檬酸、酒石酸等缓凝剂不宜单独用于贫混凝土。

缓凝剂的掺量不宜过多，否则会引起强度降低，甚至长时间不凝结。此外，缓凝剂对水泥品种适应性十分明显，不同水泥品种缓凝效果不相同，因此，使用前应通过试验选择缓凝剂品种。

（五）防冻剂

防冻剂是指在规定温度下，能显著降低混凝土的冰点，使混凝土液相不冻结或仅部分冻结，以保证水泥的水化作用，并在一定的时间内获得预期强度的外加剂。常用的防冻剂有氯盐类（氯化钙、氯化钠）、氯盐阻锈类（以氯盐与亚硝酸钠阻锈剂复合而成）、无氯盐类（以硝酸盐、亚硝酸盐、碳酸盐、乙酸钠或尿素复合而成）。

防冻剂

防冻剂可用于采取负温养护法冬季施工的各种混凝土。氯盐类防冻剂适用于无筋混凝土，氯盐阻锈类防冻剂可用于钢筋混凝土。硝酸盐、亚硝酸盐、碳酸盐易引起钢筋的应力腐蚀，故严禁用于预应力混凝土以及与镀锌钢材或与铝铁相接触部位的钢筋混凝土结构。另外，亚硝酸盐等有毒成分的防冻剂，严禁用于饮水工程及与食品接触的工程。含有硝铵、尿素等产生刺激性气味的防冻剂，严禁用于办公、居住等建筑工程。有机化合物与无机盐复合防冻剂及复合型防冻剂可用于素混凝土、钢筋混凝土及预应力混凝土工程。

掺防冻剂混凝土所用原材料，宜优先选用硅酸盐水泥、普通硅酸盐水泥，水泥存放期超过 3 个月时，使用前必须进行强度检验，合格后方可使用；拌制混凝土所用骨料应清洁，不得含有冰、雪、冻块及其他易冻裂物质。当防冻剂中含有较多的 Na^+、K^+ 离子时，不得使用活性骨

料。负温下混凝土表面不得浇水。混凝土浇筑后，应立即用塑料薄膜及保温材料覆盖，严寒地区应加强保温措施；在日最低气温为−5℃时，可不用防冻剂，采用早强剂或早强减水剂即可。

（六）泵送剂

随着商品混凝土的推广，采用泵送混凝土施工越来越普遍。泵送混凝土必须具有良好的可泵性。泵送剂即是改善混凝土拌和物泵送性能的外加剂。

混凝土泵送剂应具备以下特点：

（1）减水率高

多采用高效减水剂，在降低水灰比的同时，增加混凝土的流动性，减少泵送压力。

（2）坍落度损失小

坍落度是反映混凝土拌和物流动性的物理量。坍落度值大，说明混凝土拌和物流动性好。混凝土拌和物从搅拌机出来到施工现场浇筑，这一时间段的坍落度的差值，叫坍落度损失。混凝土拌和物坍落度损失应满足输送、泵送、浇筑要求，防止堵塞管道。

（3）具有一定引气性

在保证强度不受影响条件下，适当的引气性可减少拌和物与管壁的摩擦阻力，增加拌和物的黏聚性。

（4）与水泥有良好的相容性

混凝土泵送剂一般不是单一组分，而是由功能各异的多种组分(或外加剂)组成。可采用由减水组分、缓凝组分、引气组分和保水组分等复合而成的泵送剂。

泵送剂宜用于日平均气温 5℃ 以上的施工环境，宜用于泵送施工的混凝土。泵送剂可用于工业与民用建筑结构工程混凝土、桥梁混凝土、水下灌注桩混凝土、防辐射混凝土和纤维混凝土等。不宜用于蒸汽养护混凝土和蒸压养护的预制混凝土。

三、使用外加剂的注意事项

1. 外加剂品种的选择

混凝土外加剂的品种很多，效果各异。在选择外加剂时，要特别注意与所用水泥的适应性。使用前，必须先了解外加剂的性能，再根据工程需要、现场施工条件及所用材料等条件，通过试验验证后选择合适的外加剂品种。

2. 外加剂掺量的确定

不同外加剂，掺量也不同。掺量过小，往往达不到预期效果；掺量过大，会影响混凝土质量，甚至造成严重事故。因此，使用外加剂必须严格控制掺量，并准确计量。在没有可靠的资料为依据时，应通过试验来确定最佳掺量。

3. 外加剂的掺加方法

常用的外加剂掺加方法有以下几种：

（1）先掺法

先掺法是将粉状外加剂先与水泥混合后，再加入集料与水搅拌。这种方法有利于外加剂的分散，能减少集料对外加剂的吸附量，但实际工程中使用不便，常在试验室或混凝土量较小的现场施工时采用。

（2）同掺法

同掺法是将粉状或液体外加剂与混凝土组成材料一起投入搅拌机拌和，或将液体外加剂先与水混合，然后与其他材料一起拌和。这种方法简单易行，在实际工程中应用较多，但随着时间的延续，混凝土拌合物的坍落度损失较大。

（3）后掺法

后掺法是在混凝土加水搅拌了一段时间后（有时在浇筑前），再加入外加剂进一步搅拌，即水泥水化反应进行了一段时间后，再加入外加剂。这种方法可避免拌和物坍落度损失过快而影响混凝土拌和物浇筑困难的现象。

（4）分次加入法

分次加入法是在混凝土搅拌或运输过程中分几次将外加剂加入混凝土拌和物中，使混凝土拌和物中的外加剂浓度始终保持在一定的水平。

在相同条件下，后掺法、分次加入法对减小拌和物的坍落度损失效果很好，并可减小外加剂掺量。但同样因使用不便，在实际工程中用得不多。

四、矿物掺合料

矿物掺合料有粉煤灰、粒化高炉矿渣、硅灰、石灰石粉、钢渣粉、磷渣粉、沸石粉、复合矿物掺合料。

矿物掺合料是一种辅助胶凝材料，特别在近代高强、高性能混凝土中是一种有效的、不可或缺的主要组分材料。

1. 矿物掺合料特性

（1）改善硬化混凝土力学性能

掺矿物掺合料的混凝土具有致密的结构和优良的界面黏结性能，表现出良好的物理力学性能。在改善混凝土性能的前提下，矿物掺合料可等量替代水泥 30%~50% 配制混凝土，大幅度降低了水泥用量。

（2）改善拌合混凝土和易性

矿物掺合料是经超细粉磨工艺制成的，在新拌水泥浆中，可增大水泥浆的流动性，还可有效控制混凝土的坍落度损失。矿物掺合料的比表面积为 $350~1500$ m²/kg，由于大比表面积颗粒对水的吸附，起到了保水的作用，减弱了泌水性，从而使黏聚性明显改善。

（3）改善混凝土的耐久性

由于掺矿物掺合料的混凝土可形成比较致密的结构，且显著改善了新拌混凝土的泌水性，避免形成连通的毛细孔，因此可改善混凝土的抗渗性。同理，由于水泥石结构致密，二氧化碳难以侵入混凝土内部，所以，矿物掺合料混凝土也具有良好的抗碳化性能。

2. 矿物掺合料的掺量

矿物掺合料在混凝土中的掺量应通过试验确定。混凝土中矿物掺合料占胶凝材料总量的最大百分比宜按表 4-10 控制。

表 4-10　矿物掺合料占胶凝材料总量的百分率限值（GB/T 51003—2014）

矿物掺合料种类	水胶比	水泥品种	
		硅酸盐水泥/%，≤	普通硅酸盐水泥/%，≤
粉煤灰 （F 类 I、II 级）	≤0.40	45	35
	>0.40	40	30

续表4-10

矿物掺合料种类	水胶比	水泥品种	
		硅酸盐水泥/%，≤	普通硅酸盐水泥/%，≤
粒化高炉矿渣粉	≤0.40	65	55
	>0.40	55	45
硅灰	—	10	10
石灰石粉	≤0.40	35	25
	>0.40	30	20
钢渣粉	—	30	20
磷渣粉	—	30	20
沸石粉	—	15	15
复合掺合料	≤0.40	65	55
	>0.40	55	45

注：1. C类粉煤灰用于结构混凝土时，安定性应合格，其掺量应通过试验确定，但不应超过本表中F类粉煤灰的规定限量；对硫酸盐侵蚀环境下的混凝土不得用C类粉煤灰。

2. 混凝土强度等级不大于C15时，粉煤灰的级别和最大掺量可不受表4-12规定的限值。

3. 复合掺合料中各组分的掺量不宜超过任一组分单掺时的上限掺量。

第四节　普通混凝土的主要技术性质

混凝土是由各组成材料按一定比例配合、搅拌而成的尚未凝结硬化的材料，称为混凝土拌合物，硬化后的人造石材称为硬化混凝土。普通混凝土的主要技术性质包括混凝土拌合物的和易性，硬化混凝土的强度、变形及耐久性。

一、混凝土拌和物的和易性

（一）和易性的概念

和易性是指混凝土拌合物易于各种施工工序(包括拌和、运输、浇筑、振捣等)操作并能获得质量均匀、密实的性能，也叫混凝土工作性。它是一项综合技术性质，包括流动性、黏聚性和保水性三方面涵义。

1. 流动性

流动性是指混凝土拌合物在自重或机械振捣作用下能产生流动并均匀密实地填满模板的性能。流动性反映混凝土拌合物的稀稠，它直接影响着浇筑施工的难易和混凝土的质量。若混凝土拌合物太干稠，流动性差，难以振捣密实，易造成内部或表面孔洞等缺陷；若拌合物过稀，流动性好，但容易出现分层离析现象，从而影响混凝土的质量。

2. 黏聚性

黏聚性是指混凝土拌合物各组成材料间具有一定的黏聚力，在运输和施工过程中不致产生分层离析现象，使混凝土保持整体均匀的性能。黏聚性反映混凝土拌合物的均匀性。若混凝土拌合物黏聚性差，则在施工中易发生分层、离析、泌水现象，造成混凝土不均匀，混凝土硬化后会出现蜂窝、空洞等现象，影响混凝土的强度和耐久性。

3. 保水性

保水性是指混凝土拌合物保持水分不易析出的能力，在施工过程中不致产生严重泌水的性能。保水性差的混凝土拌合物，在施工过程中，一部分水易从内部析出至表面，在混凝土内部形成透水通道，使混凝土的密实性变差，降低混凝土的强度和耐久性。

混凝土拌和物的流动性、黏聚性、保水性，三者之间既相互联系，又相互矛盾。流动性增大，黏聚性和保水性往往变差；要保证拌合物具有良好的黏聚性和保水性，则流动性会受到影响。因此，所谓拌合物的和易性良好，就是要使这三方面的性能在某种具体条件下得到统一，达到均为良好的状况。

（二）和易性的测定

由于混凝土拌合物的和易性是一项综合的技术性质，目前难以用一个单一的指标来全面衡量混凝土拌合物的和易性。根据我国现行标准《普通混凝土拌合物性能试验方法标准》（GB/T 50080—2016）规定，混凝土拌合物的流动性大小用坍落度与坍落扩展度法和维勃稠度法测定，并辅以直观经验来评定黏聚性和保水性，以评定和易性。坍落度法适用于骨料最大粒径不大于 40 mm，坍落值不小于 10 mm 的混凝土拌合物；坍落扩展度法适用于集料最大粒径不大于 40 mm，坍落度不小于 160 mm 的混凝土拌合物；维勃稠度法适用于骨料最大粒径不大于 40 mm，维勃稠度值在 5~30 s 之间的干硬性混凝土拌合物。

1. 坍落度和坍落扩展度的测定

混凝土坍落度检测

将拌合物按规定的方法装入坍落度筒内，并均匀插捣，装满刮平后，将坍落度筒垂直提起，拌合物在自重作用下向下坍落，量出筒高与混凝土试体最高点之间的高度差（以 mm 计），即为坍落度值（用 T 表示），如图 4-5（a）所示，坍落度值越大，表示混凝土拌合物流动性越好。

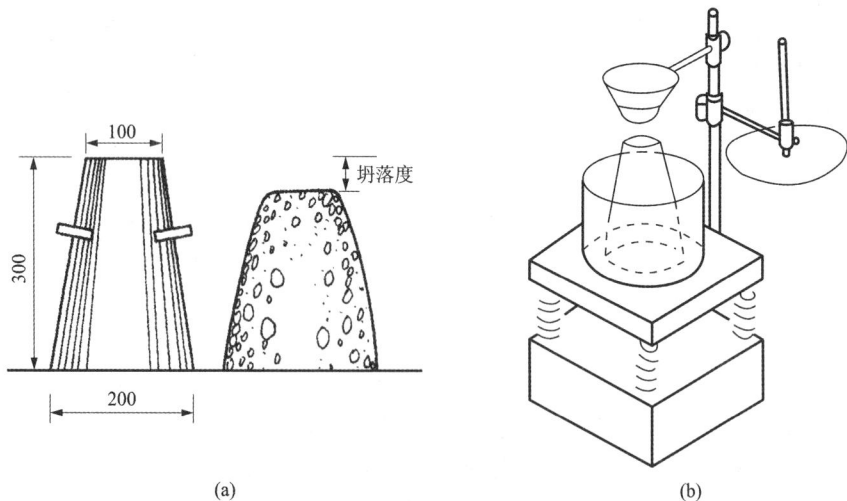

(a)　　　　　　　　　　(b)

图 4-5　坍落度及维勃稠度试验示意图

在进行坍落度试验过程中，同时观察拌合物的黏聚性和保水性。用捣棒在已坍落的混凝土锥体侧面轻轻敲打，此时如果锥体保持整体均匀，逐渐下沉，则表示拌合物黏聚性良好；

若锥体突然倒塌或部分崩裂或出现离析现象,表示拌合物黏聚性较差。若有较多的稀浆从锥体底部析出,锥体部分的混凝土也因失浆而骨料外露,表明混凝土拌合物保水性不好;如无稀浆或仅有少量稀浆自底部析出,则表明此混凝土拌合物保水性良好。

坍落度在 10~160 mm 对混凝土拌合物的稠度具有良好的反映能力,但当坍落度大于160 mm 时,需做坍落扩展度试验。

坍落扩展度试验是在做坍落度试验的基础上,当坍落度值大于 160 mm 时,测量混凝土扩展后最终的最大直径和最小直径。在最大直径和最小直径的差值小于 50 mm 时,用其算术平均值作为其坍落扩展度值。如果粗骨料在中央堆积、水泥浆从边缘析出,这是混凝土在扩展的过程中产生离析而造成的,说明混凝土抗离析性能很差。

2. 维勃稠度的测定

对于干硬性混凝土,若采用坍落度试验,测出的坍落度值过小,不易准确反映其工作性,这时需用维勃稠度试验测定。其方法是:将坍落度筒置于维勃稠度仪上的圆形容器内,并固定在规定的振动台上。将混凝土拌合物按规定方法装入坍落度筒内,将坍落度筒垂直提起后,将维勃稠度仪上的透明圆盘转至试体顶面,使之与试体接触,如图 4-5(b)所示。开启振动台的同时用秒表计时,记录下当透明圆盘下面布满水泥浆时,所经历的时间(以 s 计),称为该拌合物的维勃稠度。维勃稠度值越大,表示混凝土的流动性越小。

(三)混凝土拌合物流动性(坍落度)的选择

选择混凝土拌合物的坍落度,原则上应在不妨碍施工操作并保证振捣密实的条件下进行,尽量采用较小的坍落度,以节约水泥并获得质量高的混凝土。要根据结构类型、构件截面大小、配筋疏密、输送方式和施工捣实方法等因素来确定。若构件截面较小,或钢筋较密,或采用人工插捣时,坍落度可选大些。反之,若构件截面尺寸较大,或钢筋较疏,或采用机械振捣时,坍落度选择可小些。混凝土浇筑时的坍落度选择如表 4-11 所示。

表 4-11 混凝土浇筑时的坍落度

结构种类	坍落度/mm
基础或地面等的垫层、无筋的大体积结构(挡土墙、基础等)或配筋稀疏的结构	10~30
板、梁或大型及中型截面的柱子等	30~50
配筋密列的结构(薄壁、斗仓、筒仓、细柱等)	50~70
配筋特密的结构	70~90

注:1. 本表系采用机械振捣时的坍落度,当采用人工振捣时可适当增大;

2. 轻骨料混凝土拌合物,坍落度宜较表中数值减少 10~20 mm。

(四)影响混凝土拌合物和易性的主要因素

1. 水泥浆的用量

在混凝土拌合物中,水泥浆除了起胶结作用外,还起着润滑骨料、提高拌合物流动性的作用。在水灰比不变的情况下,单位体积拌合物内,如果水泥浆愈多,则拌合物的流动性愈大,但若水泥浆过多,将会出现流浆现象,使拌合物的粘聚性变差,同时混凝土的强度与耐久性会下降;若水泥浆过少,则不能填满骨料间空隙或不能很好包裹骨料表面时,就会产生崩塌现象，使黏聚性变差。因此，混凝土拌合物中水泥浆的用量应以满足流动性和强度的要求为度，不宜过多或过少。

2. 水灰比

水灰比是指混凝土拌合物中用水量与水泥用量的比值。在水泥用量一定的情况下，水灰比愈小，水泥浆就愈稠，混凝土拌合物的流动性就愈小。当水灰比过小时，水泥浆过于干稠，混凝土拌合物的流动性过低，会使施工困难，不能保证混凝土的密实性；水灰比增大会使流动性加大，但水灰比过大，又会造成混凝土拌合物的黏聚性和保水性不良，而产生流浆、离析现象，并严重影响混凝土的强度和耐久性。所以，水灰比不能过大或过小，一般应根据混凝土强度和耐久性要求合理地选用。

无论是水泥浆的多少，还是水灰比的大小，实际上对混凝土拌合物流动性起决定作用的是用水量的多少。实践证明，在配制混凝土时，当混凝土拌合物的用水量一定时，即使水泥用量增减 $50 \sim 100 \ kg/m^3$，拌合物的流动性基本保持不变。应当指出的是，不能单纯采取增减用水量的办法来改善混凝土拌合物的流动性，而应在保证水灰比不变的条件下，用调整水泥浆量的方法来改善混凝土拌合物的流动性。$1 \ m^3$ 混凝土拌合物的用水量，一般应根据选定的坍落度，按表 4-11 选用。

3. 砂率

砂率是指混凝土中砂的质量占砂、石总质量的百分率。砂的作用是填充石子间空隙，并以砂浆包裹在石子外表面，减少粗骨料颗粒间的摩擦阻力，赋予混凝土拌合物一定的流动性。砂率的变动会使骨料的空隙率和骨料的总表面积有显著改变，因而对混凝土拌合物的和易性产生显著的影响。砂率过大时，骨料的总表面积增大，需要包裹骨料的水泥砂浆增多，在水泥浆量一定的情况下，骨料表面的水泥浆层相对减薄，减弱了水泥浆的润滑作用，导致混凝土拌合物流动性降低。如果砂率过小，虽然总表面积减小，但空隙率很大，填充空隙所需要的水泥浆量增多，在水泥浆量一定的情况下，骨料表面的水泥浆层同样不足，使流动性降低，并严重影响拌合物的黏聚性和保水性，容易造成分层、离析、流浆、泌水的现象。当砂率适宜时，砂不但填满石子间的空隙，而且还能保证粗骨料间有一定厚度的砂浆层以减小粗骨料间的摩擦阻力，使混凝土拌合物有较好的流动性，这个适宜的砂率称为合理砂率。当采用合理砂率时，在用水量及水泥用量一定的情况下，能使混凝土拌合物获得最大的流动性，且能保持良好的黏聚性和保水性，如图 4-6 所示；或者，当采用合理砂率时，能使混凝土拌合物获得所要求的流动性及良好的黏聚性与保水性，且水泥用量最少，如图 4-7 所示。

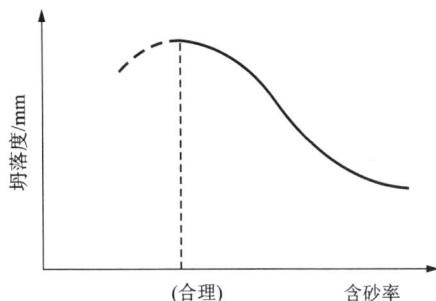

图 4-6　砂率与流动性的关系
（水与水泥用量一定）

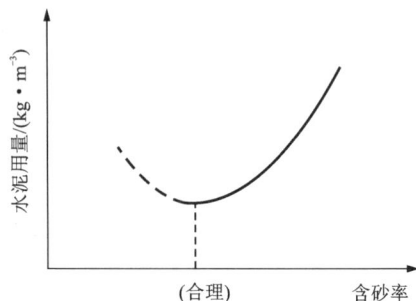

图 4-7　砂率与水泥用量的关系
（达到相同的坍落度）

4.组成材料性质的影响

水泥对和易性的影响主要表现在水泥的需水性上。需水量大的水泥品种,达到相同的坍落度,需水量就大。常用水泥中,以普通硅酸盐水泥所配制的混凝土拌合物的流动性和保水性较好。矿渣、火山灰质水泥的需水性不同,矿渣水泥所配制的混凝土拌合物的流动性较大,但黏聚性、保水性差,而火山灰水泥需水量大,在相同水量条件下,流动性显著降低,但黏聚性和保水性较好。

组成材料对混凝土和易性的影响

骨料的性质对混凝土拌合物的和易性影响较大。级配良好的骨料,空隙率小,在水泥浆量相同的情况下,和易性好。碎石比卵石表面粗糙,所配制的混凝土拌合物流动性较卵石配制的差。细砂的比表面积大,用细砂配制的混凝土比用中、粗砂配制的混凝土拌合物流动性小。

5.外加剂

在拌制混凝土时,加入少量外加剂,如引气剂、减水剂等,能使混凝土拌合物在不增加水量的条件下,获得较好的和易性,增大流动性和改善黏聚性和保水性。

掺入粉煤灰、硅灰、磨细沸石粉等掺合料,也可改善拌合物的和易性。

6.时间和环境的温度、湿度

混凝土拌合物随时间的延长,因水泥水化及水分蒸发而逐渐变得干稠,和易性变差。环境温度上升,水分容易蒸发,水泥水化速度也会加快,混凝土拌和物流动性将减小。空气湿度小,拌和物水分蒸发较快,坍落度损失也会加快。夏季施工或较长距离运输的混凝土,上述现象更加明显。

7.施工工艺

采用机械搅拌的混凝土比同等条件下人工搅拌的混凝土坍落度大;采用同一种搅拌方式,其坍落度随着有效搅拌时间的增长而增大。

针对上述影响混凝土拌合物和易性的因素,在实际工程中,可采用以下措施来改善混凝土拌和物的和易性:

(1)通过试验,采用合理砂率,并尽可能采用较低的砂率;

(2)改善砂、石的级配,尽量采用较粗的砂、石;

(3)当混凝土拌和物坍落度太大时,保持砂率不变,适当增加砂石;当坍落度太小时,保持水灰比不变,适当增加水泥浆数量。

(4)掺加外加剂,如减水剂、引气剂等。

二、硬化混凝土的强度

强度是混凝土最重要的力学性质。因为混凝土主要用于承受荷载或抵抗各种作用力。混凝土的强度有立方体抗压强度、轴心抗压强度、抗拉强度、抗折强度及钢筋与混凝土的黏结强度等。其中混凝土的抗压强度最大,抗拉强度最小,因此在建筑工程中主要是利用混凝土来承受压力作用。混凝土的抗压强度是混凝土结构设计的主要参数,也是混凝土质量评定的重要指标。工程中提到的混凝土强度一般指的是混凝土的抗压强度。

混凝土强度检测

(一)混凝土的抗压强度与强度等级

混凝土抗压强度是指其标准试件在压力作用下直至破坏时,单位面积所能承受的最大压力。根据国家标准《混凝土物理力学性能试验方法标准》(GB/T 50081—2019)规定，混凝土抗压强度是指按标准方法制作的边长为 150 mm 的立方体试件，成型后立即用不透水的薄膜覆盖表面，在温度为(20±5)℃、相对湿度大于 50%的室内静置一昼夜至两昼夜，然后在标准养护条件下(温度(20±2)℃，相对湿度 95%以上或在温度为(20±2)℃的不流动的 Ca(OH)₂ 饱和溶液中)，养护至 28 d 龄期(从搅拌加水开始计时)，经标准方法测试，得到的抗压强度值，称为混凝土立方体抗压强度，以 f_{cc} 表示。

测定混凝土抗压强度，也可以按粗骨料最大粒径的尺寸选用边长是 100 mm 和 200 mm 的立方体非标准试块，在特殊情况下，可采用 φ150 mm×300 mm 的圆柱体标准试件或 φ100 mm×200 mm 和 φ200 mm×400 mm 的圆柱体非标准试件。但在计算其抗压强度时，应乘以换算系数，以得到相当于标准试件的试验结果。

按《混凝土结构设计规范》(GB 50010—2010)(2015 版)规定，混凝土强度等级应按立方体抗压强度标准值确定。立方体抗压强度标准值系指按标准方法制作、养护的边长为 150 mm 的立方体试件，在 28 d 或设计规定龄期以标准试验方法测得的具有 95%保证率的抗压强度值。混凝土强度等级采用符号 C 与立方体抗压强度标准值(以 N/mm² 即 MPa 计)表示，共划分成下列强度等级：C15、C20、C25、C30、C35、C40、C45、C50、C55、C60、C65、C70、C75 及 C80 等 14 个强度等级。如 C30 表示混凝土立方体抗压强度≥30 MPa 的保证率为 95%，即立方体抗压强度标准值为 30 MPa。

(二)混凝土的轴心抗压强度

混凝土的强度等级是采用立方体试件来确定的。但在实际工程中，混凝土结构构件的形式极少是立方体，大部分是棱柱体或圆柱体，为了能更好地反映混凝土的实际抗压性能，在钢筋混凝土构件承载力计算时，常采用混凝土轴心抗压强度作为设计依据。

根据国家标准《混凝土物理力学性能试验方法标准》(GB/T 50081—2019)规定，测定轴心抗压强度采用 150 mm×150m×300 mm 的棱柱体作为标准试件，在标准养护条件下养护至 28 d 龄期后按照标准试验方法测得，用 f_{cp} 表示。在立方体抗压强度 f_{cc} = 10~55 MPa 的范围内，混凝土轴心抗压强度 f_{cp} 约为立方体抗压强度 f_{cc} 的 70%~80%。

(三)混凝土的抗拉强度

混凝土的抗拉强度很低，只有抗压强度的 1/10~1/20，且随着混凝土强度等级的提高，比值有所降低，即混凝土强度提高时，抗拉强度的增加不及抗压强度增加得快。因此在钢筋混凝土结构设计中，不考虑混凝土承受拉力，而是在混凝土中配以钢筋，由钢筋来承受结构中的拉力。但混凝土抗拉强度对于混凝土抗裂性具有重要作用，它是结构设计中确定混凝土抗裂度的主要指标，有时也用它来间接衡量混凝土与钢筋间的黏结强度。

测定混凝土抗拉强度的试验方法有直接轴心受拉试验和劈裂试验，直接轴心受拉试验时试件对中比较困难，因此我国目前采用由劈裂抗拉强度试验法间接得出混凝土的抗拉强度，称为劈裂抗拉强度。劈裂抗拉强度采用边长为 150 mm 的立方体作为标准试件，按规定的劈裂抗拉试验方法测定混凝土的劈裂抗拉强度。劈裂抗拉强度的计算公式为

$$f_{ts} = \frac{2F}{\pi A} = 0.637 \frac{F}{A} \qquad (4-5)$$

式中：f_{ts}——混凝土劈裂抗拉强度，MPa；

F——破坏荷载，N；

A——试件劈裂面积，mm^2。

试验表明，在相同条件下，混凝土用轴拉法测得的抗拉强度，较用劈裂法测得的劈裂抗拉强度略小，二者比值约为 0.9。混凝土的劈裂抗拉强度与混凝土立方体抗压强度之间的关系，可用经验公式表达如下：

$$f_{ts} = 0.35 f_{cc}^{3/4} \qquad\qquad (4-6)$$

(四)混凝土与钢筋的黏结强度

在钢筋混凝土结构中，为使钢筋和混凝土能共同承受荷载，他们之间必须要有一定的黏结强度。这种黏结强度主要来源于混凝土与钢筋之间的摩擦力、钢筋与水泥石之间的黏结力及变形钢筋的表面与混凝土之间的机械啮合力。

黏结强度与混凝土质量有关，与混凝土抗压强度成正比。此外，黏结强度还受其他许多因素影响，如混凝土强度、钢筋尺寸及变形钢筋种类、钢筋在混凝土中的位置(水平钢筋或垂直钢筋)、加载类型(受拉钢筋或受压钢筋)以及干湿变化、温度变化等。

目前还没有一种较适当的标准试验能准确测定混凝土与钢筋的黏结强度。为了对比不同混凝土的黏结强度，美国材料试验学会(ASTMC234)提出了一种拔出试验方法：将 φ19 mm 的标准变形钢筋埋入边长为 150 mm 的立方体混凝土试件，标准养护 28 d 后，进行拉伸试验，试验时以不超过 34 MPa/min 的加荷速度对钢筋施加拉力，直到钢筋发生屈服，或混凝土裂开，或加荷端钢筋滑移超过 2.5 mm。记录出现上述三种中任一情况时的荷载值 P，用下式计算混凝土与钢筋的黏结强度：

$$f_N = \frac{P}{\pi dl} \qquad\qquad (4-7)$$

式中：f_N——黏结强度，MPa;

    d——钢筋直径，mm;

    l——钢筋埋入混凝土中的长度，mm;

    P——测定的荷载值，N。

(五)混凝土抗折强度

道路路面或机场跑道用混凝土，以抗折强度为主要设计指标。水泥混凝土的抗折强度试验是以标准方法制成 150 mm×150 mm×550 mm 的梁形试件，在标准条件下养护 28 d 后，按三分点加荷，测定其抗折强度，计算公式如下：

$$f_f = \frac{Fl}{bh^2} \qquad\qquad (4-8)$$

式中：f_f——混凝土抗折强度，MPa;

    F——破坏荷载，N;

    l——支座间距，mm;

    b——试件截面宽度，mm;

    h——试件截面高度，mm。

(六)影响混凝土强度的主要因素

混凝土受压可能有三种破坏形式：一是骨料本身的破坏，这种破坏的可能性很小；二是水泥石的破坏，这种现象在水泥石强度较低时发生；三是骨料和水泥石黏结界面破坏，这是最常见的破坏形式，因为在水泥石与骨料的界面往往存在孔隙、潜在的微裂缝。所以混凝土的强度主要取决于水泥石强度及其与骨料表面的黏结强度。而水泥石强度及其与骨料的黏结强度又与水泥强度等级、水灰比及骨料的性质有密切关系，此外混凝土的强度还受施工质量、养护条件及龄期的影响。

1. 水泥强度等级和水灰比

水泥强度等级和水灰比是影响混凝土强度最重要的因素。水泥是混凝土中的活性组分，在混凝土配合比相同的条件下，水泥强度等级越高，所配制的混凝土强度也越高；在水泥强度等级相同的情况下，混凝土的强度主要取决于水灰比。从理论上分析，水泥水化时所需的结合水，一般只占水泥质量的 23% 左右，但在拌制混凝土时，为了获得施工所要求的流动性，常需多加些水，如常用的塑性混凝土，其水灰比均在 0.4~0.8 之间。当混凝土硬化后，多余的水分就残留在混凝土中形成水泡或蒸发后形成气孔，大大减小了混凝土抵抗荷载的有效断面，而且可能在孔隙周围引起应力集中。因此，在水泥强度等级相同的情况下，水灰比愈小，水泥石的强度愈高，与骨料黏结力愈大，混凝土强度愈高。但是，如果水灰比过小，拌合物过于干稠，在一定的施工振捣条件下，混凝土不能被振捣密实，出现较多的蜂窝、孔洞，反将导致混凝土强度严重下降。

试验证明，混凝土的强度随水灰比的增大而降低，呈双曲线关系，而混凝土强度与灰水比则呈直线关系。如图 4-8 所示。

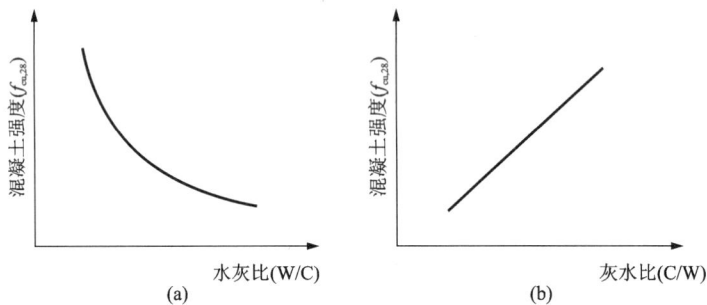

图 4-8　混凝土强度与水灰比及灰水比的关系

根据工程实践经验，提出了混凝土强度与水泥强度、水灰比之间的线性经验公式

$$f_{cu} = \alpha_a f_{ce} \left(\frac{C}{W} - \alpha_b \right) \tag{4-9}$$

式中：f_{cu}——混凝土 28 d 龄期的抗压强度，MPa；

f_{ce}——水泥 28 d 抗压强度实测值，MPa；水泥厂为保证水泥出厂强度等级，水泥实际强度要高于其强度等级值。在无法取得水泥实测强度值时，可按 $f_{ce} = \gamma_c f_{ce,g}$ 计算，其中 γ_c 为水泥强度等级值的富余系数，可按实际统计资料确定；当缺乏实际统计资料时，可按表 4-12 选用；$f_{ce,g}$ 为水泥强度等级值，MPa。

α_a、α_b——回归系数。应根据工程所使用的原材料，通过实验建立的水灰比与强度关系式确定；当不具备上述试验统计资料时，可按表 4-13 选用。

C——1 m³ 混凝土中水泥用量，kg；

W——1 m³ 混凝土中水的用量，kg。

表 4-12 水泥强度等级值的富余系数(γ_c)

水泥强度等级值	32.5	42.5	52.5
富余系数	1.12	1.16	1.10

表 4-13 回归系数 α_a、α_b 选用表

系数 \ 粗骨料品种	碎石	卵石
α_a	0.53	0.49
α_b	0.20	0.13

混凝土强度公式一般只适用于流动性混凝土及低流动性混凝土且强度等级在 C60 以下的混凝土。利用混凝土强度公式,可根据所用的水泥强度等级和水灰比来估计所配制混凝土的强度;也可根据水泥强度等级和要求的混凝土强度等级来计算所采用的水灰比。

2. 骨料

骨料级配良好,针、片状及有害杂质颗粒含量少且砂率合理时,可使骨料空隙率小,组成坚强密实的骨架,有利于混凝土强度的提高。碎石表面粗糙有棱角,提高了骨料与水泥砂浆之间的机械啮合力和黏结力,在原材料的坍落度相同的条件下,用碎石拌制的混凝土比用卵石拌制的混凝土强度要高。

骨料的强度影响混凝土的强度,一般骨料强度越高,所配制的混凝土强度越高,这在低水灰比和配制高强度混凝土时,特别明显。骨料的最大粒径增大,可提高混凝土的强度。但对于高强混凝土,较小粒径的粗骨料可明显改善粗骨料与水泥石界面的强度,反而可提高混凝土的强度。

3. 养护温度及湿度

混凝土强度发展的过程即水泥的水化和凝结硬化的过程,而水泥的水化和凝结硬化只有在一定的温度和湿度条件下才能进行。因此,混凝土浇捣成型后,必须在一定时间内保持适当的温度和足够的湿度以使水泥充分水化,这就是混凝土的养护。养护温度高,水泥水化速度加快,混凝土强度的发展也快;反之,在低温下混凝土强度发展迟缓。当温度降至冰点以下时,则由于混凝土中的水分大部分结冰,不但水泥停止水化,混凝土强度停止发展,而且由于混凝土孔隙中的水结冰产生体积膨胀(约 9%),而对孔壁产生相当大的压应力,从而使硬化中的混凝土结构遭到破坏,导致混凝土已获得的强度受到损失。混凝土早期强度低,更容易冻坏,所以冬季施工时,要特别注意保温养护,以免混凝土早期受冻破坏。养护温度对混凝土强度的影响如图 4-9 所示。

周围环境的湿度对水泥的水化作用能否正常进行有显著影响。湿度适当,水泥水化反应顺利进行,使混凝土强度得到充分发展。水是水泥水化反应的必要成分,如果湿度不够,水泥水化反应不能正常进行,甚至停止水化,严重降低混凝土强度,使混凝土结构疏松,形成干缩裂缝,从而影响混凝土的耐久性。《混凝土结构工程施工规范》GB 50666—2011 规定:混凝土浇筑后应及时进行保湿养护;混凝土养护的时间,对采用硅酸盐水泥、普通硅酸盐水泥和矿渣硅酸盐水泥拌制的混凝土,不应少于 7 d;对掺用缓凝型外加剂或有抗渗要求的混凝

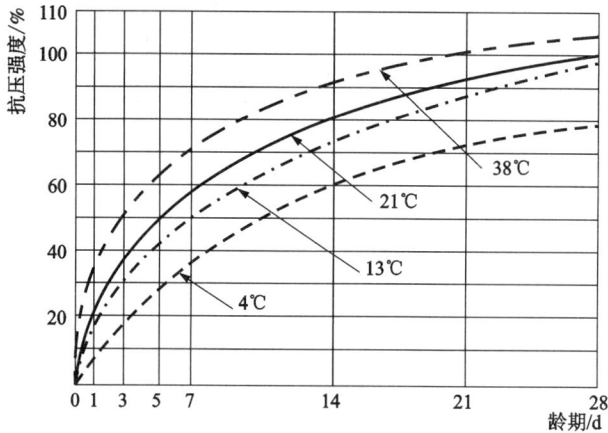

图 4-9　混凝土强度与养护温度关系

土，不应少于 14 d。图 4-10 是混凝土强度与保持潮湿日期的关系。

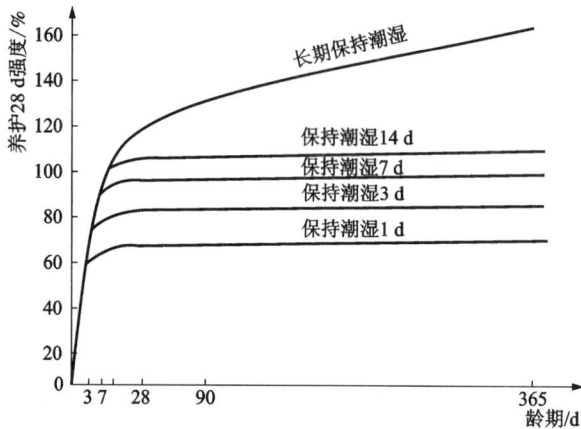

图 4-10　混凝土强度与潮湿养护时间的关系

4.龄期

龄期是指混凝土在正常养护条件下所经历的时间。在正常养护的条件下，混凝土的强度将随龄期的增长而提高，最初 7~14 d 内强度发展较快，以后缓慢，28 d 达到设计强度，28 d 后强度仍在发展，其增长过程可延续数十年之久。所以，一般以混凝土 28 d 的强度作为设计强度值。

普通水泥混凝土，在标准混凝土养护条件下，混凝土强度大致与龄期的常用对数成正比，可按下式推算：

$$\frac{f_n}{f_{28}} = \frac{\lg n}{\lg 28} \qquad\qquad (4\text{-}10)$$

式中：f_n——经 n 天龄期混凝土的抗压强度，MPa；

f_{28}——经 28 d 龄期混凝土的抗压强度，MPa；

n——养护龄期(d)，$n \geqslant 3$。

式(4-10)适用于在标准条件下养护的不同水泥拌制的中等强度等级的混凝土。根据此式，可由所测混凝土早期强度，估算其 28 d 龄期的强度，或者可由混凝土的 28 d 强度推算 28 d 前混凝土达到某一强度需要养护的天数，如确定混凝土拆模、构件起吊，放松预应力钢筋、制品养护、出厂等日期。但由于影响强度的因素很多，故按此式计算的结果作为参考。

5. 试验条件

试验条件是指试件的尺寸、形状、表面状态及加荷速度等。试验条件不同，会影响混凝土强度的试验值。

(1)试件尺寸

在测定混凝土立方体抗压强度时，当混凝土强度等级<C60 时，可根据粗骨料最大粒径选用非标准试块，但应将其抗压强度值按表 4-14 所给出的系数换算成标准试块对应的抗压强度值；当混凝土强度等级≥C60 时，宜采用标准试件；使用非标准试件时，其强度的尺寸换算系数应由试验确定。

表 4-14　混凝土立方体试件尺寸选用及换算系数

粗骨料最大粒径/mm	试件尺寸/mm×mm×mm	换算系数
31.5	100×100×100	0.95
40	150×150×150	1.00
63	200×200×200	1.05

相同配合比的混凝土，试件的尺寸越大，测得的强度越小。试件尺寸影响强度的主要原因是试件尺寸大，内部孔隙、缺陷等出现的机率也大，导致有效受力面积的减小及应力集中，从而引起强度的降低。反之，试件尺寸小，测得的强度就高。

(2)试件的形状

当试件受压面积($a×a$)相同，而高度(h)不同时，高宽比越大，抗压强度越小。这是由于试件承压时，试件受压面与试件承压板之间的摩擦力对试件相对于承压板的横向膨胀起着约束作用，该约束有利于强度的提高，愈接近试件的端面，这种约束作用愈大。在距端面大约 $\frac{\sqrt{3}}{2}a$ 的范围以外，约束作用才消失。试件破坏以后，其上下各呈现一个较完整的棱锥体，通常称这种约束作用为环箍效应。如图 4-11(a)、(b)、(c)所示。

(3)表面状态

混凝土试件承压面的状态也是影响混凝土强度的重要因素。当试件受压面上有油脂类润滑剂时，试件受压时的环箍效应大大减小，试件将出现垂直裂纹破坏，测出的强度值也较低。

(4)加荷速度

试验时加荷速度对强度值影响很大。试件破坏是当变形达到一定程度时才发生的，当加荷速度较快时，材料变形的增长落后于荷载的增加，故破坏时测得的混凝土强度值偏高。当加荷速度超过 1.0 MPa／s 时，这种趋势更加明显。因此，我国标准规定，混凝土抗压强度的

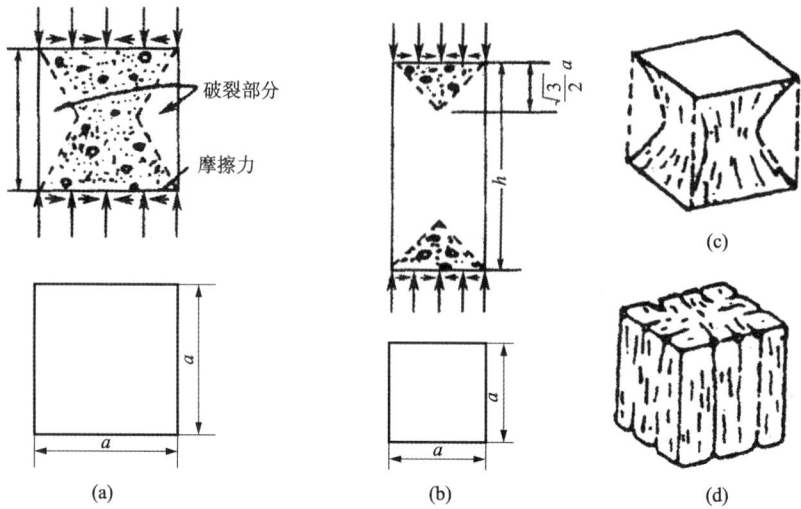

图 4-11 混凝土试件的破坏状态

(a)立方体试件；(b)棱柱体试件；(c)试块破坏后的棱锥体；(d)不受压板约束时石块破坏情况

加荷速度为 0.3~0.8 MPa/s，且应连续均匀地加载。

6. 掺外加剂和掺合料

掺减水剂，特别是高效减水剂，可大幅度降低用水量和水灰比，使混凝土强度显著提高，掺高效减水剂是配制高强度混凝土的主要措施，掺早强剂可显著提高混凝土的早期强度。

掺合料是在混凝土搅拌前或搅拌过程中，与混凝土的其他组分一样，直接加入的一种外掺料，其掺量大于水泥用量的 5%。在混凝土中掺入高活性的掺合料(如优质粉煤灰、硅灰、磨细矿渣粉等)，可以与水泥的水化产物进一步发生反应，产生大量的胶凝物质，使混凝土更密实，强度也进一步得到提高。

(七)提高混凝土强度的主要措施

1. 采用高强度等级水泥或早强型水泥

在混凝土配合比相同的情况下，水泥的强度等级越高，混凝土的强度越高。但单纯靠提高水泥强度来提高混凝土强度，往往不经济。采用早强型水泥可提高混凝土的早期强度，有利于加速施工进度。

2. 采用低水灰比的干硬性混凝土

低水灰比的干硬性混凝土拌合物游离水分少，硬化后留下的孔隙少，混凝土密实度高，强度可显著提高。因此，降低水灰比是提高混凝土强度最有效的途径。但水灰比过小，将影响拌合物的流动性，造成施工困难，一般应采取同时掺加减水剂的方法，使混凝土在低水灰比情况下，仍具有良好的和易性。

3. 采用湿热养护

湿热养护可分为蒸汽养护及蒸压养护两类。

蒸汽养护是将混凝土放在温度低于 100℃ 的常压蒸汽中进行养护。一般混凝土经过 16~20 h 的蒸汽养护，其强度可达正常条件下养护 28 d 强度的 70%~80%。蒸汽养护最适合于掺活性混合材料的矿渣水泥、火山灰水泥及粉煤灰水泥混凝土。不仅可提高早期强度，而且后期强度也有所提高，其28 d强度可提高100%~200%。而对普通硅酸盐水泥和硅酸盐水泥混凝土进行蒸汽养护，其早期强度也能得到提高，但因在水泥颗粒表面过早形成水化产物凝胶膜层，阻碍水分继续深入水泥颗粒内部，使后期强度增长速度反而减缓，其28 d强度比标准养护28 d的强度低10%~15%。

蒸压养护是将混凝土试件置于175℃、0.8 MPa的蒸压釜中进行养护，这种养护方式能加速水泥的水化和硬化，有效提高混凝土的强度，特别适用于掺有活性混合材料的硅酸盐水泥。

4. 采用机械搅拌和振捣

混凝土采用机械搅拌比人工搅拌能使拌合物更均匀，特别是在拌和低流动性混凝土拌合物时效果更显著。采用机械振捣，可使混凝土拌合物的颗粒产生振动，暂时破坏水泥的凝聚结构，从而降低水泥浆的黏度和骨料间的摩擦阻力，提高混凝土拌合物的流动性，使混凝土拌合物能很好地充满模型，内部孔隙大大减小，从而使混凝土的密实度和强度大大提高。

5. 掺入混凝土外加剂、掺合料

在混凝土中掺入早强剂可提高混凝土早期强度；掺入减水剂可减少用水量，降低水灰比，提高混凝土强度。此外，在混凝土中掺入高效减水剂的同时，掺入磨细的矿物掺合料（如硅灰、优质粉煤灰和超细矿粉等），可显著提高混凝土的强度，配制出超高强度混凝土。

三、混凝土的变形

混凝土在硬化期间和使用过程中，会受到各种因素作用而产生变形。混凝土的变形直接影响到混凝土的强度和耐久性，特别是对裂缝的产生有直接的影响。混凝土的变形包括非荷载作用下的变形和荷载作用下的变形。非荷载作用下的变形包括混凝土的化学收缩、干湿变形及温度变形；荷载作用下的变形分为短期荷载作用下的变形及长期荷载作用下的变形——徐变。

（一）非荷载作用下的变形

1. 化学收缩

混凝土在硬化过程中，水泥水化产物的体积比水化反应前物质的总体积小，从而引起混凝土的收缩，即为化学收缩。化学收缩是不可恢复的，其收缩量随混凝土硬化龄期的延长而增加，一般在混凝土成型后40 d内增长较快，以后逐渐趋于稳定。化学收缩值很小，一般对混凝土结构没有破坏作用，但在混凝土内部可能产生微细裂缝。

2. 干缩湿涨

混凝土的干缩湿胀是指由于外界湿度变化，致使其中水分变化而引起的体积变化。当混凝土在水中硬化时，凝胶体中胶体粒子的吸附水膜增厚，胶体粒子间的距离增大，使混凝土产生轻微膨胀。当混凝土在干燥空气中硬化时，混凝土中水分逐渐蒸发，水泥凝胶体或水泥石毛细管失水，使混凝土收缩。混凝土的这种收缩在重新吸水以后一部分可以恢复，但仍有一部分（占30%~50%）不可恢复。

混凝土的湿胀变形量很小，对结构一般无破坏作用。但干缩变形对混凝土危害较大，干缩能使混凝土表面出现拉应力而导致开裂，严重影响混凝土的耐久性。

为了防止发生干缩，可从以下几方面采取措施：

（1）水泥用量、细度及品种。水泥用量越多，干燥收缩越大。水泥颗粒越细，需水量越多，则其干燥收缩越大。使用火山灰水泥干缩较大，而使用粉煤灰水泥其干缩较小。

（2）水灰比。水灰比愈大，硬化后水泥的孔隙越多，其干缩越大，混凝土单位用水量越大，干缩率越大。

（3）骨料种类。弹性模量大的骨料，干缩率小，吸水率大；含泥量大的骨料干缩率大。骨料级配良好，空隙率小，水泥浆量少，则干缩变形小。

（4）养护条件。潮湿养护时间长可推迟混凝土干缩的产生与发展，但对混凝土干缩率并无影响，采用湿热养护可降低混凝土的干缩率。

（5）加强振捣。混凝土振捣得越密实，内部空隙量越少，收缩量就越小。

3. 温度变形

混凝土的热胀冷缩变形称为温度变形。混凝土的温度线膨胀系数为 $(1\sim1.5)\times10^{-5}$ m/m℃，即温度每升降 1℃，每米胀缩 $0.010\sim0.015$ mm。温度变形对大体积混凝土或大面积混凝土以及纵向很长的混凝土工程极为不利，易使这些混凝土产生温度裂缝。

在混凝土硬化初期，水泥水化放出较多热量，而混凝土又是热的不良导体，散热很慢，因此造成混凝土内外温差很大，有时可达 50~70℃，这将使混凝土产生内胀外缩，在混凝土外表面产生很大的拉应力，严重时使混凝土产生裂缝。在实际工程中，大体积混凝土施工时常采用低热水泥，减少水泥用量，掺加缓凝剂及采用人工降温等措施。一般纵向较长的钢筋混凝土结构物，应采取每隔一定长度设置伸缩缝等措施。

（二）荷载作用下的变形

1. 短期荷载作用下的变形

（1）混凝土的弹塑性变形

混凝土是由水泥石、砂、石等组成的不均匀的复合材料，是一种弹塑性体。混凝土受力后既产生可以恢复的弹性变形，又产生不可以恢复塑性变形，其应力与应变的关系如图 4-12 所示。

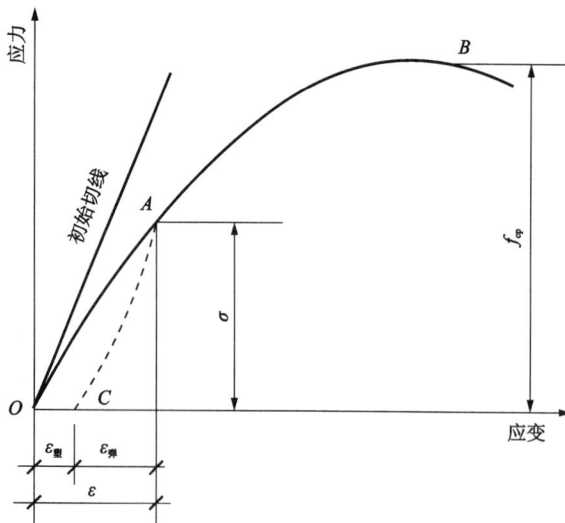

图 4-12 混凝土在应力作用下的应力—应变曲线

在应力—应变曲线上任一点的应力 σ 与其应变 ε 的比值，称作混凝土在该应力状态下的变形模量。它反映混凝土所受应力与所产生应变之间的关系。在计算钢筋混凝土结构的变形、裂缝开展及大体积混凝土的温度应力时，均需知道该混凝土的变形模量。

（2）混凝土的弹性模量

根据《混凝土物理力学性能试验方法标准》（GB/T 50081—2019）中规定，采用 150 mm× 150 mm×300 mm 的棱柱体作为标准试件，使混凝土的应力在 0.5 MPa 和 $1/3f_{cp}$ 之间经过至少两次反复预压，在最后一次预压完成后，应力与应变关系基本上成直线关系，此时测得的变形模量值即为该混凝土弹性模量。

影响混凝土弹性模量的因素主要有混凝土的强度、骨料的含量以及养护条件等。混凝土的强度越高，弹性模量越大，当混凝土的强度等级由 C10 增加到 C60 时，其弹性模量相应由 1.75×10^4 MPa 增加到 3.60×10^4 MPa；骨料的含量越多，弹性模量越大，混凝土的弹性模量越高；混凝土的水灰比较小，养护条件较好及龄期较长时，混凝土的弹性模量就较大。

2. 长期荷载作用下的变形——徐变

混凝土在长期不变荷载作用下，除产生瞬间的弹性变形和塑性变形外，还会产生随时间而增长的非弹性变形，这种在长期荷载作用下，随时间而增长的变形称为徐变，如图 4-13 所示。

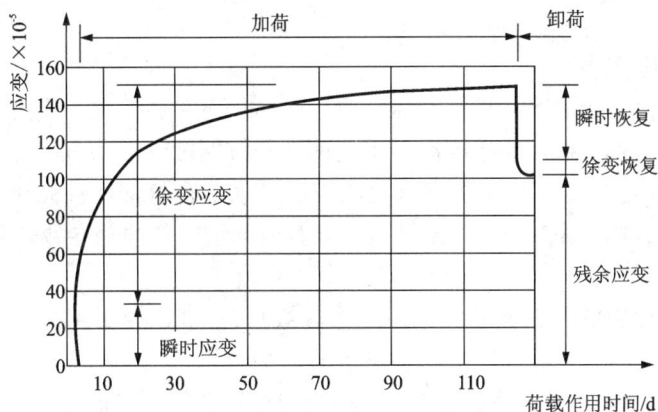

图 4-13 混凝土的徐变与徐变的恢复

在加荷的瞬间，混凝土产生瞬时变形，随着荷载持续时间的延长，逐渐产生徐变变形。混凝土徐变在加荷初期增长较快，以后逐渐减慢，一般要延续 2~3 年才稳定下来，最终徐变应变可达（3×10^{-4}~15×10^{-4} mm/mm，即 0.3~1.5 mm/m。当变形稳定后卸载，一部分变形瞬时恢复，其值小于在加荷瞬间产生的瞬时变形。在卸荷后的一段时间内，变形还会继续恢复，称为徐变恢复。最后残存的不能恢复的变形称为残余变形。

混凝土的徐变，一般认为是由于水泥石中凝胶体在长期荷载作用下的粘性流动，凝胶孔水向毛细孔内迁移的结果。在混凝土的较早龄期加荷，水泥尚未充分水化，所含凝胶体较多，且水泥石中毛细孔较多，凝胶体易流动，所以徐变发展较快；而在后期水泥继续硬化，凝胶体含量相对减少，毛细孔亦少，徐变发展渐慢。

影响混凝土徐变的因素主要有：

（1）水泥用量与水灰比。水泥用量越多，水灰比越大，混凝土徐变越大。

（2）骨料的弹性模量与骨料的规格与质量。骨料的弹性模量越大，混凝土的徐变越小；骨料级配越好、杂质含量越少，则混凝土的徐变越小。

（3）养护龄期。混凝土加荷作用时间越早，徐变越大。

（4）养护湿度。养护湿度越高，混凝土的徐变越小。

混凝土的徐变对结构物影响有利也有弊。有利的是徐变能消除钢筋混凝土内的应力集中，使应力较均匀地重新分布，从而使局部应力集中得到缓解；对大体积混凝土，则能消除一部分由于温度变形所产生的破坏应力。但在预应力钢筋混凝土结构中，徐变会使钢筋的预应力受到损失，从而降低结构的承载能力。

四、混凝土的耐久性

混凝土除应有足够的强度，以保证建筑物能安全地承受荷载外，还应根据其周围的自然环境以及使用条件，具有经久耐用的性能。例如受水压作用的混凝土，要求具有抗渗性；与水接触并遭受冰冻作用的混凝土，要求具有抗冻性；处于侵蚀性环境中的混凝土，要求具有相应的抗侵蚀性等。因此，把混凝土抵抗环境介质作用并长期保持其良好的使用性能和外观完整性，从而维持混凝土结构的安全、正常使用的能力称为耐久性。

混凝土的耐久性是一项综合性质，主要包括抗渗性、抗冻性、抗侵蚀性、抗碳化、抗碱—骨料反应等性能。

（一）混凝土的抗渗性

混凝土的抗渗性是指混凝土抵抗有压介质（水、油等）渗透作用的能力。抗渗性是混凝土耐久性的一项重要指标，它直接影响混凝土抗冻性和抗腐蚀性。当混凝土的抗渗性差时，不仅周围液体物质易渗入内部，而且当遇有负温或环境水中含有侵蚀性介质时，混凝土就易受冰冻或侵蚀作用而破坏，对钢筋混凝土还将引起其内部钢筋锈蚀并导致表面混凝土保护层开裂与剥落。

混凝土的抗渗性用抗渗等级 P 表示。抗渗等级是以 28 d 龄期的标准试件，按标准试验方法，用每组 6 个试件中 4 个试件未出现渗水时的最大水压的 10 倍来表示。混凝土的抗渗等级由 P4、P6、P8、P10、P12 及以上等级，即相应表示混凝土能抵抗 0.4、0.6、0.8、1.0 及 1.2 MPa 的静水压强而不出现渗水现象。

混凝土渗水的主要原因是由于内部的孔隙形成连通的渗水通道。这些渗水通道主要来源于水泥浆中多余水分蒸发而留下的毛细孔、水泥浆泌水形成的泌水通道、各种收缩的微裂缝等。而这些渗水通道的多少，主要与水灰比的大小、骨料品质等因素有关。为了提高混凝土的抗渗性可掺加引气剂、减小水灰比、选用良好的颗粒级配及合理砂率、加强振捣和养护等措施，尤其是掺加引气剂，在混凝土内部产生不连通的气泡，改变了混凝土的孔隙特征，截断了渗水通道，可以显著提高混凝土的抗渗性。

（二）混凝土的抗冻性

混凝土的抗冻性是指混凝土在吸水饱和状态下，能经受多次冻融循环作用而不破坏，同时也不严重降低强度的性能。

混凝土的抗冻性用抗冻等级 F 表示。抗冻等级是以龄期 28 d 的标准试件，在吸水饱和后，承受反复冻融循环，以抗压强度下降不超过 25%，而且质量损失不超过 5% 时所能承受的最大冻融循环次数来确定。混凝土的抗冻等级分为 F50、F100、F150、F200、F250、F300、F350、F400 及以上，例 F50 表示混凝土能承受最大冻融循环次数为 50 次。

混凝土产生冻融破坏有两个必要条件，一是混凝土必须接触水或混凝土中有一定的游离水，二是建筑物所处的自然条件存在反复交替的正负温度。当混凝土处于冰点以下时，首先是靠近表面的孔隙中游离水开始冻结，产生 9% 左右的体积膨胀，在混凝土内部产生冻胀应力，从而使未冻结的水分受压后向混凝土内部迁移。当迁移受约束时就产生了静水压力，使混凝土内部薄弱部分，特别是在受冻初期强度不高的部位产生微裂缝，当遭受反复冻融循环时，微裂缝会不断扩展，逐步造成混凝土剥蚀破坏。

混凝土的抗冻性主要取决于混凝土的构造特征和含水程度。具有较高密实度及含闭口孔多的混凝土具有较高的抗冻性，混凝土中饱和水程度越高，产生的冰冻破坏越严重。水灰比越小，混凝土的密实度越高，抗冻性也越好。提高混凝土抗冻性的有效途径是掺入引气剂，在混凝土内部产生互不连通的微细气泡，不仅截断了渗水通道，使水分不易渗入，而且气泡有一定的适应变形能力，对冰冻的破坏作用有一定的缓冲作用。

(三)混凝土的抗侵蚀性

混凝土的抗侵蚀性是指混凝土抵抗外界侵蚀性介质破坏作用的能力。通常有软水侵蚀、硫酸盐侵蚀、一般酸侵蚀与强碱侵蚀等。随着混凝土在地下工程、海洋工程等恶劣环境中的应用，对混凝土的抗侵蚀提出了更高的要求。

混凝土的抗侵蚀性与所用水泥品种、混凝土的密实度和孔隙特征等有关。密实性好或具有封闭孔隙的混凝土，抗侵蚀性好。提高混凝土抗侵蚀性的主要措施是合理选择水泥品种、降低水灰比、提高混凝土密实度和改善孔结构。

(四)混凝土的碳化

混凝土的碳化是指混凝土内水泥石中的 $Ca(OH)_2$ 与空气中的 CO_2 在湿度适宜时发生化学反应，生成碳酸钙和水，使混凝土碱度降低的过程。混凝土的碳化是 CO_2 由表及里逐渐向混凝土内部扩散的过程。碳化引起水泥石化学组成及组织结构的变化，对混凝土的碱度、强度和收缩产生影响。

影响碳化速度的主要因素有混凝土的密实度、环境中 CO_2 的浓度、水泥品种、水灰比和环境湿度等。空气中 CO_2 浓度高，碳化速度快；水灰比越小，混凝土越密实，CO_2 和水不易侵入，碳化速度就慢；掺混合材料的水泥碱度较低，碳化速度随混合材料掺量的增多而加快（在常用水泥中，火山灰水泥碳化速率最快，普通硅酸盐水泥碳化速率最慢）；当环境中的相对湿度在 50%~75% 时，碳化速度最快，当相对湿度小于 25% 或大于 100% 时，碳化作用将停止。

碳化对混凝土的作用有利也有弊。混凝土中水泥水化生成大量的氢氧化钙，使钢筋处在碱性环境中而在表面生成一层钝化膜，保护钢筋不易腐蚀。碳化使混凝土碱度降低，减弱了对钢筋的保护作用。当碳化深度穿透混凝土保护层而达钢筋表面时，钢筋钝化膜被破坏而发生锈蚀，锈蚀的钢筋体积膨胀，致使混凝土保护层开裂，开裂后的混凝土更有利于 CO_2、水等有害介质的侵入，加剧了碳化的进行和钢筋的锈蚀，最后导致混凝土产生顺钢筋开裂而破坏。另外，碳化作用会增加混凝土的收缩，引起混凝土表面产生拉应力而出现微细裂缝，从而降低混凝土的抗拉、抗折强度及抗渗能力。

碳化对混凝土也有一些有利影响，碳化时放出的水分有助于水泥的水化，碳化作用产生的碳酸钙填充了水泥石的孔隙，提高了混凝土的密实度，对提高抗压强度有利。但总的来说，碳化对混凝土是弊多利少，因此，应设法提高混凝土的抗碳化能力。

在实际工程中，为减少碳化作用对钢筋混凝土结构的不利影响，应采取以下措施：

（1）根据工程所处环境及使用条件，合理选择水泥品种。

（2）使用减水剂，改善混凝土的和易性，提高混凝土的密实度。

（3）采用水灰比小，单位水泥用量较大的混凝土配合比。

（4）在钢筋混凝土结构中采用适当的保护层，使碳化深度在建筑物设计年限内达不到钢筋表面。

（5）加强施工质量控制，加强养护，保证振捣质量，减少或避免混凝土出现蜂窝等质量事故。

（6）在混凝土表面涂刷保护层，防止二氧化碳侵入。

（五）混凝土的碱-骨料反应

混凝土的碱-骨料反应是指水泥中的碱（Na_2O、K_2O）与骨料中的活性二氧化硅发生化学反应，在骨料表面生成复杂的碱一硅酸凝胶，凝胶吸水后体积膨胀（体积可增加 3 倍以上），从而导致混凝土膨胀开裂而破坏，这种现象称为碱一骨料反应。

混凝土发生碱-骨料反应必须具备以下三个条件：

（1）水泥中碱含量高。水泥中的总碱量（按 $Na_2O+0.658K_2O$ 计）>0.6%。

（2）砂、石骨料中含有活性二氧化硅成分。含活性二氧化硅的矿物有蛋白石、玉髓和鳞石英等。

（3）有水存在。在干燥状态下，混凝土不会发生碱-骨料反应。

在实际工程中，为抑制碱-骨料反应，可采取以下方法：控制水泥总含碱量不超过0.6%；选用非活性骨料；降低混凝土的单位水泥用量，以降低单位混凝土的碱含量；混凝土中掺入火山灰质混合材料，以减少膨胀值，防止水分侵入。设法使混凝土处于干燥状态。

（六）提高混凝土耐久性的措施

混凝土所处的环境和使用条件不同，对其耐久性的要求也不相同，根据其具体的条件采取相应措施以提高混凝土的耐久性。混凝土的密实程度是影响耐久性的主要因素，其次是混凝土的组成材料的性质、施工质量等。提高混凝土耐久性的主要措施有：

（1）合理选择水泥品种，根据混凝土工程的特点和所处的环境条件选用水泥。

（2）控制水灰比及保证足够的水泥用量是保证混凝土密实度并满足混凝土耐久性的关键。《普通混凝土配合比设计规程》（JGJ 55—2011）规定了混凝土的最大水灰比和最小水泥用量的限值，见表4-15。

（3）选用质量良好、级配良好的砂石骨料，并尽量采用合理砂率。

（4）掺入减水剂或引气剂，可减少水灰比，改善混凝土的孔结构，对提高混凝土的抗渗性和抗冻性有良好作用。

（5）在混凝土施工中，应搅拌均匀、振捣密实、加强养护，增加混凝土密实度，提高混凝土质量。

表 4-15　混凝土的最大水灰比和最小水泥用量

环境条件	结构物类别	最大水灰比			最小水泥用量/kg		
		素混凝土	钢筋混凝土	预应力混凝土	素混凝土	钢筋混凝土	预应力混凝土
干燥环境	正常的居住或办公用房室内部件	0.60			250	280	300
潮湿环境	无冻害　高湿度的室内部件　室外部件　在非侵蚀性土和(或)水中的部件	0.55			280	300	300
	有冻害　经受冻害的室外部件　在非侵蚀性土和(或)水中且经受冻害的部件　高湿度且经受冻害的室内部件	0.50			320		
有冻害和除冰剂的潮湿环境	经受冻害和除冰剂作用的室内和室外部件	≤0.45			330		

注：1. 当用活性掺合料取代部分水泥时，表中的最大水灰比及最小水泥用量即为替代前的水灰比和水泥用量。

2. 配制 C15 级及其以下等级的混凝土，可不受本表限制。

第五节　普通混凝土的配合比设计

普通混凝土配合比设计是根据工程所需的普通混凝土各项性能要求，确定混凝土中各组成材料数量之间的比例关系。这种比例关系常用两种方式表示：一种是以 1 m³ 混凝土中各项材料的质量表示，如水泥 300 kg、砂 720 kg、石子 1200 kg、水 180 kg；另一种是以混凝土各项材料的质量比来表示(以水泥质量为 1)，将上述数据换算成质量比可写成，水泥:砂:石子:水 = 1.0:2.4:4.0:0.6。

一、混凝土配合比设计的基本要求

配合比设计的任务就是根据原材料的技术性能及施工条件，确定能满足工程要求的技术经济指标的各项组成材料的用量。其基本要求是：

(1)达到混凝土结构设计的强度等级。

(2)满足混凝土施工所要求的和易性。

(3)满足工程所处环境对混凝土耐久性的要求。

(4)在满足上述三项要求的前提下，尽可能节约水泥，降低成本。

二、混凝土配合比设计的三个参数

普通混凝土配合比设计，实质上就是确定水泥、水、砂与石子这四种基本组成材料用量之间的三个比例关系。即水与水泥用量的比值（水灰比）；砂子质量占砂石总质量的百分率（砂率）；单位用水量。在配合比设计中正确地确定这三个参数，就能使混凝土满足配合比设计的四项基本要求。

水灰比是影响混凝土强度和耐久性的主要因素，确定水灰比的原则是在满足强度和耐久性要求前提下，尽量选择较大值，以节约水泥。砂率是影响混凝土拌和物和易性的重要指标，选用原则是在保证混凝土拌和物黏聚性和保水性的前提下，尽量取较小值。单位用水量是指 1 m³ 混凝土用水量，它反映混凝土拌和物中水泥浆与骨料之间的比例关系，是控制混凝土拌合物流动性大小的重要参数，其确定原则是在达到流动性要求前提下取较小值。

三、普通混凝土配合比设计的步骤

混凝土配合比设计，首先根据选定的原材料及配合比设计的基本要求，通过经验公式、经验表格进行初步设计，得出初步配合比；在初步配合比的基础上，经实验室试拌、调整到和易性满足要求时，得出基准配合比；在试验室进行混凝土强度检验（如有抗渗、抗冻等其他性能要求，应当进行相应的检验），定出满足设计和施工要求并比较经济的设计配合比（试验室配合比）；最后根据现场砂、石的实际含水率对实验室配合比进行调整，得出施工配合比。

（一）初步配合比的确定

1. 确定配制强度（$f_{cu,o}$）

根据《普通混凝土配合比设计规程》（JGJ 55—2011）规定，当混凝土的设计强度等级小于 C60 时，配制强度应按（4-11）确定：

$$f_{cu,o} \geqslant f_{cu,k} + 1.645\sigma \qquad (4-11)$$

式中：$f_{cu,o}$——混凝土配制强度，MPa；

$f_{cu,k}$——混凝土设计强度等级值，MPa；

σ——混凝土强度标准差，MPa。

（1）当施工单位具有近 1 个月~3 个月的同一品种、同一强度等级混凝土的强度资料，且试件组数不小于 30 时，其混凝土强度标准差 σ 应按（4-12）计算：

$$\sigma = \sqrt{\frac{\sum_{i=1}^{n} f_{cu,i}^2 - n m_{fcu}^2}{n-1}} \qquad (4-12)$$

式中：$f_{cu,i}$——第 i 组试件的强度，MPa；

m_{fcu}——n 组试件强度的平均值，MPa；

n——混凝土试件的组数，$n \geqslant 30$。

对于强度等级不大于 C30 的混凝土，当混凝土强度标准差计算值不小于 3.0 MPa 时应按式（4-12）计算结果取值；当混凝土强度标准差计算值小于 3.0 MPa 时，应取 3.0 MPa。对于强度等级大于 C30 且小于 C60 的混凝土，当混凝土强度标准差计算值不小于 4.0 MPa 时应按式（4-12）计算结果取值；当混凝土强度标准差计算值小于 4.0 MPa 时，应取 4.0 MPa。

（2）当无近期的同一品种、同一强度等级混凝土的强度资料时，其强度标准差 σ 可按

表 4-16 取值。

表 4-16　标准差 σ 值(MPa)

混凝土强度等级	≤C20	C25~C45	C50~C55
σ	4.0	5.0	6.0

当设计强度等级不小于 C60 时,配制强度应按(4-13)确定:

$$f_{cu,o} \geq 1.15 f_{cu,k} \qquad (4-13)$$

2. 确定水灰比$\left(\dfrac{W}{C}\right)$

根据所确定的的混凝土配制强度 $f_{cu,o}$、所用水泥的实测强度 f_{ce} 或水泥强度等级及粗骨料的种类,按混凝土强度经验公式(4-9)计算水灰比。

$$\frac{W}{C} = \frac{\alpha_a f_{ce}}{f_{cu,o} + \alpha_a \alpha_b \times f_{ce}} \qquad (4-14)$$

为了保证混凝土的耐久性,计算出的水灰比不得大于表 4-15 中规定的最大水灰比值,如计算所得的水灰比大于规定的最大水灰比值时,应取规定的最大水灰比值。

3. 确定单位用水量(m_{wo})

(1)干硬性和塑性混凝土用水量的确定

①水灰比在 0.40~0.80 范围时,根据粗骨料的品种、最大粒径及施工要求的混凝土拌合物稠度,其用水量可按表 4-17 和表 4-18 选取。

表 4-17　干硬性混凝土的用水量(kg/m³)

拌合物稠度		卵石最大公称粒径/mm			碎石最大公称粒径/mm		
项目	指标	10	20	40	16	20	40
维勃稠度 /s	16~20	175	160	145	180	170	155
	11~15	180	165	150	185	175	160
	5~10	185	170	155	190	180	165

表 4-18　塑性混凝土的用水量(kg/m³)

拌合物稠度		卵石最大公称粒径/mm				碎石最大公称粒径/mm			
项目	指标	10	20	31.5	40	16	20	31.5	40
坍落度 /mm	10~30	190	170	160	150	200	185	175	165
	35~50	200	180	170	160	210	195	185	175
	55~70	210	190	180	170	220	205	195	185
	75~90	215	195	185	175	230	215	205	195

注:本表用水量系采用中砂时的平均取值。采用细砂时,每立方米混凝土用水量可增加 5~10 kg;采用粗砂时,则可减少 5~10 kg。掺用矿物掺合料和外如剂时,用水量应相应调整。

97

②水灰比小于 0.40 的混凝土用水量，应通过试验确定。

（2）流动性和大流动性混凝土用水量的确定

①以表 4-18 中坍落度 90 mm 的用水量为基础，按坍落度每增大 20 mm，用水量增加 5 kg，当坍落度增大到 180 mm 以上时，随坍落度相应增加的用水量可减少。

②掺外加剂时混凝土的用水量按（4-15）计算。

$$m_{wo} = m'_{wo}(1-\beta) \qquad (4-15)$$

式中：m_{wo}——掺外加剂混凝土每立方米的用水量，kg；

m'_{wo}——未掺外加剂混凝土每立方米的用水量，kg；

β——外加剂的减水率，%，应经混凝土试验确定。

4. 确定混凝土的单位水泥用量（m_{co}）

根据已确定的单位混凝土用水量和已确定的水灰比（W/C）值，按（4-16）计算：

$$m_{co} = \frac{m_{wo}}{W/C} \qquad (4-16)$$

计算出的水泥用量应符合表 4-15 所规定的最小水泥用量的要求，若计算出的水泥用量小于规定值，则取表中所规定值。

5. 确定合理砂率（β_s）

合理砂率值主要应根据混凝土拌合物的坍落度、黏聚性及保水性等特征通过试验来确定，或者根据本单位对所用材料的使用经验找出合理砂率。如无统计资料，可按骨料种类、规格及混凝土的水灰比值按表 4-19 选取。

表 4-19　混凝土的砂率（%）

水灰比	卵石最大公称粒径/mm			碎石最大公称粒径/mm		
	10.0	20.0	40.0	16.0	20.0	40.0
0.40	26~32	25~31	24~30	30~35	29~34	27~32
0.50	30~35	29~34	28~33	33~38	32~37	30~35
0.60	33~38	32~37	31~36	36~41	35~40	33~38
0.70	36~41	35~40	34~39	39~44	38~43	36~41

注：1. 本表摘自《普通混凝土配合比设计规程》（JGJ 55—2011）。适用坍落度 10 mm~60 mm 的混凝土。当坍落度 >60 mm 时，应在上表的基础上，按坍落度每增大 20 mm，砂率增大 1% 的幅度予以调整；坍落度小于 10 mm 的混凝土，其砂率应经试验确定。

2. 表中数值系中砂的选用砂率，对细砂或粗砂可相应地减小或增大砂率；

3. 采用人工砂配制混凝土时，砂率可是增大；

4. 只用一个单粒级粗骨料配制混凝土时，砂率应适当增大。

6. 确定 1 m³ 混凝土的砂石用量（m_{so}、m_{go}）

砂、石用量的确定可采用体积法或质量法求得。

（1）质量法（假定表观密度法）

根据经验，如果原材料比较稳定时，则所配制的混凝土拌合物的表观密度将接近一个固定值，因此，可先假定 1 m³ 混凝土拌合物的质量 m_{cp}，列出以下方程：

$$m_{co}+m_{wo}+m_{so}+m_{go}=m_{cp}$$

$$\beta_s = \frac{m_{so}}{m_{so}+m_{go}} \times 100\%$$

(4-17)

式中：m_{co}——1 m³ 混凝土的水泥用量，kg；

m_{wo}——1 m³ 混凝土用水量，kg；

m_{so}——1 m³ 混凝土细骨料用量，kg；

m_{go}——1 m³ 混凝土粗骨料用量，kg；

m_{cp}——1 m³ 混凝土拌合物的假定质量，kg，其值可取 2350~2450 kg。

β_s——砂率，%。

解联立方程，即可求出 m_{so}、m_{go}。

（2）体积法（绝对体积法）

假定 1 m³ 混凝土拌合物体积等于各组成材料绝对体积及拌合物中所含空气的体积之和。可列出下列方程组，计算 m_{so}、m_{go}。

$$\frac{m_{co}}{\rho_c}+\frac{m_{so}}{\rho_s}+\frac{m_{go}}{\rho_g}+\frac{m_{wo}}{\rho_w}+0.01\alpha=1$$

$$\beta_s = \frac{m_{so}}{m_{so}+m_{go}} \times 100\%$$

(4-18)

式中：ρ_c——水泥的密度，kg/m³，可取 2900~3100 kg/m³；

ρ_s、ρ_g——砂、石的表观密度，kg/m³；

ρ_w——水的密度，kg/m³，可取 1000 kg/m³；

α——混凝土拌合物含气量的百分数，在不使用引气型外加剂时，α 可取 1。

通过上述 6 个步骤，便可将水泥、水、砂和石子用量全部求出，得到混凝土的初步配合比。

以上混凝土配合比设计所采用的细骨料含水率应小于 0.50%，粗骨料含水率应小于 0.20%。

（二）基准配合比的确定

初步配合比多是借助经验公式或经验资料查得的，因而不一定能满足实际工程的和易性要求。应进行试配与调整，直到混凝土拌合物的和易性满足要求为止，此时得出的配合比即混凝土的基准配合比，它可作为检验混凝土强度之用。

进行混凝土配合比试配时应采用工程中实际使用的原材料。混凝土的搅拌方法，宜与生产时使用的方法相同。混凝土配合比试配时，每盘混凝土的最小搅拌量应符合表 4-20 的规定；当采用机械搅拌时，其搅拌量不应小于搅拌机额定搅拌量的 1/4。

表 4-20 混凝土试配的最小搅拌量

粗骨料最大公称粒径/mm	搅拌物数量/L
≤31.5	20
40.0	25

按初步配合比称取试配材料的用量，将拌合物搅拌均匀后，测定其坍落度，并检查其黏聚性和保水性。如果坍落度不满足要求，或粘聚性和保水性不良时，应在保证水灰比不变的条件下，相应调整水泥浆用量或砂率。调整原则如下：若坍落度过大，应保持砂率不变，增加砂、石的用量；若坍落度过小，应保持水灰比不变，增加水泥浆用量；如拌合物黏聚性和保水性不良，应适当增加砂率(保持砂、石总量不变，提高砂的用量，减少石子用量)；如拌合物砂浆过多，应适当降低砂率(保持砂、石总量不变，减少砂的用量，提高石子用量)。每次调整后再试拌，评定其和易性，直到和易性满足设计要求为止。

和易性合格后，测出该拌合物的实际表观密度($\rho_{c,t}$)，并计算出各组成材料的拌合用量：$m_{co拌}$、$m_{so拌}$、$m_{go拌}$、$m_{wo拌}$，则拌合物总量为 $m_Q = m_{co拌} + m_{so拌} + m_{go拌} + m_{wo拌}$，由此可计算出 1 m³ 各组成材料的用量，即基准配合比。

$$m_{c基} = \frac{m_{co拌}}{m_Q} \times \rho_{ct}$$

$$m_{w基} = \frac{m_{wo拌}}{m_Q} \times \rho_{ct}$$

$$m_{s基} = \frac{m_{so拌}}{m_Q} \times \rho_{ct}$$

$$m_{g基} = \frac{m_{go拌}}{m_Q} \times \rho_{ct} \tag{4-19}$$

(三)设计配合比的确定

经过上述的试拌和调整所得出的基准配合比仅仅满足混凝土和易性要求，其强度是否符合要求，还需进一步进行强度检验。

检验混凝土强度时，应采用三组不同的配合比，其中一组为基准配合比，另外两组配合比的水灰比较基准配合比分别增加和减少 0.05，其用水量应与基准配合比相同，砂率可分别增加和减少 1%。需要说明的是，另两组配合比也需试拌、检验、调整和易性，保证三组配合比都满足和易性要求。

进行混凝土强度试验时，每种配合比至少应制作一组(三块)标准试块，标准养护到 28 d，测定三组配合比的抗压强度值 f_1、f_2、f_3，由三组配合比的混凝土强度与其相对应的灰水比(C/W)关系，用作图法或计算法求出与混凝土配制强度相对应的灰水比，并按下列原则确定每立方米混凝土的材料用量。

(1)用水量(m_w)应在基准配合比用水量的基础上，根据制作强度试件时测得的坍落度或维勃稠度进行调整确定；

(2)水泥用量(m_c)应以用水量乘以选定出来的灰水比计算确定；

(3)粗、细骨料用量(m_s、m_g)应在基准配合比的粗、细骨料用量的基础上，按选定的灰水比进行调整后确定。

由强度复核之后的配合比，还应根据实测的混凝土拌合物的表观密度($\rho_{c,t}$)和计算表观密度($\rho_{c,c}$)进行校正。校正系数为：

$$\delta = \frac{\rho_{c,t}}{\rho_{c,c}} = \frac{\rho_{c,t}}{m_c + m_s + m_g + m_w} \tag{4-20}$$

当混凝土表观密度实测值 $\rho_{c,t}$ 与计算值 $\rho_{c,c}$ 之差的绝对值不超过计算值的 2% 时，由以上定出的配合比即为确定的设计配合比;当两者之差超过计算值的2%时,应将配合比中的各项材料用量均乘以校正系数,即为确定的混凝土设计配合比。

(四)施工配合比的确定

混凝土的设计配合比是以干燥状态骨料为基准的,而工地存放的砂、石都含有一定的水分。故现场材料的实际称量应按工地砂、石的含水情况进行修正,修正后的配合比称施工配合比。

假设工地砂、石含水率分别为$a\%$和$b\%$,则施工配合比中各材料用量为

$$
\begin{aligned}
m_c' &= m_c \\
m_s' &= m_s(1+a\%) \\
m_g' &= m_g(1+b\%) \\
m_w' &= m_w - m_s \cdot a\% - m_g \cdot b\%
\end{aligned}
\tag{4-21}
$$

施工现场的含水率是经常变化的,所以在施工中应随时对骨料的含水率进行测试,及时调整配合比,防止由于骨料含水率的变化而导致混凝土水灰比发生波动,对混凝土强度和耐久性造成不良影响。

四、普通混凝土配合比设计实例

例4-2　某办公楼现浇钢筋混凝土柱,混凝土设计强度等级为C30,混凝土为机械搅拌、振捣,坍落度为35~50 mm,施工单位无历史统计资料。

采用的原材料为:强度等级为42.5的普通水泥,密度$\rho_c=3.1$ g/cm³;中砂,表观密度$\rho_s=2650$ kg/m³;碎石,表观密度$\rho_g=2700$ kg/m³,最大粒径为40 mm;自来水。

试求:

(1)混凝土的初步配合比;

(2)若调整试配时,加入4%水泥浆后满足和易性要求,并测得拌合物的表观密度为2390 kg/m³,求混凝土的基准配合比;

(3)求混凝土的设计配合比;

(4)若已知现场砂含水率4%,碎石含水率1%,求混凝土的施工配合比。

解　1.确定混凝土的初步配合比

(1)确定配制强度($f_{cu,o}$)

查表4-16,得$\sigma=5.0$

$$f_{cu,o}=f_{cu,k}+1.645\sigma=30+1.645\times5.0=38.2(\text{MPa})$$

(2)确定水灰比$\left(\dfrac{W}{C}\right)$

查表4-12,得$\gamma_c=1.16$

水泥的实测强度值$f_{ce}=\gamma_c f_{ce,g}=1.16\times42.5=49.3$ MPa

按混凝土强度经验公式(4-9)计算水灰比:

查表4-13,得$\alpha_a=0.53$,$\alpha_b=0.20$

$$\frac{W}{C}=\frac{\alpha_a f_{ce}}{f_{cu,o}+\alpha_a\alpha_b\times f_{ce}}=\frac{0.53\times49.3}{38.2+0.53\times0.20\times49.3}=0.6$$

查表4-15得,在干燥环境中的$W/C\leqslant0.6$,所以取水灰比为0.6。

（3）确定用水量（m_{wo}）

查表 4-18，按坍落度要求 35~50 mm，碎石最大粒径为 40 mm，则 1 m³ 混凝土的用水量可选用 $m_{wo}=175$ kg。

（4）确定水泥用量（m_{co}）

$$m_{co}=\frac{m_{wo}}{W/C}=\frac{175}{0.6}=292 \text{ kg}$$

查表 4-15 得，最小水泥用量应大于 280 kg/m³。所以 1 m³ 混凝土水泥用量选用 $m_{co}=$ 292 kg。

（5）确定砂率（β_s）

由 $W/C=0.6$，碎石最大粒径为 40 mm，查表 4-19，取合理砂率为 $\beta_s=35\%$。

（6）计算砂石用量（m_{so}、m_{go}）

①质量法

假定混凝土拌合物的表观密度为 2400 kg/m³，代入公式（4-17），则有

$$292+175+m_{so}+m_{go}=2400$$

$$\frac{m_{so}}{m_{so}+m_{go}}=0.35$$

解得：$m_{so}=677$ kg，$m_{go}=1256$ kg。

②体积法

代入公式（4-18），则有

$$\frac{292}{3100}+\frac{m_{so}}{2650}+\frac{m_{go}}{2700}+\frac{175}{1000}+0.01\times1=1$$

$$\frac{m_{so}}{m_{so}+m_{go}}=0.35$$

解得：$m_{so}=677$ kg，$m_{go}=1256$ kg。

初步配合比为：$m_{co}=292$ kg，$m_{so}=677$ kg，$m_{go}=1256$ kg，$m_{wo}=175$ kg。

2.基准配合比的确定

骨料最大粒径 40 mm，按初步计算配合比，取样 25 L，各材料用量为：

水泥：$0.025\times292=7.3$ kg；

水：$0.025\times175=4.375$ kg；

砂：$0.025\times677=16.925$ kg；

石：$0.025\times1256=31.4$ kg。

经试拌并进行和易性试验，坍落度为 10 mm，低于规定值要求 35~50 mm。应保持水灰比不变的条件下增加水泥浆量 4%（增加水泥 0.292 kg，水 0.175 kg），测得坍落度为 36 mm，黏聚性和保水性均良好，符合施工要求。试拌调整后的材料用量为：水泥 7.592 kg，水 4.55 kg，砂 16.925 kg，石 31.4 kg。混凝土拌合物的实测表观密度为 2390 kg/m³。得出基准配合比：

$$m_{c基}=\frac{7.592}{7.592+4.55+16.925+31.4}\times2390=300 \text{ kg}$$

$$m_{w基}=\frac{4.55}{7.592+4.55+16.925+31.4}\times2390=180\ kg$$

$$m_{s基}=\frac{16.925}{7.592+4.55+16.925+31.4}\times2390=669\ kg$$

$$m_{g基}=\frac{31.4}{7.592+4.55+16.925+31.4}\times2390=1241\ kg$$

3. 设计配合比的确定

在基准配合比的基础上，拌制3种不同水灰比的混凝土。其中一组是水灰比为0.6的基准配合比，另两组的水灰比分别是0.65和0.55，两组配合比中的用水量、砂、石均与基准配合比的相同。经试拌检查，和易性均满足要求。将上述三组配合比分别制成标准试件，养护28 d，测得三组混凝土的强度分别为：

水灰比为0.65(灰水比1.54)　　$f_1=34.3\ MPa$

水灰比为0.6(灰水比1.67)　　$f_2=38\ MPa$

水灰比为0.55(灰水比1.82)　　$f_3=42.2\ MPa$

绘制灰水比与强度线性关系图，得满足配制强度$f_{cu,o}=38.2\ MPa$，所对应的灰水比1.68，此时各材料用量为：

水：180 kg；

水泥：1.68×180=302.4 kg；

砂、石用量按体积法确定。

$$\frac{302.4}{3100}+\frac{m_s}{2650}+\frac{m_g}{2700}+\frac{180}{1000}+0.01\times1=1$$

$$\frac{m_s}{m_s+m_g}=0.35$$

解得：$m_s=673\ kg$，$m_g=1250\ kg$。

重新测得拌合的表观密度为2400 kg/m^3，而计算表观密度值

$$\rho_{cc}=302.4+180+673+1250=2405.4\ kg/m^3$$

由于混凝土表观密度实测值与计算值之差的绝对值不超过计算值得2%，故不需要修正。因此，混凝土设计配合比为：

$$m_c=302.4\ kg,\ m_s=673\ kg,\ m_g=1250\ kg,\ m_w=180\ kg$$

4. 施工配合比的确定

$$m_c'=m_c=302.4\ kg$$

$$m_s'=m_s(1+a\%)=673\times(1+4\%)=700\ kg$$

$$m_g'=m_g(1+b\%)=1250\times(1+1\%)=1262.5\ kg$$

$$m_w'=m_w-m_s\cdot a\%-m_g\cdot b\%=180-673\times4\%-1250\times1\%=140.58\ kg$$

第六节　普通混凝土的质量控制与强度评定

混凝土质量是影响混凝土结构可靠性的一个重要因素，为保证结构的可靠性，必须在施工过程的各个工序对原材料、混凝土拌合物及硬化后的混凝土进行必要的质量检验和控制。

在混凝土施工过程中，力求做到既保证混凝土所要求的性能，又要保持其质量的稳定。但实际上，由于原材料、施工工艺、施工条件及实验条件等多种因素影响，造成混凝土质量波动。

混凝土质量控制的目的就是分析掌握质量波动规律，控制正常波动因素，发现并排除异常波动因素，使混凝土质量波动控制在规定范围内，以达到既保证混凝土质量，又能节约原材料用量的效果。

一、混凝土强度的质量控制

由于混凝土质量的波动将直接反映到最终的强度上，而混凝土的抗压强度又与其他性能有相关性，因此在混凝土生产质量管理中，常以混凝土的抗压强度作为评定和控制其质量的主要指标。

（一）混凝土强度波动规律

实践结果证明，同一强度等级的混凝土，在施工条件基本一致的情况下，其强度波动服从正态分布规律。

正态分布是以平均强度为对称轴，距离对称轴越远，强度概率值越小。对称轴两侧曲线上各有一个拐点，如图4-14所示。拐点至对称轴的水平距离等于标准差。曲线与横坐标之间的面积为概率的总和，等于100%。在数理统计中，常用强度平均值、标准差、变异系数和强度保证率等统计参数来评定混凝土质量。

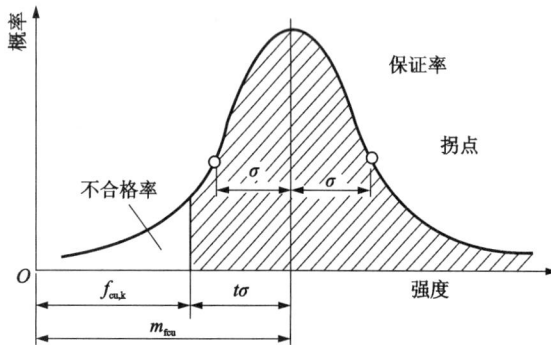

图 4-14　混凝土强度正态分布曲线及保证率

（二）强度平均值、标准差、变异系数

1. 混凝土强度平均值（m_{fcu}）

它代表混凝土强度总体的平均水平，其值按（4-22）计算：

$$m_{fcu} = \frac{1}{n} \sum_{i=1}^{n} f_{cu,\,i} \qquad (4-22)$$

式中：m_{fcu}——n 组试件抗压强度的平均值，MPa；

　　　n——混凝土试件的组数；

　　　$f_{cu,\,i}$——第 i 组试件的抗压强度，MPa。

平均强度反映了混凝土总体强度的平均值，但并不反映混凝土强度的波动情况。

2. 标准差(σ)

标准差又称均方差，反映混凝土强度的离散程度，即波动程度，用 σ 表示，其值可按式(4-12)计算。

σ 是评定混凝土质量均匀性的重要指标。σ 值越大，强度分布曲线就越宽而矮，离散程度越大，则混凝土质量越不稳定。

3. 变异系数(C_V)

混凝土的标准差与平均强度之比，称为变异系数，又称离差系数，即

$$C_V = \frac{\sigma}{m_{fcu}} \tag{4-23}$$

C_V 也是说明混凝土质量均匀性的指标。在相同生产管理水平下，混凝土强度标准差会随强度平均值的提高或降低而增大或减小，它反映绝对波动量的大小，有量纲；而变异系数 C_V 反映的是平均强度水平不同的混凝土之间质量相对波动的大小，量纲一，其值越小，说明混凝土质量越稳定，混凝土生产的质量水平越高。

(三)混凝土强度保证率(P)

强度保证率是指在混凝土强度总体分布中，不小于设计要求的强度等级标准值 $f_{cu,k}$ 的概率，如图 4-14 阴影部分的面积；低于强度等级的概率，为不合格率，如图 4-14 中阴影部分以外的面积。

混凝土强度保证率可按如下方法计算：

首先，计算出概率度 t，即

$$t = \frac{m_{fcu} - f_{cu,k}}{\sigma} = \frac{m_{fcu} - f_{cu,k}}{C_V m_{fcu}} \tag{4-24}$$

根据标准正态分布曲线方程，可求出概率度 t 与强度保证率 $P(\%)$ 的关系，见表 4-21。

表 4-21　不同 t 值的保证率 P

t	0.00	0.50	0.84	1.00	1.20	1.28	1.40	1.60
$P/\%$	50.0	69.2	80.0	84.1	88.5	90.0	91.9	94.5
t	1.645	1.70	1.81	1.88	2.00	2.05	2.33	3.00
$P/\%$	95.00	95.50	96.50	97.00	97.70	98.00	99.00	99.87

二、混凝土强度评定

根据《混凝土强度检验评定标准》(GB/T 50107—2010)规定，混凝土强度评定分为统计方法评定和非统计方法评定。

(一)统计方法评定

根据混凝土强度质量控制的稳定性，将评定混凝土强度的统计法分为两种：标准差已知方案和标准差未知方案。

1. 标准差已知方案

这种方案适用于连续生产的混凝土，生产条件在较长时间内保持一致，且同一品种、同

一强度等级混凝土的强度变异性保持稳定的情况，每批的强度标准差可根据前一时期生产累计的强度数据确定。一般说来，预制构件生产可以采用标准差已知方案。

应用该统计法评定混凝土的强度，应由连续的 3 组试件组成一个验收批，其强度应同时满足下列规定：

$$m_{\text{fcu}} \geq f_{\text{cu, k}} + 0.7\sigma_0 \qquad (4\text{-}25)$$

$$f_{\text{cu, min}} \geq f_{\text{cu, k}} - 0.7\sigma_0 \qquad (4\text{-}26)$$

检验批混凝土立方体抗压强度的标准差应按(4-27)计算：

$$\sigma_0 = \sqrt{\frac{\sum_{i=1}^{n} f_{\text{cu, }i}^2 - nm_{\text{fcu}}^2}{n-1}} \qquad (4\text{-}27)$$

当混凝土强度等级不高于 C20 时，其强度的最小值尚应满足(4-28)要求：

$$f_{\text{cu, min}} \geq 0.85 f_{\text{cu, k}} \qquad (4\text{-}28)$$

当混凝土强度等级高于 C20 时，其强度的最小值尚应满足(4-29)要求：

$$f_{\text{cu, min}} \geq 0.9 f_{\text{cu, k}} \qquad (4\text{-}29)$$

式中：m_{fcu}——同一验收批混凝土立方体抗压强度的平均值，MPa；

$f_{\text{cu, k}}$——混凝土立方体抗压强度标准值，MPa；

σ_0——检验批混凝土立方体抗压强度的标准差，MPa；当检验批混凝土强度标准差 σ_0 计算值小于 2.5 MPa 时，应取 2.5 MPa；

$f_{\text{cu, }i}$——前一个检验期内同一品种、同一强度等级的第 i 组混凝土试件的立方体抗压强度代表值；该检验期不应少于 60 d，也不得大于 90 d；

$f_{\text{cu, min}}$——同一检验批混凝土立方体抗压强度的最小值，MPa；

n——前一检验期内的样本容量，在该期间内样本容量不应少于 45。

2. 标准差未知方案

这种方案是指生产连续性较差，即在生产中无法维持基本相同的生产条件，或生产周期较短，无法积累数据以计算可靠的标准差参数，此时检验评定只能直接根据每一检验批抽样的强度数据确定。为了提高检验的可靠性，要求每批样本组数不少于 10 组。其强度应同时满足以下要求：

$$m_{\text{fcu}} \geq f_{\text{cu, k}} + \lambda_1 \cdot S_{\text{fcu}} \qquad (4\text{-}30)$$

$$f_{\text{cu, min}} \geq \lambda_2 \cdot f_{\text{cu, k}} \qquad (4\text{-}31)$$

统一检验批混凝土立方体抗压强度的标准差应按(4-32)计算：

$$S_{\text{fcu}} = \sqrt{\frac{\sum_{i=1}^{n} f_{\text{cu, }i}^2 - nm_{\text{fcu}}^2}{n-1}} \qquad (4\text{-}32)$$

式中：S_{fcu}——同一检验批混凝土立方体抗压强度的标准差，MPa；当检验批混凝土强度标准差 S_{fcu} 计算值小于 2.5 MPa 时，应取 2.5 MPa；

λ_1、λ_2——合格评定系数，按表 4-22 取用；

n——本检验期内的样本容量。

106

表 4-22　混凝土强度的合格评定系数

试件组数	10~14	15~19	≥20
λ_1	1.15	1.05	0.95
λ_2	0.90	0.85	

（二）非统计方法评定

当用于评定的样本容量小于 10 组时，应采用非统计方法评定混凝土强度。

按非统计方法评定混凝土强度时，其强度应同时符合下列规定：

$$m_{\text{fcu}} \geq \lambda_3 f_{\text{cu, k}} \tag{4-33}$$

$$f_{\text{cu, min}} \geq \lambda_4 \cdot f_{\text{cu, k}} \tag{4-34}$$

式中：λ_3、λ_4——合格评定系数，按表 4-23 取用。

表 4-23　混凝土强度的非统计法合格评定系数

混凝土强度等级	<C60	≥C60
λ_3	1.15	1.10
λ_4	0.95	

（三）混凝土强度的合格性判定

混凝土强度应分批进行检验评定，当检验结果能满足以上评定公式的规定时，则该混凝土强度应评定为合格，否则为不合格。对评定为不合格批的混凝土，可按国家现行的有关标准进行处理。

第七节　其他种类混凝土

一、轻混凝土

轻混凝土是指表观密度小于 1950 kg/m^3 的混凝土。轻混凝土又分为轻骨料混凝土、多孔混凝土和大孔混凝土。

（一）轻骨料混凝土

《轻骨料混凝土技术规程》（JGJ 51—2002）规定，用轻粗骨料、轻砂（或普通砂）、水泥和水配制而成的混凝土称为轻骨料混凝土。

轻骨料混凝土按其细骨料品种不同，分为全轻混凝土（粗、细骨料均为轻骨料）和砂轻混凝土（细骨料全部或部分为普通砂）。轻骨料混凝土按用途分为保温轻骨料混凝土、结构保温轻骨料混凝土和结构轻骨料混凝土。

1. 轻骨料

轻骨料按其来源不同可分为三类：天然轻骨料（天然形成的多孔岩石，经加工而成的轻骨料，如浮石、火山等）、工业废料轻骨料（以工业废料为原料经加工而成的轻骨料，如粉煤灰陶粒、膨胀矿渣珠、炉渣及轻砂）和人造轻骨料（以地方材料为原料，经加工而成的轻骨料，如黏土陶粒、膨胀珍珠岩等）。

轻骨料与普通砂石的区别在于骨料中存在大量孔隙，质轻、吸水率大、强度低、表面粗糙等，轻骨料的技术性质直接影响到所配制混凝土的性质。

轻骨料的技术性质主要包括堆积密度、粗细程度与颗粒级配、强度、吸水率等。

（1）堆积密度。轻骨料堆积密度的大小，将影响轻骨料混凝土的表观密度和性能。轻粗骨料按其堆积密度（kg/m³）分为300、400、500、600、700、800、900、1000八个密度等级；轻细骨料分为500、600、700、800、900、1000、1100、1200八个密度等级。

（2）粗细程度与颗粒级配。对保温及结构保温轻骨料混凝土用的轻骨料，其最大粒径不宜大于40 mm；结构轻骨料混凝土的最大粒径不宜大于20 mm。对轻粗骨料的级配要其自然级配的空隙率不应大于50%。轻砂的细度模数不宜大于4.0，其大于5 mm的累计筛余百分率不宜大于10%。

（3）强度。轻粗骨料的强度对轻骨料混凝土强度有很大影响，通常采用"筒压法"来测定。筒压强度是间接反映轻骨料颗粒强度的一项指标，对相同品种的轻骨料，筒压强度与堆积密度常呈线性关系。但筒压强度不能反映轻骨料在混凝土中的真实强度。因此，技术规程中还规定了采用强度等级来评定粗骨料的强度。"筒压法"和强度等级测试方法可参考《轻骨料混凝土技术规程》（JGJ 51—2002）。

（4）吸水率。轻骨料的吸水率一般比普通砂石大，因此将导致施工中混凝土拌合物坍落度损失较大，并且影响到混凝土的水灰比和强度发展。在设计轻骨料混凝土配合比时，如果采用干燥骨料，则必须根据骨料吸水率大小，再多加一部分被骨料吸收的附加水量。规程中规定，轻砂和天然轻粗骨料的吸水率不作规定，其他轻粗骨料的吸水率不应大于22%。

2. 轻骨料混凝土的技术性质

（1）和易性

轻骨料混凝土由于其轻骨料具有颗粒表观密度小，表面多孔粗糙、总表面积大，易于吸水等特点，因此轻骨料混凝土拌合物的黏聚性和保水性好，但流动性差，因此，要达到一定流动性，必须加大用水量。

轻骨料混凝土用水量包括两部分，一部分被轻骨料吸收，其数量相当于骨料1 h的吸水量，称为附加水量；另一部分供水泥水化和赋予拌合物流动性的用水量，称为净用水量。附加水量及净用水量之和称为总用水量。对轻骨料混凝土，拌合水量过大，不仅影响轻骨料混凝土强度，而且容易引起轻骨料上浮、造成离析。所以，轻骨料混凝土应控制总用水量。考虑到振捣成型时轻骨料吸入的水可能释出，加大流动性，故坍落度选择应比普通混凝土的坍落度值低10～20 mm。

（2）表观密度

轻骨料混凝土按干表观密度分为600、700、800、900、1000、1100、1200、1300、1400、1500、1600、1700、1800、1900等14个等级。其导热系数在0.18～1.01 W/(m·K)之间，密度等级越小，其导热系数越小，保温隔热性能越好。其具体数值见表4-24。

表 4-24　轻骨料混凝土密度等级和导热系数

密度等级	干表观密度 /(kg·m⁻³)	导热系数 /[W·(m·K⁻¹)]	密度等级	干表观密度 /(kg·m⁻³)	导热系数 /[W·(m·K⁻¹)]
600	560~650	0.18	1300	1260~1350	0.42
700	660~750	0.20	1400	1360~1450	0.49
800	760~850	0.23	1500	1460~1550	0.57
900	860~950	0.26	1600	1560~1650	0.66
1000	960~1050	0.28	1700	1660~1750	0.76
1100	1060~1150	0.31	1800	1760~1850	0.87
1200	1160~1250	0.36	1900	1860~1950	1.01

（3）强度等级

轻骨料混凝土的强度等级按立方体抗压强度标准值，划分为 LC5.0、LC7.5、LC10、LC15、LC20、LC25、LC30、LC35、LC40、LC45、LC50、LC55、LC60。轻骨料混凝土强度取决于轻骨料的强度和水泥石的强度。原因是轻骨料表面粗糙而多孔，轻骨料的吸水作用使其表面呈低水灰比，提高了轻骨料与水泥石的界面黏结强度，使弱结合面变成了强结合面。正因为如此，混凝土受力时不是沿界面破坏，而是骨料本身先遭到破坏。对低强度的轻骨料混凝土，也可能是水泥石先开裂，然后裂缝向骨料延伸。

（4）弹性模量与变形

轻骨料混凝土的弹性模量小，一般为同强度等级普通混凝土的 50%~70%，制成的构件受力后挠度大是其缺点。但因极限应变大，有利于改善建筑或构件的抗震性能或抵抗动荷载的能力。轻骨料混凝土的干缩和徐变约比普通混凝土相应大 20%~50% 和 30%~60%，热膨胀系数比普通混凝土小 20% 左右。轻骨料混凝土既具有一定的强度，又具有良好的保温隔热性能，可用作保温材料、结构保温材料或结构材料其分类如表 4-25 所示。

表 4-25　轻骨料混凝土按用途分类

类别名称	混凝土轻度等级 的合理范围	混凝土密度等级 的合理范围	用途
保温轻骨料混凝土	LC5.0	≤800	主要用于保温的围护结构或热工构筑物
结构保温轻骨料混凝土	LC5.0~LC15	800~1400	主要用于既承重有保温的维护结构
结构轻骨料混凝土	LC15~LC60	1400~1900	主要用于承重构件或构筑物

3. 轻骨料混凝土施工

轻骨料混凝土的施工工艺，基本上与普通混凝土相同，但由于轻骨料的堆积密度小、呈多孔结构、吸水率较大等特点，因此在施工过程中应充分注意，才能确保工程质量。

（1）轻骨料吸水量很大，会使混凝土拌合物的和易性难以控制，因此，在气温 5℃ 以上的季节施工时，应对轻骨料进行预湿处理，这样拌制的拌合物和易性和水灰比比较稳定。预湿时间可根据外界气温和骨料的自然含水状态决定,一般应提前$\frac{1}{2}$ d 或 1 d 对骨料进行淋水预湿,然后滤干水分进行投料。

(2)轻骨料易上浮,不宜搅拌均匀。因此,应采用强制式搅拌机,且搅拌时间比普通混凝土略长一些。

(3)为减少混凝土拌合物坍落度损失和离析,应尽量缩短运距。拌合物从搅拌机卸料到浇筑入模的延续时间,不宜超过 45 min。

(4)浇筑成型后应及时覆盖并洒水养护,以防止表面失水太快而产生网状裂缝。养护时间视水泥品种而不同,应不少于 7~14 d。

4. 应用范围

由于轻骨料混凝土具有质轻、比强度高、保温隔热性好、耐火性好、抗震性好等特点,因此与普通混凝土相比,更适合用于高层、大跨结构、耐火等级要求高的建筑、要求节能的建筑。

(二)多孔混凝土

多孔混凝土是一种不含骨料且内部均匀分布着大量细小的气孔的轻质混凝土。多孔混凝土孔隙率可达85%,表观密度在 300~1200 kg/m³ 之间,导热系数为 0.081~0.29 W/(m·K),兼有承重及保温隔热功能。易于切割,便于施工,可制成砌块、墙板、屋面板及保温制品,广泛用于工业与民用建筑及保温工程中。

根据气孔形成方式不同,多孔混凝土可分为加气混凝土和泡沫混凝土两种。

1. 加气混凝土

加气混凝土是由磨细的硅质材料(石英砂、粉煤灰、矿渣等)、钙质材料(水泥、石灰等)、发气剂(铝粉)和水等经搅拌、浇筑、发泡、静停、切割和蒸压养护而得的多孔混凝土。

加气混凝土是因为发气剂(铝粉)在料浆中与氢氧化钙反应产生氢气而形成气泡,使料浆膨胀,硬化后形成多孔结构。加气混凝土的表观密度为 300~1200 kg/m³,导热系数为 0.12 W/(m·K),抗压强度为 2.5~3.5 MPa。加气混凝土具有质轻、耐久、保温隔热、抗震性好等优良性能,可以广泛用于各类建筑中。

在我国,加气混凝土可以用来做成砌块、条板和屋面板,可与普通混凝土制成复合外墙板,还可在高层框架轻板结构中做外墙板,做成各种保温制品。主要用于框架建筑、高层建筑、地震设防建筑、保温隔热要求高的建筑、软土地基地区的建筑。但不宜用于温度高于80℃的环境、长期潮湿的环境、有酸碱侵蚀的环境和特别寒冷的环境。

2. 泡沫混凝土

泡沫混凝土是用机械的方法将泡沫剂水溶液制备成泡沫,并将泡沫加入由含硅质材料、钙质材料和水组成的料浆中,经混合搅拌、浇注成型、蒸汽养护而成的多孔轻质材料,表观密度为 300~500 kg/m³,抗压强度为 0.5~0.7 MPa,常用于制作各种保温材料。

(三)大孔混凝土

大孔混凝土是以粗骨料、水泥和水配制而成的一种轻质混凝土,又称无砂混凝土。在这种混凝土中,水泥浆包裹粗骨料颗粒的表面,将粗骨料黏结在一起,但水泥浆并不能填满粗骨料间空隙,因而形成大孔混凝土结构。

大孔混凝土按其所用粗骨料的品种,可分为普通大孔混凝土和轻骨料大孔混凝土两类。

普通大孔混凝土是用碎石、卵石等配制,表观密度在 1500~1900 kg/m³ 之间,抗压强度为 3.5~10.0 MPa,主要用于承重及保温外墙体。轻骨料大孔混凝土是用陶粒、浮石、碎砖等配制而成,其表观密度在 500~1500 kg/m³ 之间,抗压强度为 1.5~7.5 MPa,主要用于自承重的保温外墙体。

大孔混凝土的导热系数小,保温性能好,吸湿性小,收缩一般较普通混凝土小 30%~50%,抗冻性可达 15~20 次冻融循环。适用于制作墙体、砌筑用的小型空心砌块和各种板材,也可用于现浇墙体。普通大孔混凝土还可制成滤水管、滤水板及排水管等,广泛用于市政工程。

二、高强混凝土

高强混凝土是指强度等级为 C60 及 C60 以上的混凝土,C100 强度等级以上的混凝土称为超高强混凝土。

高强混凝土的特点是强度高、耐久性好、变形小,能适应现代工程结构向大跨度、重载、高层发展和承受恶劣环境条件的需要。使用高强混凝土可获得明显的工程效益和经济效益。高效减水剂及超细掺合料的使用,使在普通施工条件下制得的高强混凝土成为可能。但高强混凝土的脆性比普通混凝土大,强度的拉压比低。

提高混凝土强度的途径很多,通常采用以下几种措施:

(1)减少混凝土内孔隙,改善孔结构,提高混凝土密实度。宜采用减水剂不小于 25% 的高性能减水剂,以大幅度降低水灰比,再配合加强振捣,这是目前提高混凝土强度最有效而简便的措施。

(2)提高水泥与骨料界面的黏结强度。应采用硅酸盐水泥或普通硅酸盐水泥,在混凝土中掺加优质掺合料(如硅灰、粉煤灰等)及聚合物,可大大减少粗骨料周围薄弱区的影响,明显改善混凝土内部结构,提高密实度。

(3)提高骨料强度。粗骨料宜采用连续级配,其最大粒径不宜应大于 25 mm,针、片状颗含量不宜大于 5.0%,含泥量不应大于 0.5%,泥块含量不宜大于 0.2%。细骨料的细度模数宜为 2.6~3.0,含泥量不应大于 2.0%,泥块含量不应大于 0.5%。此外,还可以用各种短纤维代替部分骨料,以改善胶结材料的韧性,提高高强度混凝土的抗拉和抗弯强度。

高强混凝土配合比应经试验确定。在缺乏试验依据的情况下,高强混凝土配合比设计宜符合下列要求:

(1)水胶比、胶凝材料和砂率可按表 4-26 选取,并应经试配确定。

(2)外加剂和矿物掺合料的品种、掺量,应通过试配确定;矿物掺合料掺量宜为 25%~40%;硅灰掺量不宜大于 10%。

(3)水泥用量不宜大于 500 kg/m³。

表 4-26 高强混凝土水胶比、胶凝材料用量和砂率

强度等级	水胶比	胶凝材料用量/(kg·m⁻³)	砂率/%
>C60, <C80	0.28~0.33	480~560	
≥C80, <C100	0.26~0.28	520~580	35~42
C100	0.24~0.26	550~600	

三、大体积混凝土

大体积混凝土是指混凝土结构物中实体的最小尺寸大于或等于 1 m 或预计会因水泥水化热引起混凝土的内外温差过大而导致裂缝的混凝土。

大体积混凝土有如下特点：

(1)混凝土结构物体积较大，在一个块体中需要浇筑大量的混凝土。

(2)大体积混凝土常处于潮湿或与水接触的环境条件下。因此要求除一定的强度外，具有良好的耐久性，有的要求具有抗冲击或震动作用等性能。

(3)大体积混凝土水泥水化热不容易很快散失，内部温升较高，与外部环境温差较大时易产生温度裂缝。对混凝土进行温度控制是大体积混凝土最突出的特点。

为了减少由于水化热引起的温度应力，大体积混凝土配合比设计时，宜采用中、低热硅酸盐水泥或低热矿渣硅酸盐水泥；粗骨料宜采用连续级配，最大粒径不宜小于 31.5 mm，含泥量不应大于 1.0%；细骨料宜采用中砂，含泥量不应大于 3.0%；宜掺用矿物掺合料和缓凝型减水剂。水胶比不宜大于 0.55，用水量不宜大于 175 kg/m³；砂率宜为 38%~42%；在保证混凝土强度及坍落度要求的前提下，宜提高粗骨料和矿物掺合料的用量，尽可能降低水泥用量。施工时，对混凝土结构进行合理分缝分块；控制混凝土温度和浇筑温度；预埋水管、通水冷却，降低混凝土的内部温升；采取表面保护、保温隔热措施，降低内外温差等措施来降低或推迟热峰从而控制混凝土的温升。

大型水坝、高层建筑的基础、桥墩以及海洋平台等体积较大的混凝土，应按大体积混凝土设计和施工。

四、泵送混凝土

泵送混凝土是指混凝土拌合物的坍落度不低于 100 mm 并用泵送施工的混凝土。

由于泵送混凝土这种特殊的施工方法要求，混凝土除满足一般的强度、耐久性等要求外，还必须要求混凝土有较好的可泵性。所谓可泵性是指混凝土拌合物应具有顺利通过管道、与管道内壁的摩擦阻力小，混凝土不离析、不泌水、不堵塞管道的性能。为达到这一要求，泵送混凝土应掺加泵送剂。

根据以上的特点，在配制泵送混凝土时应注意以下几点：

(1)泵送混凝土宜采用硅酸盐水泥、普通硅酸盐水泥、矿渣硅酸盐水泥和粉煤灰硅酸盐水泥，其胶凝材料用量不宜低于 300 kg/m³。

(2)细骨料应采用中砂，砂率宜为 35%~45%，通过直径 0.315 mm 筛孔的颗粒含量不宜小于 15%。

(3)石子宜采用连续级配，其针片状颗粒含量不宜大于 10%；粗骨料最大粒径应满足表 4-27 中的要求。

表 4-27　粗骨料的最大粒径与输送管径之比

石子品种	泵送高度/m	粗骨料最大粒径与输送管径比，≤
碎石	<50	1:3.0
	50~100	1:4.0
	>100	1:5.0
卵石	<50	1:2.5
	50~100	1:3.0
	>100	1:4.0

(4)适当掺加活性掺合料，如粉煤灰、矿渣微粉等，可改善级配、防止泌水，还可以替代部分水泥以降低水化热，推迟热峰时间。

总之，泵送混凝土是大流动度混凝土，容易浇筑和振捣，对配筋很密的工程填充性好，而且浇筑中的混凝土仍然处于流动及半流动状态。因此对模板的侧压力比普通混凝土大，支模时要加强支护，同时模板拼接要严密，防止漏浆。

五、抗渗混凝土

抗渗混凝土，是指抗渗等级等于或大于 P6 级的混凝土。主要用于水工、地下基础、屋面防水等工程。

抗渗混凝土一般是通过改善混凝土组成材料的质量，合理选择混凝土配合比和骨料级配，以及掺加适量外加剂，达到混凝土内部密实或是堵塞混凝土内部毛细管通路，使混凝土具有较高的抗渗性。

抗渗混凝土是以调整配合比的方法，提高混凝土自身密实性，以满足抗渗要求的混凝土。其原理是在保证和易性前提下减小水灰比，同时适当提高水泥用量和砂率，在粗骨料周围形成质量良好和数量足够的砂浆包裹层，使粗骨料彼此隔离，以阻隔沿粗骨料相互连通的渗水孔网。

根据《普通混凝土配合比设计规程》(JGJ 55—2011)，普通抗渗混凝土的配合比设计应符合以下技术要求：

(1)水泥宜采用普通硅酸盐水泥，每立方米混凝土中的胶凝材料用量不宜小于 320 kg。

(2)粗骨料宜采用连续级配，粗骨料最大粒径不宜大于 40 mm，其含泥量不得大于 1.0%，泥块含量不得大于 0.5%；细骨料宜采用中砂，含泥量不得大于 3.0%，泥块含量不得大于 1.0%。

(3)砂率宜为 35%~45%。

(4)抗渗混凝土宜掺用外加剂和矿物掺合料。

(5)水胶比对混凝土的抗渗性有很大影响，应符合表 4-28 中的规定。

表 4-28　抗渗混凝土最大水胶比

设计抗渗等级	最大水胶比	
	C20~C30	C30 以上
P6	0.60	0.55
P8~P12	0.55	0.50
P12 以上	0.50	0.45

（6）配置抗渗混凝土要求的抗渗水压值应比设计值提高 0.2 MPa。抗渗试验结果应符合（4-35）要求：

$$P_t \geq \frac{P}{10} + 0.2 \qquad (4-35)$$

式中：P_t——6 个试件中不少于 4 个未出现渗水时的最大水压值，MPa；

　　　P——设计要求的抗渗等级值。

（7）采用引气剂或引气型外加剂的抗渗混凝土，应进行含气量试验，含气量宜控制在 3.0%~5.0%。

六、高性能混凝土（简称 HPC）

高性能混凝土的出现是在 20 世纪 80 年代末 90 年代初，一些发达国家基于混凝土结构耐久性设计提出的一种全新概念的混凝土。高性能混凝土是在大幅度提高普通混凝土性能的基础上采用现代混凝土技术制作的新型高技术混凝土，是以耐久性作为设计的主要指标，针对不同用途的要求，对下列性能有重点地加以保证：耐久性、工作性、适用性、强度、体积稳定性和经济性。为此，高性能混凝土在配置上的特点是采用低水胶比，选用优质原材料，且必须掺加足够数量的矿物细掺料和高效外加剂。

（一）高性能混凝土组成材料及技术要求

1. 水泥

水泥应选用硅酸盐水泥或普硅酸盐水泥。水泥中 C_3A 含量应不大于 8%，细度控制在 10%，碱含量小于 0.8%，氯离子含量小于 0.1%。水泥中的 C_3A 含量高、细度高，比表面积就会增大，混凝土的用水就会增加，从而造成混凝土落度损失过快，有时甚至会出现急凝和假凝现象，这不仅会影响混凝土的外观质量，同时也将直接影响其耐久性。

2. 粗骨料

粗骨料宜选用二级配、三级配碎石，保持良好的级配能增加混凝土强度。在选择粗骨料时，一定要控制大骨料的含量，大骨料的含量超标，将直接影响保护层外侧混凝土的质量，会导致混凝土的表面干裂纹，影响表观质量。碎石粒径宜为 5~20 mm，最大粒径不应超过 25 mm，级配良好，压碎指标不大于 8%，针片状含量不大于 10%，含泥量低于 1.0%，骨料水溶性氯化物折合氯离子含量不超过集料质量的 0.02%。

3. 细骨料

含泥量、泥块含量也是影响高性能混凝土各项技术指标的重要原因之一，含泥量、泥块含量过高，不仅能降低混凝土强度，同时易造成内部结构的毛细通道不能有效地阻止有害物质的侵蚀。对于高速铁路工程来说,细骨科应选用处于级配区的中粗河砂,砂的细度模数要求为2.6~3.0。

4.高效减水剂

混凝土要实现高性能(即高耐久性、高流动性及较高强度),必须提高混凝土的密实度和提高拌合物的流动性,而高效减水剂具有降低水灰比和提高流动性的作用,因此高效减水剂是高性能混凝土不可缺少的组成材料之一。

5.超细矿物掺合料

超细粉矿物掺合料主要包括硅粉、超细粉煤灰、超细矿渣、超细沸石粉等。

超细粉矿物掺合料在混凝土中的主要作用有:滚珠润滑作用、微集料填充作用、火山化作用,是高性能混凝土中不可缺少的组分,既可改善和易性,又可提高强度和耐久性;同时,还可降低水化热,对制备大体积混凝土构件十分有利。复合使用矿物掺合料效果更佳。

(二)高性能混凝土的特点

1.高施工性

HPC在拌合、运输、浇筑时具有良好的流变性,不泌水,不离析,施工时能达到自流平,坍落度损失小,具有良好的可泵性。

2.高强度

HPC应具有高的早期强度及后期强度,能达到高强度是HPC重要特点。目前,28 d混凝土平均强度介于100~120 MPa的高性能混凝土,已在工程中应用。高性能混凝土抗拉强度与抗压强度值比较高强混凝土有明显增加,高性能混凝土的早期强度发展加快,而后期强度的增长率却低于普通强度混凝土。

3.高耐久性

高性能混凝土除通常的抗冻性、抗渗性明显高于普通混凝土之外,高性能混凝土的Cl⁻渗透率,明显低于普通混凝土。高性能混凝土由于具有较高的密实性和抗渗性,因此,其抗化学腐蚀性能显著优于普通强度混凝土。

4.体积稳定性

高性能混凝土的体积稳定性较高,表现为具有高弹性模量、低收缩与徐变、低温度变形。普通混凝土的弹性模量为20~25 GPa,采用适宜的材料与配合比的高性能混凝土,其弹性模可达40~45 GPa。采用高弹性模量、高强度的粗集料并降低混凝土中水泥浆体的含量,选用合理的配合比配制的高性能混凝土,90 d龄期的干缩值低于0.04%。

(三)适用范围

高性能混凝土主要适用于高层建筑,桥梁,大型工业与公共建筑的基础、楼板、墙板,地下和水下工程。

七、纤维混凝土

纤维混凝土又称纤维增强混凝土,是以水泥净浆、砂浆或混凝土作为基材,以非连续的短纤维或连续的长纤维作为增强材料,均布地掺合在混凝土中而形成的一种新型增强建筑材料。纤维材料有钢纤维、碳纤维、玻璃纤维等。纤维混凝土中,纤维的含量、纤维的几何形状及其在混凝土中的分布状况,对纤维混凝土的性能有重要影响。纤维在混凝土中起增强作用,可提高混凝土的抗压、抗拉、抗弯、冲击韧性,也能有效地改善混凝土的脆性。混凝土掺入钢纤维后，抗压强度提高不大，但从受压破坏形式来看，破坏时无碎块、不崩裂，基本保持原来的外形，有较大的吸收变形的能力，也改善了韧性，是一种良好的抗冲击材料。目前，纤维混凝土主要用于飞机跑道、高速公路、桥面、水坝覆面、桩头和军事工程等要求高耐磨性、高抗冲击性和抗裂的部位及构件。

本模块小结

本模块主要讲述了普通混凝土的组成、主要技术性质和配合比设计，简要介绍了混凝土质量控制、强度评定和其他品种的混凝土。

1. 普通混凝土的基本组成材料是水泥、砂子、石子和水，随着混凝土技术的发展，外加剂已成为现代混凝土不可缺少的第五种重要组分。它们在混凝土中各自起着不同的作用。水泥与水形成水泥浆，在混凝土硬化前主要起润滑作用，在混凝土硬化后主要起胶结作用；砂、石统称为骨料，在混凝土中主要起骨架作用，抑制水泥石收缩；外加剂根据不同的品种，在混凝土中起着不同的作用，混凝土外加剂虽然掺量很少（通常情况下不超过水泥用量的5%），但却能显著改善混凝土的和易性和强度，提高混凝土的耐久性。但在使用时，要合理选择外加剂的品种，严格控制外加剂掺量。

2. 混凝土所用的原材料必须满足国家有关规范、标准规定的质量要求，才能确保混凝土的质量。

3. 混凝土的主要技术性质包括混凝土拌和物的和易性、硬化混凝土的强度、变形和混凝土的耐久性。混凝土拌和物的和易性包括流动性、黏聚性和保水性三方面。影响混凝土和易性的因素主要有水泥浆的数量、水泥浆的稠度、砂率、拌和物存放时间及环境温度，同时，组成材料性质对混凝土和易性也有较大影响。混凝土的强度包括抗压强度、抗拉强度、与钢筋的黏结强度和抗折强度等，其中抗压强度较高，抗拉强度小，设计时，一般不考虑混凝土的抗拉强度。影响混凝土强度的因素主要有水泥强度等级、水灰比、骨料的性质、养护条件、龄期等。混凝土变形有非荷载作用下的变形与荷载作用下的变形。混凝土的耐久性是一项综合性的质量指标，包括抗渗性、抗冻性、抗侵蚀性、抗碳化能力及抗碱—骨料反应等。混凝土要求具有良好的和易性、较高的强度、较小的变形、良好的耐久性及合理的经济性。

4. 混凝土配合比设计就是确定 1 m³ 混凝土中各组成材料的用量。设计步骤是：先计算初步配合比，再通过试配与调整，确定基准配合比和实验室配合比，最后确定施工配合比。

5. 为了保证混凝土结构的可靠性，必须进行混凝土质量评定。要对混凝土原材料及各施工环节进行质量检查和控制，另外还要用数理统计方法对混凝土强度进行检验评定。

6. 除了常用的普通混凝土外，其他品种的混凝土(如轻骨料混凝土、防水混凝土、高强混凝土、泵送混凝土、大体积混凝土、纤维混凝土等)应用也越来越广泛。这些混凝土的品种不同，性能不同，适用范围也不同，在实际工程中应合理选用。

复习思考题

1. 普通混凝土的组成材料有哪几种？在混凝土中各起什么作用？

2. 配制普通混凝土如何选择水泥的品种和强度等级？

3. 什么是砂的粗细程度和颗粒级配？如何确定砂的粗细程度和颗粒级配？

4. 两种砂的级配相同，细度模数是否相同？反之，两种砂的细度模数相同，其级配是否相同？

5. 某砂样 500 g，经筛分试验，各号筛的筛余量见下表：

筛孔尺寸/mm	4.75	2.36	1.18	0.60	0.30	0.15	<0.15
筛余量/g	15	100	70	65	90	115	45
分计筛余百分率/%							
累计筛余百分率/%							

问：(1)计算各筛的分计筛余百分率和累计筛余百分率。

(2)此砂的细度模数是多少？根据细度模数判断该砂的粗细程度。

(3)判断此砂的级配是否合格。

6. 怎样测定粗骨料的强度？石子的强度指标是什么？

7. 为什么要限制石子的最大粒径？配制普通混凝土选择石子的最大粒径应考虑哪些方面因素？

8. 现浇钢筋混凝土板式楼梯，混凝土强度等级为 C25，截面最小尺寸为 120 mm，钢筋间最小净距为 40 mm。现有普通硅酸盐水泥 42.5 和 52.5 及粒径在 5~20 mm 之间的卵石。

问：(1)选用哪一强度等级水泥最好？

(2)卵石粒径是否合适？

(3)将卵石烘干，称取 5 kg 经筛分后筛余量见下表，试判断卵石级配是否合格？

筛孔尺寸/mm	26.5	19.0	16.0	9.5	4.75	2.36
筛余量/kg	0	0.30	0.90	1.70	1.90	0.20
分计筛余百分率/%						
累计筛余百分率/%						

9. 常用外加剂有哪些？各类外加剂在混凝土中的主要作用有哪些？

10. 什么是混凝土的和易性？它包括哪几个方面含义？如何评定混凝土的和易性？

11. 影响混凝土和易性的主要因素是什么？它们是怎样影响的？当混凝土拌合物流动性太大或太小，可采取什么措施进行调整？

12. 什么是合理砂率？采用合理砂率有何技术和经济意义？

13. 如何确定混凝土的强度等级？混凝土强度等级如何表示？普通混凝土划分为几个强度等级？

14. 在进行混凝土抗压试验时，下述情况下，强度试验值有无变化？如何变化？

(1)试件尺寸加大；

(2)试件高宽比加大；

(3)试件受压面加润滑剂;

(4)加荷速度加快。

15. 混凝土的抗压强度与其他各种强度之间有无相关性? 混凝土的立方体抗压强度与棱柱体抗压强度及抗拉强度之间存在什么关系?

16. 影响混凝土强度的主要因素有哪些? 提高混凝土强度的主要措施有哪些?

17. 引起混凝土产生变形的因素有哪些? 采用什么措施可减小混凝土的变形?

18. 干缩和徐变对混凝土性能有什么影响? 减小混凝土干缩和徐变的措施有哪些?

19. 何谓混凝土的耐久性? 一般指哪些性能? 提高混凝土耐久性的措施有哪些?

20. 碳化对混凝土性能有什么影响? 碳化带来的最大危害是什么?

21. 影响混凝土碳化速度的主要因素有哪些? 防止混凝土碳化的措施有哪些?

22. 何谓碱骨料反应? 混凝土发生碱骨料反应的必要条件是什么? 防止措施有哪些?

23. 混凝土配合比设计的基本要求是什么?

24. 在混凝土配合比设计中,需要确定哪三个参数?

25. 采用矿渣水泥、卵石和天然砂配制混凝土,水灰比为 0.5,制作 100 mm×100 mm× 100 mm 试件三个,在标准养护条件下养护 7 d 后测得破坏荷载分别为 140、135、142 kN。试估算该混凝土 28 d 标准立方体抗压强度。

26. 某室内现浇混凝土柱,要求混凝土的强度等级为 C30,施工采用机械搅拌和机械振捣,要求坍落度为 30~50 mm,施工单位无近期混凝土强度统计资料,所用原材料如下:

水泥:普通硅酸盐水泥,密度为 3.1 g/cm³,实测强度为 36.0 MPa;

砂:中砂,级配合格,表观密度为 2600 kg/m³;

石子:碎石,最大粒径为 40 mm,级配合格,表观密度为 2650 kg/m³;

水:自来水。

(1)用体积法确定混凝土的初步配合比。

(2)假定混凝土的表观密度为 2400 kg/m³,用质量法确定混凝土的初步配合比。

(3)假如计算出的初步配合比拌合混凝土,经检验后混凝土的和易性、强度和耐久性均满足设计要求。又已知施工现场砂的含水率为 2%,石子的含水率为 1%,试求该混凝土的施工配合比。

27. 某混凝土试拌调整后,各材料用量分别为水泥 3.1 kg、砂 6.24 kg、碎石 12.8 kg、水 1.86 kg,并测得拌合物表观密度为 2450 kg/m³。试求 1 m³ 混凝土的各材料实际用量。

模块五 建筑砂浆

【知识目标】

通过本模块学习，应掌握砌筑砂浆的技术性质、配合比设计和应用；熟悉建筑砂浆的组成及建筑砂浆对原材料的质量要求；了解其它品种砂浆的应用。

【技能目标】

通过本模块学习，能根据工程特点及使用环境进行砌筑砂浆的配合比设计；能根据相关标准检测砂浆拌和物的和易性及砂浆抗压强度；能分析并解决施工中因砂浆的质量等原因导致的工程技术问题。

建筑砂浆是由胶凝材料(胶结料)、细集料、掺合料和水以及根据性能确定的各种组分按适当比例配合、拌制并经硬化而成的工程材料。建筑砂浆和混凝土的区别在于其不含粗集料。

建筑砂浆常用于砌筑砌体(如砖、石、砌块)结构，建筑物内外表面(如墙面、地面、顶棚)的抹面，大型墙板、砖石墙的勾缝，以及装饰材料的黏结等，因此，在建筑工程中建筑砂浆起黏结、衬垫和传递应力的作用。

建筑砂浆按用途不同，可分为砌筑砂浆、抹面砂浆、防水砂浆、装饰砂浆及特种砂浆；按所用胶结材料不同，可分为水泥砂浆、石灰砂浆、水泥石灰混合砂浆等；按拌制形式不同，可分为施工现场拌制的砂浆、专业生产厂生产的商品砂浆，其中商品砂浆可分为湿拌砂浆、干混砂浆。

第一节 砌筑砂浆

一、砌筑砂浆的组成材料和施工质量控制

砌筑砂浆是将砖、石、砌块黏结成为砌体的砂浆，主要有水泥砂浆、水泥混合砂浆。其组成材料主要有胶凝材料、细集料、掺合料、水和外加剂等。

(一)砌筑砂浆的组成材料

1.胶凝材料

建筑砂浆常用的胶凝材料有水泥、石灰、石膏等无机胶凝材料，在选用时应根据使用环境、用途等合理选择。在干燥条件下使用的砂浆既可选用气硬性胶凝材料(石灰、石膏)，也可选用水硬性胶凝材料(水泥)；在潮湿环境或水中使用的砂浆，则必须选用水泥作为胶凝材料。

砌筑砂浆主要的胶凝材料是水泥。砌筑砂浆用水泥的强度等级应根据设计要求进行选择。常用的各种品种的水泥均可作为砂浆的胶凝材料，由于砂浆的强度等级一般比较低，所以水泥的强度等级不宜过高，否则水泥的用量太少，会导致砂浆的保水性不良。通常水泥的强度等级为砂浆的4~5倍。M15及以下强度等级的砌筑砂浆宜选用32.5级的水泥，M15以上强度等级的砌筑砂浆宜选用42.5级水泥。如果水泥的强度等级过高，可适当掺入掺合料。要注意的是，不同品种的水泥不得混合使用。值得注意的是，砌筑砂浆用水泥除了应符合相应产品国标之外，水泥供应商还应该明示在生产过程中曾经使用过的助磨剂以及外加剂，避免与砂浆中的其他外加剂互相干扰。水泥进场使用前，应分批对其强度、安定性进行复验。检验批应以同一生产厂家、统一编号为一批。使用中对水泥质量有怀疑，或水泥出厂日期超过3个月(快硬硅酸盐水泥超过1个月)时，应复查试验，并应按试验结果使用。

2. 细集料

细集料为砂浆的集料。建筑砂浆用砂的原则同混凝土用砂的技术要求。由于砂浆层较薄，砂的最大粒径应有所限制，理论上不应超过砂浆层厚度的1/5~1/4。砖砌体用砂浆宜选用为中砂，砂的最大粒径不大于2.5 mm，应用4.75 mm方孔筛过筛，筛好后保持洁净。中砂既可满足和易性要求，又可节约水泥。毛石砌体宜选用粗砂，砂的最大粒径不大于5.0 mm。光滑的抹面及勾缝的砂浆宜采用细砂，其最大粒径不大于1.25 mm。

为了保证砂浆质量，尤其是配制高强度砂浆，应选用洁净的砂。因此对砂的含泥量应予以限制，含泥量过大，不但会增加砂浆的水泥用量，还可能使砂浆的收缩值增大、耐水性降低。一般情况下，对水泥砂浆和强度等级不小于M5的水泥混合砂浆，砂的含泥量不应超过5%；对强度等级小于M5的水泥混合砂浆，砂的含泥量不应超过10%；人工砂、山砂及特细砂，应经试配，能够满足砌筑砂浆技术条件的要求。

3. 掺合料

为提高砂浆的和易性，除水泥以外，还要掺加各种掺合料(如石灰、黏土和粉煤灰等)作为结合料，配制成各种混合砂浆，以达到提高质量、降低成本的目的。

(1)石灰膏。为了保证砂浆质量，需要将生石灰熟化成石灰膏后才可使用。生石灰熟化成石灰膏时，应用孔径不大于3 mm×3 mm的网过滤，熟化时间不得少于7 d；磨细生石灰粉的熟化时间不得小于2 d。沉淀池中储存的石灰膏，应采取防止干燥、冻结和污染的措施，严禁使用脱水硬化的石灰膏。另外，消石灰粉是未充分熟化的石灰，颗粒太粗，起不到改善砂浆和易性的作用。因而，消石灰粉不得直接用于砌筑砂浆中。

磨细的生石灰的品质指标需满足行业标准《建筑生石灰》(JC/T 479—2013)的要求。

(2)黏土膏。采用黏土或粉质黏土制备黏土膏时，宜通过孔径不大于3 mm×3 mm的网过筛，使黏土膏达到所需的细度，并用搅拌机加水搅拌，黏土中的有机物含量用比色法鉴定时应浅于标准色。值得注意的是，砂子所含有的泥不能代替黏土膏。

(3)电石膏。电石膏是电石渣消解后，经过滤后的产物，属于无机物，主要成分为二碳化钙。制作电石膏的电石渣(电石水解获取乙炔气后的以氢氧化钙为主要成分的废渣)应用孔径不大于3 mm×3 mm的网过滤，检验时应加热至70℃并保持20 min，没有乙炔气味后，方可使用。

为了使膏类(石灰膏、黏土膏、电石膏等)物质的含水率有一个统一可比的标准，《砌筑砂浆配合比设计规程》(JGJ/T 98—2010)规定：石灰膏、黏土膏和电石膏三种掺合料，均应按稠度值为(120±5)mm 时,计算其用量。

(4)粉煤灰。粉煤灰的品质指标应符合国家标准《用于水泥和混凝土中的粉煤灰》(GB/T 1596—2017)的要求。

4.水

拌制砂浆用水宜采用饮用水。当采用其他来源水时,水质应符合现行行业标准《混凝土用水标准》(JGJ 63—2006)的规定。

5.外加剂

(1)砂浆外加剂的基本知识

砂浆外加剂添加在水泥及砂子中,用以改善水泥砂浆性能,可克服空鼓、开裂等状况。在建筑工程中,常用的外加剂种类有保塑剂、木钙粉、微沫剂、岩砂精、砂浆王、砂浆宝、水泥添加剂等。砂浆中掺入的砂浆外加剂,应具有法定检测机构出具的该产品砌体强度型式检验报告,并经砂浆性能试验合格后,方可使用。砂浆中所掺早强剂、缓凝剂、防冻剂等,其掺量应通过试配确定,并应符合产品施工要求。

(2)砂浆外加剂的性能功效

①显著改善砂浆和易性:加入砂浆外加剂后,砂浆蓬松、柔软、黏结力强、减少落地灰并降低成本,砂浆饱满度高。抹灰时,对墙体湿润程度要求低,砂浆收缩小,克服了墙面易出现裂纹、空鼓、脱落、起泡等通病,解决了砂浆和易性问题。

②防渗抗裂:乳化型表面活性剂的加入,使砂浆内部产生密闭不连通的通道,阻塞水的渗入,提高抗渗能力;高分子聚合物的加入,使砂浆收缩减到最小,有利于抗裂,提高耐久性。

③节能、高效、环保:使用砂浆外加剂可替代混合砂浆中的全部石灰,每吨可节约石灰600~800 t;有效地减少石灰在使用过程中对环境的污染;在配合比不变的情况下,砂浆体积可增加10%左右,并减少拌合物用水量20%左右;砂浆在灰槽中不离析,存放2~4 h 不沉淀,保水性好;不必反复搅拌,加快施工速度,提高劳动效率10%以上,并具有保温、隔热等功效。

(二)砌筑砂浆的施工质量控制

1.材料要点

(1)水泥进场使用前,必须对其强度、安定性进行抽样复验,其中见证抽样数量应符合有关规定。

(2)砂应有检验报告,合格后方可使用。

2.技术要点

(1)施工中应按设计文件确定选用砂浆的品种、强度等级。

(2)砌筑砂浆的分层度不应大于30 mm,水泥砂浆的最小水泥用量不应小于200 kg/m³。

3.质量要点

(1)原材料计量符合以下规定:现场拌制时,必须按配合比对其原材料进行质量计量,应采用机械搅拌;水泥、各种外加剂配料允许偏差为±2%;砂、粉煤灰、石灰膏等配料的允许偏差为±5%;砂的含水量应计入对配料的影响;计量器具应在其计量检定有效期内,保持其精度符合要求。

(2)现场拌制砂浆应随拌随用,拌制的砂浆应在3 h 内使用完毕;当施工期间最高气温超过 30℃时，应在 2 h 内使用完毕。对掺用缓凝剂的砂浆，其使用时间可根据具体情况延长。

二、砌筑砂浆的技术性质

砂浆的性质包括新拌砂浆的性质和硬化后砂浆的性质。砂浆拌合物与混凝土拌合物相似，应具有良好的和易性。砂浆的和易性是指砂浆是否容易在砖石等表面铺成均匀、连续的薄层，且与基层紧密黏结的性质，包括流动性和保水性两方面。对于硬化后的砂浆则要求具有所需要的强度、与底面的黏结强度及较小的变形。

（一）新拌砂浆的和易性

1. 流动性

砂浆的流动性指砂浆在自重或外力作用下流动的性能，也称为稠度。砂浆的稠度是用一定几何形状和质量标准的圆锥体，以其自身的质量自由地沉入砂浆混合物中的深度表示（单位为 mm），称为沉入度，通常用砂浆稠度测定仪测定。沉入度越大，表示砂浆的流动性越好。若流动性过大，砂浆易分层、析水，硬化后强度降低；若流动性过小，则不便施工操作，灰缝不易填充，所以新拌砂浆应具有适宜的稠度。

影响砂浆流动性的因素主要有胶凝材料的种类、用量、用水量，以及细集料的种类、颗粒形状、粗细程度与级配、砂浆搅拌时间，除此之外，也与掺入的混合材料及外加剂的品种、用量有关。

通常情况下，基底为多孔吸水性材料，或在干热条件下施工时，应选择流动性大的砂浆。相反，基底吸水少或湿冷条件下施工，应选流动性小的砂浆。砂浆稠度可按表 5-1 规定选择。

表 5-1　砌筑砂浆的稠度

砌体种类	砂浆稠度/mm
烧结普通砖砌体、粉煤灰砖砌体	70~90
烧结多孔砖砌体、烧结空心砖砌体、轻集料混凝土小型空心砌块砌体、蒸压加气混凝土砌块砌体	60~80
混凝土砖砌体、普通混凝土小型空心砌块砌体、灰砂砖砌体	50~70
石砌体	30~50

2. 保水性

保水性是指砂浆保持水分的能力。保水性不良的砂浆，使用过程中会出现泌水、流浆，使砂浆与基底黏结不牢，且由于失水影响砂浆正常的黏结硬化，使砂浆的强度降低。

砂浆的保水性用保水率来衡量，砌筑砂浆的保水率见表 5-2。保水率太小说明砂浆的保水性不良，容易产生离析，不便于施工和水泥的硬化；保水率太大说明保水性虽好，无分层现象，但是往往是由于胶凝材料用量过多，或者砂过细，而太黏稠不利于施工，且砂浆硬化后易干裂，影响黏结力。

表 5-2　砌筑砂浆的保水率(%)

砂浆种类	保水率,≥
水泥砂浆	80
水泥混合砂浆	84
预拌砂浆	88

砂浆的保水性主要取决于其中的细骨料粒径和细微颗粒含量,必须有一定数量的细微颗粒才能保证所需的保水性。为了改善砂浆的保水性,常在砂浆中掺入石膏粉、粉煤灰或微沫剂等。

确定在运输及停放时砂浆拌合物的稳定性用分层度表示。砂浆分层度用分层度仪测定。分层度试验方法是:测定砂浆拌合物稠度后再将其装入分层度测定仪中,静置 30 min 后取底部 1/3 砂浆测稠度,两次稠度之差值即为分层度(以 mm 表示)。

砂浆的分层度不得大于 30 mm,以 10~30 mm 为宜。分层度过大(如大于 30 mm),砂浆容易泌水、分层或水分流失过快,不便于施工;如果分层度过小(如小于 10 mm),砂浆过于干稠不易操作,易出现干缩裂缝。

可通过如下方法改善砂浆保水性:

(1)保持一定数量的胶凝材料和掺合料。1 m³ 水泥砂浆中水泥用量不宜小于 200 kg;水泥混合砂浆中水泥和掺合料总量不宜小于 350 kg。

(2)采用较细砂并加大掺量。

(3)掺入引气剂。影响砂浆保水性的主要因素是胶凝材料的种类和用量,砂的品种、细度和用水量。在砂浆中掺入石灰膏、粉煤灰等粉状混合材料,可提高砂浆的保水性。

(二)硬化砂浆的强度

砂浆强度是以边长为 70.7 mm 的立方体试块,在标准养护条件下(20±2℃、相对湿度大于90%)养护 28 d 后,用标准试验方法测得的抗压强度值(单位为 MPa)。砌筑砂浆以抗压强度值划分强度等级。水泥砂浆的强度等级划分为 M5、M7.5、M10、M15、M20、M25、M30;水泥混合砂浆的强度等级分为 M5、M7.5、M10、M15。拌合的砂浆应达到设计要求的种类和强度等级,满足规定的稠度、保水性能良好和拌合均匀等要求。处于严寒地区及地面以下潮湿环境的砌体砂浆强度等级一般提高一级。《砌体结构工程施工质量验收规范》(GB 50203—2011)规定:施工中不应采用强度等级小于 M5 水泥砂浆替代同强度等级水泥混合砂浆,如需替代,应将水泥砂浆提高一个强度等级。

影响砂浆强度的因素有:当原材料的质量一定时,砂浆的强度主要取决于水泥强度和水泥用量,此外,砂浆强度还与砂、外加剂、掺入的混合材料,以及砌筑和养护条件有关;砂中泥及其他杂质含量多时,砂浆强度也受影响。

按下式计算:

$$f_m = \alpha \cdot f_{ce} \frac{Q_C}{1000} + \beta$$

式中:f_m——砂浆 28 d 试配抗压强度(试件用无底试模成型),MPa;

　　　Q_C——每立方米砂浆水泥用量,kg;

α，β——经验系数，一般地，$\alpha = 3.03$，$\beta = -15.09$；

f_{ce}——水泥 28 d 实测抗压强度，MPa。

砌筑砂浆试块强度验收时其强度合格标准必须符合以下规定：

（1）同一验收批砂浆试块抗压强度平均值应大于或等于设计强度等级值的 1.1 倍；同一验收批砂浆试块抗压强度的最小一组平均值应大于或等于设计强度等级值的 0.85 倍。

（2）砂浆强度应以标准养护、龄期 28 d 试块抗压试验结果为准。

（3）砌筑砂浆的验收批，同一类型、强度等级的砂浆试块不应少于 3 组（每组 3 块）。当同一验收批只有 1 组或 2 组试块时，每组试块抗压强度的平均值必须大于或等于设计强度等级值的 1.1 倍。

（三）砂浆的黏结力

砂浆的黏结力主要是指砂浆与基体的黏结强度的大小。砂浆的黏结力对砌体抗剪强度、耐久性和稳定性，乃至建筑物抗震能力和抗裂性都有较大影响。

影响砂浆黏结力的因素：

（1）砂浆的抗压强度。砌筑砂浆的黏结力随其强度的增大而提高，抗压强度越高，与砖石的黏结力也就越大。

（2）砖石的表面状态、清洁程度、湿润状况及施工养护条件等有关。所以，砌筑前砖要浇水湿润，其含水率控制在 10%～15%，清扫表面，使表面不沾泥土，适当添加保水剂（如纤维素、酰胺等），以提高砂浆与砖之间的黏结力，保证砌筑质量。

实际上，对砌体来说，砂浆的黏结力较砂浆的抗压强度更为重要，但是，考虑到我国的实际情况及抗压强度相对来说容易测定，相关标准将砂浆抗压强度作为必检项目和配合比设计的依据。

（四）砂浆的变形性能

砌筑砂浆在承受荷载或温度变化时，会产生变形。如果变形过大或不均匀，容易使砌体的整体性下降，产生沉陷或裂缝，影响到整个砌体的质量；抹面砂浆在空气中也容易产生收缩等变形，变形过大也会使面层产生裂纹或剥离等质量问题。因此，要求砂浆具有较小的变形性。

砂浆变形性的影响因素很多，如胶凝材料的种类和用量、用水量、细集料的种类、级配和质量、外部环境条件等。

三、砌筑砂浆的配合比设计

（一）砌筑砂浆的技术条件

砌筑砂浆起着黏结砖、石及砌块构成砌体、传递荷载，并使应力的分布较为均匀、协调变形的作用，它是砌体的重要组成部分。按国家行业标准《砌筑砂浆配合比设计规程》（JGJ/T 98—2010）规定，砌筑砂浆需符合以下技术条件：

（1）水泥砂浆的强度等级分为 M30、M25、M20、M15、M10、M7.5、M5；水泥混合砂浆的强度等级分为 M5、M7.5、M10、M15。

（2）水泥砂浆拌合物的密度不宜小于 1900 kg/m³；水泥混合砂浆拌合物的密度不宜小于 1800 kg/m³。

（3）砌筑砂浆稠度、分层度、试配抗压强度必须同时符合要求。砌筑砂浆的稠度应按

表 5-1 规定选用。砌筑砂浆的分层度不得大于 30 mm。

(4)水泥砂浆中水泥用量不应小于 200 kg/m^3;水泥混合砂浆中水泥和掺合料不应小于 350 kg/m^3。

(5)有抗冻要求的砌体工程,砌筑砂浆应进行冻融试验。冻融试验后,质量损失率不得大于 5%,抗压强度损失率不得大于 25%。

(二)砌筑砂浆的配合比设计步骤

砌筑砂浆要根据工程类别及砌体部位的设计要求来选择砂浆的强度等级,再按所要求的强度等级确定其配合比。确定砂浆配合比时,要按照行业标准《砌筑砂浆配合比设计规程》(JGJ/T 98—2010)进行。

1. 水泥混合砂浆的配合比计算

(1)计算砂浆试配强度

$$f_{m,o} = k \cdot f_2$$

式中:$f_{m,o}$——砂浆的试配强度,MPa,精确至 0.1 MPa;

f_2——砂浆抗压强度平均值,MPa,精确至 0.1 MPa;

k——与施工水平有关的系数,施工水平优良时取 1.15,施工水平一般时取 1.20,施工水平较差时取 1.25。

(2)计算每立方米砂浆中的水泥用量

$$Q_C = \frac{1000(f_{m,o} - \beta)}{\alpha \cdot f_{ce}}$$

式中:Q_C——每立方米砂浆的水泥用量,kg,精确至 1 kg;

f_{ce}——水泥的实测强度,MPa,精确至 0.1 MPa;在无法取得水泥的实测强度值时,可按下式计算:

$$f_{ce} = \gamma_c \cdot f_{ce,k}$$

式中:γ_c——水泥强度等级值的富余系数,宜按实际统计资料确定,无统计资料时取 1.0;

$f_{ce,k}$——水泥强度等级值,MPa;

α、β——砂浆的特征系数,其中 $\alpha = 3.03$,$\beta = -15.09$。

注:各地区也可用本地区试验资料确定 α、β 值,统计用的试验组数不得少于 30 组。

(3)计算每立方米砂浆石灰膏用量

$$Q_D = Q_A - Q_C$$

式中:Q_D——每立方米砂浆的石灰膏用量,kg,精确至 1 kg;石灰膏使用时的稠度为(120±5)mm;石灰膏稠度换算见表 5-3;

Q_A——每立方米砂浆中水泥和石灰膏的总量,kg,精确至 1 kg,可为 350 kg;

Q_C——每立方米砂浆中水泥的用量,kg,精确至 1 kg。

表 5-3 石灰膏稠度换算表

石灰膏稠度/mm	120	110	100	90	80	70	60	50	40	30
换算系数	1.00	0.99	0.97	0.95	0.93	0.92	0.90	0.88	0.87	0.86

（4）确定每立方米砂浆中砂的用量

砂浆中的水、胶凝材料和掺合料用来填充砂子的空隙，1 m³砂子就构成了1 m³砂浆。因此，每立方米砂浆中的砂子用量，应按干燥状态（含水率小于0.5%）砂的堆积密度值作为计算值。

（5）每立方米砂浆用水量

砂浆中用水量多少，应根据砂浆稠度要求来选用，由于用水量多少对其强度影响不大，因此一般根据经验以满足施工所需稠度即可。通常情况水泥混合砂浆用水量要小于水泥砂浆用水量。每立方米砂浆中的用水量，根据砂浆稠度等要求可选用210~310 kg。

注：①混合砂浆中的用水量，不包括石灰膏或黏土膏中的水；

②当采用细砂或粗砂时，用水量分别取上限和下限；

③稠度小于70 mm时，用水量可小于下限；

④施工现场气候炎热或干燥季节，可酌量增加用水量。

2. 水泥砂浆配合比选用

水泥砂浆如按水泥混合砂浆同样计算水泥用量，则水泥用量普遍偏少，因为水泥与砂浆相比，其强度太高，造成通过计算出现不大合理的结果。因而，水泥砂浆材料用量可按表5-4选用。表5-3中每立方米砂浆用水量范围仅供参考，不必加以限制，仍以达到稠度要求为根据。

表5-4 每立方米水泥砂浆材料用量（kg）

强度等级	每立方米砂浆水泥用量	每立方米砂浆砂用量	每立方米砂浆水用量
M5	200~230	1 m³ 干燥状态下砂的堆积密度值	270~330
M7.5	230~260		
M10	290~330		
M15	340~400		
M20	360~410		
M30	430~480		

注：1. M15及M15以下强度等级水泥砂浆，水泥强度等级为32.5级；M15以上强度等级水泥砂浆，水泥强度等级为42.5级；

2. 当采用细砂或粗砂时，用水量分别取上限或下限；

3. 稠度小于70 mm时，用水量可小于下限；

4. 施工现场气候炎热或干燥季节，可酌量增加水量。

3. 配合比试配、调整与确定

（1）按计算或查表所得配合比进行试拌时，应测定其拌合物的稠度和分层度，当不能满足要求时，应调整材料用量，直到符合要求为止，即确定为试配时的砂浆基准配合比。

（2）试配时至少应采用三个不同的配合比。其中一个为基准配合比，另两个配合比其水泥用量应按基准配合比分别增加及减少10%。在保证稠度、分层度合格的条件下，可将用水量或掺合料用量进行相应调整。

（3）对三个不同的配合比进行调整后，按《建筑砂浆基本性能试验方法标准》（JGJ/T 70—2009）的规定成型试件，分别测定不同配合比砂浆的表观密度 ρ_c 及砂浆强度，并选定符合试配强度及和易性要求的且水泥用量最低的配合比作为砂浆的试配配合比。

（4）砂浆试配配合比尚应按下列步骤校正：

①根据试配配合比确定的材料用量按下式计算砂浆的理论表观密度值：

$$\rho_t = Q_C + Q_D + Q_S + Q_W$$

②按下式计算校正系数 δ：

$$\delta = \frac{\rho_c}{\rho_t}$$

式中：ρ_c——砂浆实测表观密度值，kg/m^3，精确至 $10\ kg/m^3$。

③当砂浆的实测表观密度值 ρ_c 与理论表观密度值 ρ_t 之差的绝对值不超过理论值 ρ_t 的 2% 时，试配配合比即为设计配合比；当超过 2% 时，应将试配配合比中每项材料用量乘以校正系数 δ 后时，确定为砂浆设计配合比。

（三）砌筑砂浆配合比设计实例

例5-1　要求设计用于砌砖墙的水泥石灰混合砂浆配合比。设计强度等级为 M7.5，稠度 70~90 mm。原材料的主要参数为：水泥：32.5 级普通硅酸盐水泥（实测 28 d 强度 36 MPa）；砂子：中砂，堆积密度为 1450 kg/m^3，现场砂含水率为 2%；石灰膏：稠度 110 mm；施工水平：一般。

解　（1）计算试配强度 $f_{m,0}$，试配强度按下式计算：

$$f_{m,0} = kf_2$$

M7.5 砂浆：$f_2 = 7.5$ MPa；施工水平一般 $k = 1.20$，则

$$f_{m,0} = kf_2 = 1.2 \times 7.5 = 9.0\ \text{MPa}$$

（2）计算水泥用量 Q_C。水泥用量 Q_C 按下式计算：

$$Q_C = \frac{1000(f_{m,0} - \beta)}{\alpha f_{ce}} = \frac{1000 \times (9 + 15.09)}{3.03 \times 36} = 221\ \text{kg}$$

（3）计算石灰膏用量 Q_D。石灰膏用量按下式计算：

$$Q_D = Q_A - Q_C = 350 - 221 = 129\ \text{kg}$$

式中每立方米砂浆胶结料和掺合料总量取 $Q_A = 350$ kg。石灰膏稠度 110 mm，不属于（120±5）mm 范围，应按表5-3进行换算：

$$129 \times 0.99 = 128\ \text{kg}$$

（4）计算砂用量 Q_S。根据砂子的含水率和堆积密度，计算每立方米砂浆用砂量：

$$Q_S = 1450 \times (1 + 0.02) = 1479\ \text{kg}$$

（5）选择用水量 Q_W。

根据砂浆稠度等要求可选用水量 210~310 kg/m^3，现选

$$Q_W = 250\ kg/m^3$$

（6）试配时各材料的用量比。

水泥：石灰膏：砂：水 = 221：128：1479：250 = 1：0.58：6.69：1.13

（7）根据计算出的砌筑砂浆配合比，进行配合比试配、调整与确定。

例5-2　某工程采用 M7.5 的水泥砂浆，稠度 70~90 mm。原材料的主要参数为：水泥：

32.5 级普通硅酸盐水泥；砂子：中砂，堆积密度为 1450 kg/m³，现场砂含水率为 2%。要求设计该水泥砂浆的配合比。

解 水泥砂浆材料用量可按表 5-4 选用。

水泥用量 $Q_C = 240$ kg/m³；

砂用量 $Q_S = 1450 \times (1 + 0.02) = 1479$ kg/m³；

水用量 300 kg/m³

水泥砂浆试配时各材料的质量比：水泥：砂 = 240 : 1479 = 1 : 6.16

根据得出的水泥砂浆配合比，进行配合比试配、调整与确定。

四、砂浆拌制及使用

砌筑砂浆应采用砂浆搅拌机进行拌制。砂浆搅拌机可选用活门卸料式、倾翻卸料式或立式，其出料容量常用 200 L。

搅拌时间从投料完成算起，应符合下列规定：

(1) 水泥砂浆和水泥混合砂浆，不得小于 2 min。

(2) 水泥粉煤灰砂浆和掺用外加剂的砂浆，不得小于 3 min。

(3) 掺用有机塑化剂的砂浆，应为 3~5 min。

拌制水泥砂浆，应先将砂与水泥干拌均匀，再加水拌合均匀。拌制水泥混合砂浆，应先将砂与水泥干拌均匀，再加掺合料(石灰膏、黏土膏)和水拌合均匀。掺用外加剂时，应先将外加剂按规定浓度溶于水中，在拌合水投入时投入外加剂溶液，外加剂不得直接投入拌制的砂浆中。砂浆拌成后和使用时，均应盛入储灰器中。如果灰浆出现泌水现象，应在砌筑前再次拌合。

第二节 抹面砂浆

凡涂抹在建筑物和构件表面以及基底材料的表面，兼有保护基层和满足使用要求作用的砂浆，可统称为抹面砂浆，也称抹灰砂浆。与砌筑砂浆相比，抹面砂浆具有以下特点：

(1) 抹面砂浆不承受荷载。

(2) 抹面砂浆层与基底层要有足够的黏结强度，使其在施工中或长期自重和环境作用下不脱落、不开裂。

(3) 抹面砂浆层多为薄层并分层涂抹，面层要求平整、光洁、细致、美观。

(4) 抹面砂浆多用于干燥环境，大面积暴露在空气中。

根据其功能不同，抹面砂浆一般可分为普通抹面砂浆和特殊用途砂浆(具有防水、耐酸、绝热、吸声及装饰等用途的砂浆)。

一、普通抹面砂浆

1. 普通抹面砂浆种类

常用的普通抹面砂浆有水泥砂浆、石灰砂浆、水泥石灰混合砂浆、麻刀石灰砂浆(简称麻刀灰)、纸筋石灰砂浆(纸筋灰)等。

2. 普通抹面砂浆性能

抹面砂浆应与基层牢固地黏结，因此要求砂浆应有良好的和易性及较高的黏结力。

3. 普通抹面砂浆作用与施工

抹面砂浆常分两层或三层进行施工，具体要求如下：

（1）底层砂浆的作用是使砂浆与基层能牢固地黏结，应有良好的保水性。施工时在基层表面刷掺水量 10% 的 107 胶水泥浆一道（水灰比为 0.4~0.5），紧跟着抹 1∶3 水泥砂浆，每遍厚度为 5~7 mm，应分层与所充筋抹平，并用大杠刮平、找直，木抹子搓毛。

（2）中层主要是为了找平，有时可省去不做。

（3）面层主要是为了获得平整、光洁的表面效果。底层砂浆抹好后，第二天即可抹面层砂浆，首先将墙面洒湿，按图纸尺寸弹线分格，黏分格条、滴水槽，抹面层砂浆。面层砂浆配合比为 1∶2.5 水泥砂浆或 1∶0.5∶3.5 水泥混合砂浆，厚度为 5~8 mm。先用水湿润，抹时先薄薄地刮一层素水泥膏，使其与底灰黏牢，紧跟着抹罩面灰，与分格条抹平，并用杠横竖刮平，木抹子搓毛，铁抹子溜光、压实。待其表面无明水时，用软毛刷蘸水垂直于地面的同一方向轻刷一遍，以保证面层灰的颜色一致，避免和减少收缩裂缝。随后，将分格条起出，待灰层干后，用素水泥膏将缝子勾好。对于难起的分格条，不应硬起，防止棱角损坏，应待灰层干透后补起。同时，应补勾缝。

普通抹灰的要求为表面光滑、洁净，接槎平整，线角顺直，分隔线应清晰（毛面纹路均匀一致）。

高级抹灰的要求为表面光滑、洁净，颜色均匀，无抹纹，线角和灰线平直、方正、清晰美观。

4. 普通抹面砂浆的材料选择

各层抹面的作用和要求不同，每层所选用的砂浆也不一样。同时，基底材料的特性和工程部位不同，对砂浆技术性能要求不同，这也是选择砂浆种类的主要依据。水泥砂浆宜用于潮湿或强度要求较高的部位；混合砂浆多用于室内底层、中层或面层抹灰；石灰砂浆、麻刀灰、纸筋灰多用于室内中层或面层抹灰。对混凝土基面多用水泥石灰混合砂浆。对于木板条基底及面层，多用纤维材料增加其抗拉强度，以防止开裂。所用材料的品种、质量必须符合设计要求，各抹灰层之间、抹灰层与基体之间必须黏结牢固，无脱层、空鼓，面层无爆灰和裂缝（风裂除外）等缺陷。

普通抹面砂浆的组成材料及配合比，可根据使用部位及基底材料的特性确定，一般情况下参考有关资料和手册选用。抹面砂浆的配合比除了指明质量比外，还指干松状态下材料的体积比（水泥、砂、石渣）；对于石灰膏等膏状掺合料，是指规定稠度［（120±5）mm］时的体积。

二、防水砂浆

防水砂浆是一种刚性防水材料，通过提高砂浆的密实性及改进抗裂性以达到防水抗渗的目的。适用于不受振动和具有一定刚度的混凝土或砖石砌体工程，应用于地下室、水塔、水池等的防水工程。用作防水工程防水层的防水砂浆有三种：①刚性多层抹面的水泥砂浆；②掺防水剂的防水砂浆；③聚合物水泥防水砂浆。对于变形较大或可能发生不均匀沉陷的建筑物，都不宜采用刚性防水层。

1. 刚性多层抹面的水泥砂浆

由水泥加水配制的水泥素浆和由水泥、砂、水配制的水泥砂浆,将其分层交替抹压密实,以使每层毛细孔通道大部分被切断,残留的少量毛细孔也无法形成贯通的渗水孔网。硬化后的防水层具有较高的防水和抗渗性能。

2. 掺防水剂的防水砂浆

在水泥砂浆中可掺入各类防水剂以提高砂浆的防水性能。常用的掺防水剂的防水砂浆有氯化物金属类防水砂浆、氯化铁防水砂浆、金属皂类防水砂浆和超早强剂防水砂浆等。

(1)氯化物金属类防水砂浆。它是由氯化钙、氯化铝等金属盐和水按一定比例混合配制的一种淡黄色液体,加入水泥砂浆中与水泥和水起作用。在砂浆凝结硬化过程中生成含水氯硅酸钙、氯铝酸钙等化合物,填塞在砂浆的空隙中以提高砂浆的致密性和防水性。

(2)氯化铁防水砂浆。用氧化铁皮、盐酸、硫酸铝为主要原料制成的氯化铁防水剂,呈深棕色,主要成分为氯化铁、氯化亚铁及硫酸铝。该防水剂先用水稀释后再加入水泥、砂中搅拌,形成一种防水性能良好的防水砂浆。砂浆中氯化铁与水泥水化时析出的氢氧化钙发生作用生成氯化钙及氢氧化铁胶体,氯化钙能激发水泥的活性,提高砂浆的强度,而氢氧化铁胶体能降低砂浆的析水性,提高密实性。

(3)金属皂类防水砂浆。它是用碳酸钠或氢氧化钾等碱金属化合物、氨水、硬脂酸和水按一定比例混合加热皂化成乳白色浆液,加入到水泥砂浆中配制而成的防水砂浆,具有塑化效应,可降低水灰比,并使水泥质点和浆料间形成憎水化吸附层和生成不溶性物质,以堵塞硬化砂浆的毛细孔,切断和减少渗水孔道,增加砂浆密实性,使砂浆具有防水特性。

(4)超早强剂防水砂浆。它是在硅酸盐水泥或普通水泥中掺入一定量的低钙铝酸盐型的超早强外加剂配制而成的砂浆,使用时可根据工程缓急,适当增减掺量,凝结时间的调节幅度可为 $1 \sim 45$ min。超早强剂防水砂浆的早期强度高,后期强度稳定,并具有微膨胀性,可提高砂浆的抗开裂性及抗渗性。

3. 聚合物水泥防水砂浆

它是用水泥、聚合物分散体作为胶凝材料与砂配制而成的砂浆。聚合物水泥砂浆硬化后,砂浆中的聚合物可有效地封闭连通的孔隙,增加砂浆的密实性及抗裂性,从而可以改善砂浆的抗渗性及抗冲击性。聚合物分散体是在水中掺入一定量的聚合物胶乳(如合成橡胶、合成树脂、天然橡胶等)及辅助外加剂(如乳化剂、稳定剂、消泡剂、固化剂等),经搅拌而使聚合物微粒均匀分散在水中的液态材料。常用的聚合物品种有有机硅、阳离子氯丁胶乳、乙烯-聚醋酸乙烯共聚乳液、丁苯橡胶胶乳、氯乙烯-偏氯化烯共聚乳液等。

三、装饰砂浆

涂抹在建筑物内外墙表面,且具有美观装饰效果的抹灰砂浆通称为装饰砂浆。装饰砂浆在抹面的同时,经各种加工处理而获得特殊的饰面形式,可以满足审美的需要。

1. 装饰砂浆组成材料

(1)胶凝材料。装饰砂浆所用胶凝材料与普通抹面砂浆基本相同,只是灰浆类饰面更多地采用白色水泥或彩色水泥。

(2)集料。装饰砂浆所用集料除普通天然砂外,石渣类饰面使用石英砂、彩釉砂、着色砂、彩色石碴等。

(3)颜料。装饰砂浆中的颜料应采用耐碱和耐光晒的矿物颜料。

2.装饰砂浆主要饰面方式

装饰砂浆饰面方式可分为灰浆类饰面和石碴类饰面两大类。

1)灰浆类饰面：主要通过水泥砂浆的着色或水泥砂浆表面形态的艺术加工，获得一定色彩、线条、纹理质感的表面装饰。其主要优点是材料来源广泛，施工操作简便，造价比较低廉，而且通过不同的工艺加工，可以创造不同的装饰效果。常用的灰浆类饰面有以下几种：

(1)拉毛灰。拉毛灰是用铁抹子或木蟹，将罩面灰浆轻压后顺势拉起，形成一种凹凸质感很强的饰面层。拉细毛时用棕刷蘸着灰浆拉成细的凹凸花纹。

(2)甩毛灰。甩毛灰是用竹丝刷等工具将罩面灰浆甩涂在基面上，形成大小不一而又有规律的云朵状毛面饰面层。

(3)仿面砖。仿面砖是在采用掺入氧化铁系颜料(红、黄)的水泥砂浆抹面上，用特制的铁钩和靠尺，按设计要求的尺寸进行分格划块，沟纹清晰，表面平整，酷似贴面砖饰面。

(4)拉条。拉条是在面层砂浆抹好后，用一凹凸状轴辊作为模具，在砂浆表面上滚压出立体感强、线条挺拔的条纹。条纹分半圆形、波纹形、梯形等。

(5)喷涂。喷涂是用挤压砂浆泵或喷斗，将掺入聚合物的水泥砂浆喷涂在基面上，形成波浪、颗粒或花点质感的饰面层。最后在表面再喷一层甲基硅醇钠或甲基硅树脂疏水剂，以提高饰面层的耐久性和耐污染性。

(6)弹涂。弹涂是用电动弹力器，将掺入107胶的2或3种水泥色浆，分别弹涂到基面上，形成1~3 mm圆状色点，获得不同色点相互交错、相互衬托、色彩协调的饰面层。最后刷一道树脂罩面层，起防护作用。

2)石碴类饰面：石碴类饰面是在水泥砂浆(水泥常采用普通水泥、白水泥或彩色水泥)中掺入各种彩色石碴作为集料，配制成水泥石碴浆抹于墙体基层表面，然后用水洗、斧剁、水磨等手段除去表面水泥浆皮，使石碴呈现不同的外露形式以及水泥浆与石碴的色泽对比，呈现出石碴颜色及其质感的饰面，构成不同的装饰效果。

石碴是天然的大理石、花岗石以及其他天然石材经破碎而成，俗称米石，常用的规格有大八厘(粒径为8 mm)、中八厘(粒径为6 mm)、小八厘(粒径为4 mm)。石碴类饰面比灰浆类饰面色泽较明亮，质感相对丰富，不易退色，耐光性和耐污染性也较好。常用的石碴类饰面有以下几种：

(1)水刷石。将水泥石碴浆涂抹在基面上，将水泥浆初凝后，以毛刷蘸水刷洗或用喷枪以一定水压冲刷表面水泥浆皮，使石碴半露出来，达到装饰效果。

(2)干黏石。干粘石又称甩石子，是在水泥浆或掺入107胶的水泥砂浆黏结层上，把石碴、彩色石子等粘在其上，再拍平压实而成的饰面。石粒的2/3应压入黏结层内，要求石子粘牢，不掉粒并且不露浆。

(3)斩假石。斩假石又称剁假石，是以水泥石碴(掺30%石屑)浆作为面层抹灰，待具有一定强度时，用钝斧或凿子等工具在面层上剁斩出纹理，而获得类似天然石材经雕琢后的纹理质感。

(4)水磨石。水磨石是由水泥、彩色石碴或白色大理石碎粒及水按一定比例配制，需要掺入适量颜料，经搅拌均匀、浇筑捣实、养护，待硬化后将表面磨光而成的饰面。常将磨光表面用草酸冲洗、干燥后上蜡。

水刷石、干黏石、斩假石和水磨石等装饰效果各具特色：在质感方面，水刷石最为粗犷，干黏石粗中带细，斩假石典雅庄重，水磨石润滑细腻；在颜色花纹方面，水磨石色泽华丽、花纹美观，斩假石的颜色与斩凿的灰色花岗石相似，水刷石的颜色有青灰色、奶黄色等，干粘石的色彩取决于石碴的颜色。

第三节　其他种类的建筑砂浆

1. 绝热砂浆

采用水泥、石灰、石膏等胶凝材料与膨胀珍珠岩、膨胀蛭石或陶粒砂等轻质多孔集料，按一定比例配置的砂浆称为绝热砂浆。绝热砂浆具有质轻和良好的绝热性能，其导热系数为 $0.07 \sim 0.10$ W/(m·K)，可用于屋面绝热层、绝热墙壁及供热管道绝热层等处。

2. 吸声砂浆

一般绝热砂浆是由轻质多孔集料制成的，同时具有吸声性能，还可以用水泥、石膏、砂、锯末(其体积比为1:1:3:5)等配成吸声砂浆，或在石灰、石膏砂浆中掺入玻璃纤维、矿物棉等松软纤维材料。吸声砂浆用于室内墙壁和平顶的吸声。

3. 耐腐蚀砂浆

(1) 水玻璃类耐酸砂浆：一般采用水玻璃作为胶凝材料拌制而成，常掺入氟硅酸钠作为促硬剂。耐酸砂浆主要作为衬砌材料、耐酸地面或内壁防护层等。

(2) 耐碱砂浆：使用42.5强度等级以上的普通硅酸盐水泥(水泥熟料中铝酸三钙含量应小于9%)，细集料可采用耐碱、密实的石灰岩类(石灰岩、白云岩、大理岩等)、火成岩类(辉绿岩、花岗岩等)制成的砂和粉料，也可采用石英质的普通砂。耐碱砂浆可耐一定温度和浓度下的氢氧化钠和铝酸钠溶液的腐蚀，以及任何浓度氨水、碳酸钠、碱性气体和粉尘等的腐蚀。

(3) 硫磺砂浆：以硫磺为胶凝材料，加入填料、增韧剂，经加热熬制而成的砂浆。其采用石英粉、辉绿岩粉、安山岩粉作为耐酸粉料和细集料。硫磺砂浆具有良好的耐腐蚀性能，几乎能耐大部分有机酸、无机酸，中性和酸性盐的腐蚀，对乳酸也有很强的耐蚀能力。

4. 防辐射砂浆

防辐射砂浆可采用重水泥(钡水泥、锶水泥)或重质集料(黄铁矿、重晶石、硼砂等)拌制而成，可防止各类辐射，主要用于射线防护工程。

5. 聚合物砂浆

聚合物砂浆是在水泥砂浆中加入有机聚合物乳液配制而成，具有黏结力强、干缩率小、脆性低、耐蚀性好的特性，用于修补和防护工程。常用的聚合物砂浆乳液有氯丁胶乳液、丁苯橡胶乳液、丙烯酸树脂乳液等。

本模块小结

砂浆是在建筑工程中用量大、用途广泛的一种建筑材料。砂浆可把散粒状材料、块状材料、片状材料等胶结成整体结构，也可以起装饰、保护主体材料的作用。本模块主要介绍砂浆的技术要求及砌筑砂浆的配合比设计方法，并简介了其他种类砂浆。通过本模块的学习，掌握建筑砂浆的相关知识。

复习思考题

自测题

1. 配制砌筑砂浆时，为什么除水泥外常常还要加入一定量的其他胶凝材料？

2. 为什么地上砌筑工程一般多采用混合砂浆？

3. 砌筑砂浆的组成材料有哪些？对组成材料有何要求？

4. 砌筑砂浆的主要性质包括哪些？

5. 新拌砂浆的和易性包括哪两个方面含义？如何测定？它与新拌混凝土和易性有哪些区别？

6. 影响砂浆的抗压强度的主要因素有哪些？

7. 某工程砌筑烧结普通砖，需要 M7.5 混合砂浆。所用材料为：普通水泥 32.5 MPa；中砂，含水率 2%，堆积密度为 1550 kg/m³；稠度为 120 mm 石灰膏；自来水；施工水平：一般。试计算该砂浆的初步配合比。

8. 抹面砂浆的作用是什么？

模块六　建筑钢材

【知识目标】

通过本模块学习，应掌握钢材的主要力学性能、工艺性能；掌握碳素结构钢和低合金高强度结构钢的性能、技术要求及应用；熟悉钢结构及钢筋混凝土结构采用的主要钢材品种及特点；熟悉钢材锈蚀的原因和防止方法；了解建筑钢材的分类、冶炼方法及建筑钢材的化学成分对钢材性能的影响。

【技能目标】

通过本模块学习，能具体掌握建筑钢材的力学性能和工艺性能；能根据所设计的强度等级对钢材加以正确的选用，具有检测建筑钢材必检项目的能力。

第一节　建筑钢材的基本知识

钢由生铁冶炼而成。生铁是由铁矿石、熔剂（石灰石）、燃料（焦炭）在高炉中经过还原反应和造渣反应而得到的一种铁碳合金，其含碳量大于2%，并有较多的磷和硫等杂质。生铁抗拉强度低、塑性差，尤其是炼钢生铁硬而脆，不易加工，更难以使用。钢材则具有良好的物理及机械性能，应用范围非常广泛。

一、钢材的冶炼

钢材冶炼的过程是把熔融的生铁进行氧化，使碳含量降低到预定的范围，同时其他杂质也降低到允许范围。理论上，凡含碳量在2%以下，含有害杂质较少的铁碳合金均可称为钢。在炼钢的过程中，采用的炼钢方法不同，除掉杂质的速度就不同，所得钢的质量也有差别。根据炼钢设备所用炉种不同，炼钢方法主要可分为氧气转炉法、平炉法、电炉法三种。

氧气转炉法以熔融的铁水为原料，由转炉顶部吹入高纯度氧气，能有效地去除有害杂质，并且冶炼时间短（20~40 min），生产效率高，所以氧气转炉钢质量好，成本低，应用广泛。

平炉法以熔融状或固体状生铁、铁矿石或废钢铁为原料，以煤气或重油为燃料。利用铁矿石中的氧或鼓入空气中的氧使杂质氧化。可用于炼制优质碳素钢和合金钢等。

电炉法以电为能源迅速将废钢、生铁等原料熔化，并精炼成钢。电炉又分为电弧炉、感应炉和电渣炉等。电炉钢的质量最好，但成本高。

二、钢材的分类

（一）按化学成分分

1. 碳素钢。主要成分是铁，其次是碳，此外还含有少量的磷、硫、氧、氮等微量元素。碳素钢根据含碳量的高低，又分为低碳钢（含碳量小于 0.25%）、中碳钢（含碳量为 0.25%~0.60%）、高碳钢（含碳量大于 0.60%）。

2. 合金钢。是在碳素钢的基础上加入一种或多种改善钢材的性能的合金元素，如锰、硅、钛等。根据合金元素的总含量，又分为低合金钢（合金元素总量小于 5%）、中合金钢（合金元素总量为 5%~10%）、高合金钢（合金元素总量大于 10%）。

（二）按钢材有害杂质含量分类

可分为普通碳素钢、优质碳素钢、高级优质钢和特级优质钢。

（三）按用途分类

可分为结构钢、工具钢、特殊钢。结构钢包括建筑工程用结构钢和机械制造用结构钢。工具钢用于制作刀具、量具、模具。特殊钢包括不锈钢、耐磨钢、耐热钢、耐酸钢等。

（四）按钢材脱氧程度分类

碳素钢分为沸腾钢（F）、镇静钢（Z）、半镇静钢（b）及特殊镇静钢（TZ）。合金钢一般都是镇静钢或特殊镇静钢。

沸腾钢是炼钢时仅加入锰铁进行脱氧，则脱氧不完全。这种钢水浇入锭模时，会有大量的 CO 气体从钢水中外逸，引起钢水呈沸腾状，故称沸腾钢。沸腾钢组织不够致密，成分不太均匀，硫、磷等杂质偏析较严重，故质量较差。但因其成本低、产量高，故被广泛用于一般建筑工程。

镇静钢是炼钢时采用锰铁、硅铁和铝锭等作脱氧剂，脱氧完全，同时能起去硫作用。这种钢水铸锭时能平静地充满锭模冷却凝固，故称镇静钢。镇静钢成本较高，但组织致密，成分均匀，性能稳定，故质量好。适用于预应力混凝土等重要的结构工程。

半镇静钢的脱氧程度介于沸腾钢和镇静钢之间，为质量较好的钢。

特殊镇静钢比镇静钢脱氧程度更充分彻底的钢，其质量最好。适用于特别重要的结构工程。

第二节　建筑钢材的主要技术性能

钢材的技术性能主要包括力学性能（拉伸性能、塑性、硬度、冲击韧性、疲劳强度等）和工艺性能（冷弯、焊接等）两个方面。

一、钢材的力学性能

（一）拉伸性能

钢材的强度可分为拉伸强度、压缩强度、弯曲强度和剪切强度等几种。通常拉伸性能是反映钢材性能和选用钢材的重要指标。

将低碳钢（软钢）制成一定规格的试件，放在材料试验机上进行拉伸试验，可以绘出如图 6-1 所示的应力-应变关系曲线。从图 6-1 可以看出，低碳钢受拉至拉断，全过程经历了四个阶段：弹性阶段(O-A)、屈服阶段(A-B)、强化阶段(B-C)和颈缩阶段(C-D)。

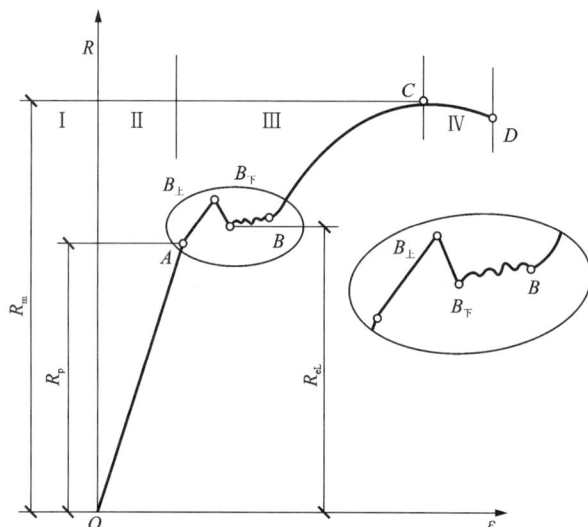

图 6-1　低碳钢拉伸时的的应力-应变图

1. 弹性阶段

曲线中 OA 段是一条直线,应力与应变成正比。如卸去外力,试件则恢复原来的形状,这种性质即为弹性,此阶段的变形为弹性变形。与 A 点对应的应力称为弹性极限,以 R_p 表示。应力与应变的比值为常数,即弹性模量 E,$E=R/\varepsilon$。弹性模量反映钢材抵抗弹性变形的能力,是钢材在受力条件下计算钢材结构变形的重要指标。

2. 屈服阶段

应力超过 A 点后,应力、应变不再成正比关系,开始出现塑性变形。应力的增长滞后于应变的增长,当应力达到 B 上点(上屈服点)后,瞬时下降至 B 下点(下屈服点),变形迅速增加,而此时外力则大致在恒定的位置上波动,直到 B 点。这就是所谓的"屈服现象",似乎钢材不能承受外力而屈服,所以 AB 段称为屈服阶段。与 B 下点(此点较稳定,易测定)对应的应力称为屈服强度,用 R_{eL} 表示。

钢材受力大于屈服点后,会出现较大的塑性变形,已不能满足使用要求,因此在结构设计中,一般以屈服强度作为钢材强度取值的依据,是工程结构计算中非常重要的一个参数。

3. 强化阶段

当应力超过屈服强度后,由于钢材内部组织中的晶格发生了畸变,阻止了晶格进一步滑移,钢材得到强化,所以钢材抵抗塑性变形的能力又重新提高,B-C 呈上升曲线,称为强化阶段。对应于最高点 C 的应力值(R_m)称为极限抗拉强度,简称抗拉强度。

显然,R_m 是钢材受拉时所能承受的最大应力值,而屈服强度和抗拉强度之比(即屈强比=R_{eL}/R_m)能反映钢材的利用率和结构安全可靠程度。屈强比越小,其结构的安全可靠程度越高,但屈强比过小,又说明钢材强度的利用率偏低,造成钢材浪费;而屈强比过大,其结构的安全可靠性降低,当使用中发生突然超载时,容易产生破坏。因此,在保证结构安全可靠性的前提下,尽可能提高钢材的屈强比。建筑结构合理的屈强比一般为 0.60~0.75。

4.颈缩阶段

试件受力达到最高点 C 点后，其抵抗变形的能力明显降低，变形迅速发展，应力逐渐下降，试件被拉长，在有杂质或缺陷处，截面急剧缩小，出现颈缩现象，钢材将在此处断裂。故 CD 段称为颈缩阶段。

中碳钢与高碳钢(合称硬钢)的拉伸曲线与低碳钢不同，其抗拉强度高，屈服现象不明显，难以测定屈服点，则规定在产生残余应变为 0.2% 时所对应的应力值作为其屈服强度，也称条件屈服点，用 $R_{0.2}$ 表示。

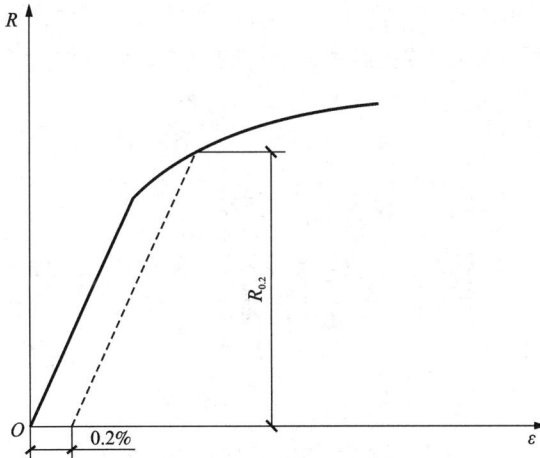

图 6-2　中碳钢、高碳钢的 R-ε 图

(二)塑性

建筑钢材应具有很好的塑性。钢材的塑性通常用伸长率和断面收缩率表示。将拉断后的试件拼合起来，测定出标距范围内的长度 L_1，mm，L_1 与试件原标距 L_0，mm 之差为塑性变形值，它与 L_0 之比称为伸长率(δ)，如图 6-3 所示。伸长率的计算式如下：

$$\delta = (L_1 - L_0)/L_0 \times 100\%$$

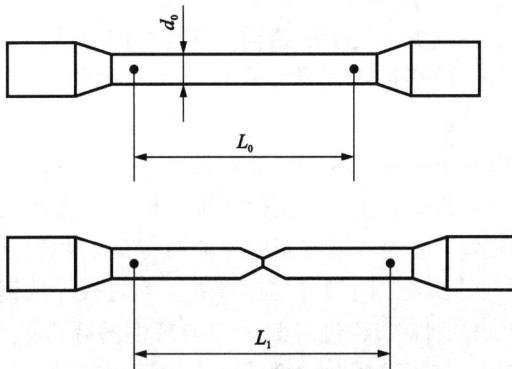

图 6-3　钢材拉伸试件图

伸长率 δ 是衡量钢材塑性的一个重要指标，δ 越大，说明钢材的塑性越好。而一定的塑性变形能力，可保证应力重新分布，避免应力集中，从而使钢材用于结构的安全性越大。

塑性变形在试件标距内的分布是不均匀的，颈缩处的变形最大，离颈缩部位越远其变形越小。所以原标距与直径之比越小，则颈缩处伸长值在整个伸长值中的比重越大，计算出来的 δ 值也越大。通常以 δ_5 和 δ_{10} 分别表示 $L_0 = 5\,d_0$ 和 $L_0 = 10\,d_0$ 时的伸长率。对于同一种钢材，其 $\delta_5 > \delta_{10}$。

（三）冲击韧性

冲击韧性是指钢材抵抗冲击荷载而不被破坏的能力。钢材的冲击韧性是用有刻槽的标准试件，在冲击试验机的摆锤冲击下，以破坏后缺口处单位面积上所消耗的功（J/cm^2）来表示，其符号为 α_k，如图 6-4 所示。α_k 数值越大，钢材的冲击韧性越好。

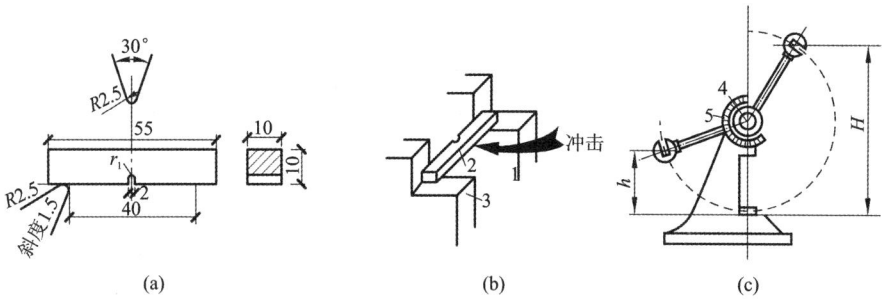

图 6-4　冲击韧性试验图

（a）试件尺寸；（b）试验装置；（c）试验机
1—摆锤；2—试件；3—试验台；4—指针；5—刻度盘
H—摆锤扬起高度；h—摆锤向后摆动高度

钢材的冲击韧性与钢的化学成分、内部组织状态、以及冶炼与加工有关。一般来说，当钢材中的硫、磷含量较高，存在夹杂物以及焊接中形成的微裂纹等都会降低冲击韧性。此外，钢的冲击韧性还受到温度和时间的影响。试验表明，冲击韧性随温度的降低而下降，开始时下降缓慢，当达到一定温度范围时，α_k 突然发生明显下降（图 6-5），钢材开始呈脆性断裂，这种性质称为冷脆性，发生冷脆性时的温度称为脆性临界温度。它的数值越低，钢材的低温冲击性能越好。所以，在负温下使用的结构，应当选用脆性临界温度较低的钢材。由于脆性临界温度的测定较复杂，故规范中通常是根据气温条件规定-20℃或-40℃的负温冲击指标。

钢材经冷加工后，在常温下存放 15～20 d 或加热至 100～200℃，保持 2 h 左右，其屈服强度、抗拉强度及硬度会进一步提高，而塑性及韧性继续降低，这种现象称为时效。前者称为自然时效，后者称为人工时效。通常，钢材完成自然时效的过程可达数十年，但如果其经冷加工或使用中受振动和荷载的影响，时效可迅速发展。因时效导致钢材性能改变的程度称时效敏感性。时效敏感性越大的钢材，经过时效后冲击韧性的降低就越显著。为了保证安全，对于承受动荷载的重要结构，应当选用时效敏感性小的钢材。

总之，对于直接承受动荷载，且会在负温下工作的重要结构，必须按照有关规范要求进行冲击韧性检验。

138

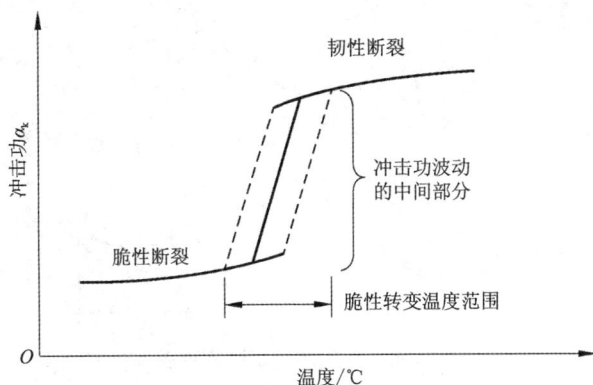

图 6-5 温度对冲击韧性的影响

(四)耐疲劳性

钢材在交变荷载的反复作用时，往往在最大应力远低于其抗拉强度时突然发生破坏，这种破坏称为钢材的疲劳性。钢材疲劳破坏的指标用疲劳强度(或称疲劳极限)表示，它是试件在交变应力作用下，于规定的周期基数内不发生断裂所能承受的最大应力值。一般把钢材承受交变荷载 $10^6 \sim 10^7$ 次时不发生破坏的最大应力作为疲劳强度。在设计承受反复荷载且须进行疲劳验算的结构时，应当了解所用钢材的疲劳强度。

研究表明，钢材的疲劳破坏是拉应力引起的，其首先在局部形成微细裂纹，之后由于裂纹尖端处产生应力集中而使裂纹迅速扩展直至钢材断裂。因此，钢材的内部成分的偏析、夹杂物的多少以及最大应力处的表面光洁程度、加工损伤等，都是影响钢材疲劳强度的因素。疲劳破坏经常是突然发生的，因而具有很大的危险性，往往会造成严重事故。

(五)硬度

硬度是指金属材料在表面局部体积内，抵抗硬物压入表面的能力，即材料表面抵抗塑性变形的能力。目前测定钢材硬度的方法很多，有布氏法、洛氏法等，相应的硬度试验指标称布氏硬度(HB)和洛氏硬度(HR)。布氏硬度比较常用，其硬度指标是布氏硬度值。

布氏硬度的测定原理是：用直径为 $D(mm)$ 的淬火钢球以 $P(N)$ 的荷载将其压入试件表面，经规定的持续时间后卸载，即得直径为 $d(mm)$ 的压痕，以压痕表面积(mm^2)除载荷 P，所得的应力值即为试件的布氏硬度值 HB，以数字表示，不带单位。图 6-6 所示为布氏硬度测定示意图。

各类钢材的 HB 值与抗拉强度之间有一定的相关性。材料的强度越高，塑性变形抵抗力越强，硬度值也就越大。由试验得出，当碳素钢的 HB<175 时，其抗拉强度与布氏硬度的经验关系式为 $R_m \approx 0.36HB$；HB>175 时，其抗拉强度与布氏硬度的经验关系式为 $Rm \approx 0.35HB$。

根据这一经验关系，可以直接在钢结构上测出钢材的 HB 值，并估算该钢材的 Rm。

二、钢材的工艺性能

钢材的工艺性能是指钢材在加工过程中所表现出来的性能。良好的工艺性能，可以保证

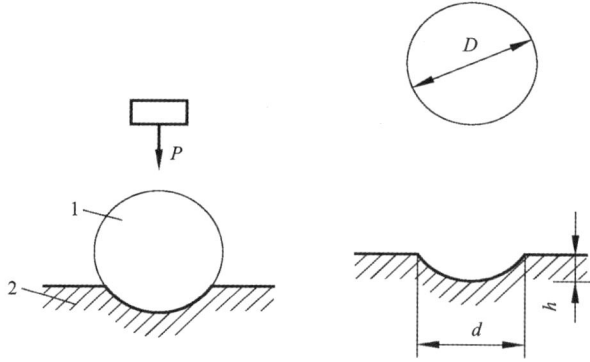

图 6-6　布氏硬度试验原理图

1—钢球；2—试件；P—施加于钢球上的荷载

D—钢球直径；d—压痕直径；h—压痕深度

钢材顺利通过各种加工，而使钢材制品的质量不受影响。冷弯、冷加工强化及时效、焊接性能均是建筑钢材的重要工艺性能。

（一）冷弯性能

冷弯性能是指钢材在常温下承受弯曲变形的能力。其性能指标以试件弯曲的角度（α）、弯心直径 D 对试件厚度（或直径 a）的比值来表示，如图 6-7 和图 6-8 所示。

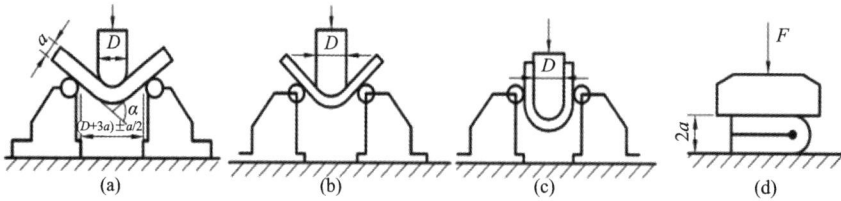

图 6-7　钢筋冷弯

（a）试件安装；（b）弯曲 90°；（c）弯曲 180°；（d）弯曲至两面重

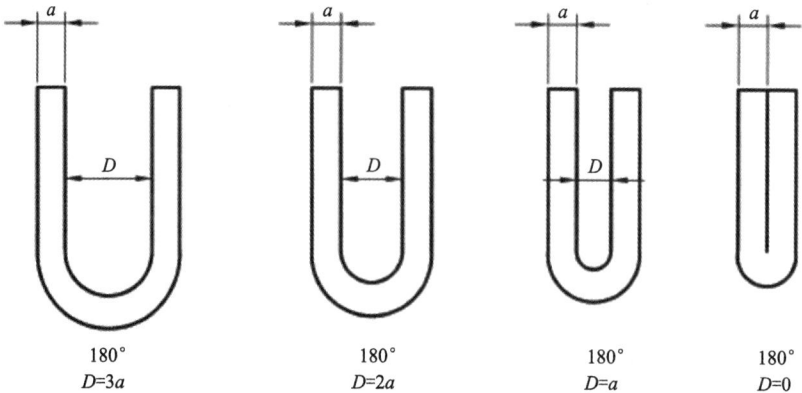

图 6-8　弯曲压头直径 D

140

钢材弯曲时的弯曲角度越大，弯心直径越小，表示其冷弯性能越好。冷弯检验是按规定的弯曲角度和弯心直径进行试验，试件的弯曲处不发生裂缝、裂断或起层，即认为冷弯性能合格。

通过冷弯试验更有助于暴露钢材的某些内在缺陷。相对于伸长率而言，冷弯是对钢材塑性更严格的检验，它能揭示钢材是否存在内部组织不均匀、内应力和夹杂物等缺陷，并且能揭示焊件在受弯表面存在未熔合、微裂纹及夹杂物等缺陷。

（二）焊接性能

在建筑工程中，焊接是各种型钢、钢板、钢筋及预埋件等的重要连接方式。建筑工程的钢结构有90%以上是焊接结构。焊接的质量取决于焊接工艺、焊接材料及钢材自身的焊接性能。

钢材的可焊性是指钢材是否适应通常的焊接方法与工艺的性能。焊接性能好的钢材，焊口处不易形成裂纹、气孔、夹渣等缺陷；焊接后的焊头牢固，硬脆倾向小，特别是强度不低于原有钢材。

钢材可焊性能的好坏，主要取决于钢的化学成分。碳含量高将增加焊接接头的硬脆性，碳含量小于0.25%的碳素钢具有良好的可焊性。

钢筋焊接应注意的问题是：冷拉钢筋的焊接应在冷拉之前进行；钢筋焊接之前，焊接部位应清除铁锈、熔渣、油污等；应尽量避免不同国家的进口钢筋之间或进口钢筋与国产钢筋之间的焊接。

三、钢的化学成分对钢材性能的影响

钢材是铁碳合金，此外钢材中还存在一些其他元素，如硅、硫、磷、氧、锰、硅、矾、钛等，它们对钢材性能都有显著影响。

（一）碳

碳是决定钢材性质的主要元素，通常以固溶体、化合物及机械混合物等形式存在。随着含碳量的增加，钢的伸长率、断面收缩率和冲击韧性逐渐下降，但硬度增大。当含碳量低于0.8%时，随着含碳量的增加，钢的抗拉强度和硬度也会提高，而塑性及韧性降低；此外，碳含量的增加，还将使钢的冷弯、焊接及抗腐蚀等性能降低，并增加钢的冷脆性和时效敏感性。

（二）硅

硅是在炼钢时为了脱氧、减少钢内气泡而有意加入的元素。硅是钢中的有益元素，含量在1%以内，可提高强度，对塑性和韧性没有明显影响。但含量超过1%时，钢的塑性和冲击韧性显著降低，冷脆性增加，焊接性能变差。

（三）锰

在炼钢过程中，锰可形成MnO及MnS，并进入钢渣排出，故锰能起到脱氧去硫的作用，能消除钢的热脆性，改善热加工性能，显著提高钢的强度，但当其含量超过1%时，会使钢的塑性及韧性降低，可焊性变差。

（四）磷、硫

磷能使钢的塑性和韧性下降，特别是低温下冲击韧性下降更为明显。这种现象常被称为冷脆性。磷还能使钢的冷弯性能降低，可焊性变差，但也可使钢材的强度、耐蚀性提高。硫在钢材中以FeS形式存在，在钢进行热加工时易引起钢的脆裂，这被称为钢的热脆性。硫的

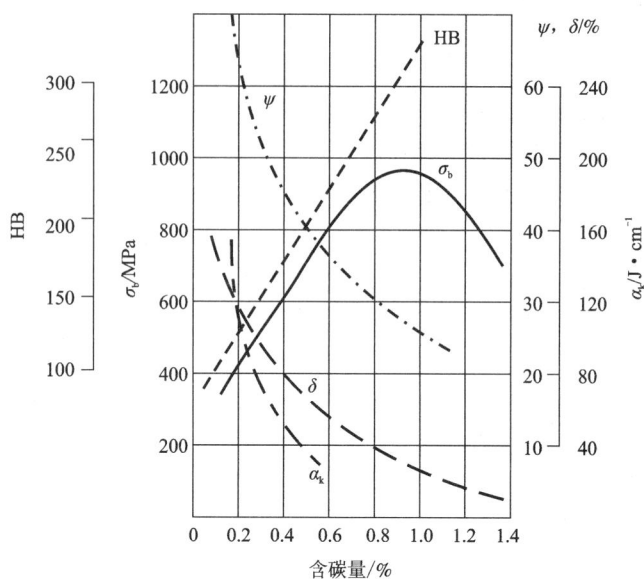

图 6-9　含碳量对热轧碳素钢性能的影响

存在也降低了钢的冲击韧度、疲劳强度、可焊性及抗腐蚀性,故其含量要严格控制。

（五）氧、氮

氧、氮也是钢中的有害元素,氧在钢中多以氧化物形式存在,使钢材强度下降,热脆性增加,冷弯性能变差,并使钢的热加工性能和焊接性能下降。氮在钢中虽有部分溶于铁素体,可提高钢的屈服点、抗拉强度和硬度,但会显著降低钢的塑性和韧性,也会增大冷脆性和时效敏感性,并使钢的焊接性能和冷弯性能变差。

（六）钛、钒、铌

钛、钒、铌是钢的强脱氧剂和合金元素。适量加入钢中,能改善钢的组织、细化晶粒、改善韧性,并显著提高强度。

第三节　建筑工程中常用钢材的种类和性能

建筑工程常用的钢材可分为钢结构用钢和钢筋混凝土结构用钢两类。前者主要采用型钢和钢板,后者主要采用钢筋、钢丝和钢绞线。

一、钢结构用钢

钢结构用钢主要有碳素结构钢和低合金结构钢两种。

（一）碳素结构钢

碳素结构钢包括一般结构钢和工程用热轧钢板、钢带、型钢等。现行国家标准《碳素结构钢》(GB/T 700—2006)具体规定了它的牌号表示方法、代号和符号、技术要求、试验方法和检验规则等。

钢结构用钢

142

1. 牌号表示方法

碳素结构钢的牌号由四个部分组成：代表屈服点的字母 Q、屈服点数值、质量等级符号和脱氧程度符号。标准中规定，碳素结构钢按屈服点的数值（MPa）分为 195、215、235 和 275 四种；按硫、磷杂质的含量由多到少分为四个质量等级 A、B、C 和 D，质量等级逐级提高；按照脱氧程度不同分为特殊镇静钢（TZ）、镇静钢（Z）、半镇静钢（b）和沸腾钢（F）。对于镇静钢和特殊镇静钢，在钢的牌号中予以省略。例如 Q235-A.F 表示屈服强度为 235 MPa 的 A 级沸腾钢；Q235-C.Z 表示屈服强度为 235 MPa 的 C 级镇静钢。

2. 技术要求

按照标准《碳素结构钢》（GB/T 700—2006）规定，碳素结构钢的技术要求包括化学成分、力学性能、冶炼方法、交货状态、表面质量等 5 个方面。各牌号碳素结构钢的化学成分、力学性能及冷弯性能应分别符合表 6-1、表 6-2、表 6-3 的要求。

表 6-1　碳素结构钢的化学成分（GB/T 700—2006）

牌号	等级	脱氧方法	化学成分（质量分数）/%，≤				
			C	Si	Mn	P	S
Q195	—	F、Z	0.12	0.30	0.50	0.035	0.040
Q215	A	F、Z	0.15	0.35	1.20	0.045	0.050
	B						0.045
Q235	A	F、Z	0.22	0.35	1.40	0.045	0.050
	B		0.20			0.045	0.045
	C	Z	0.17			0.040	0.040
	D	TZ				0.035	0.035
Q275	A	F、Z	0.24	0.35	1.50	0.045	0.050
	B	Z	0.21			0.045	0.045
			0.22				
	C	Z	0.20			0.040	0.040
	D	TZ				0.035	0.035

表 6-2 碳素结构钢的力学性能（GB/T 700—2006）

牌号	等级	拉伸试验												冲击试验（V 形缺口）	
		屈服点 R_{eL}/MPa						抗拉强度 R_m/MPa	断后伸长率 δ/%					温度/℃	冲击吸收攻（纵向）/J，$\geqslant$
		钢材厚度（或直径）/mm							钢材厚度（或直径）/mm						
		$\leqslant 16$	>16~40	>40~60	>60~100	>100~150	>150~200		$\leqslant 40$	>40~60	>60~100	>100~150	>150~200		
Q195	—	195	185	—	—	—	—	315~430	33	—	—	—	—	—	—
Q215	A	215	205	195	185	175	165	335~450	31	30	29	27	26	—	—
	B													+20	27
Q235	A	235	225	215	215	195	185	370~500	26	25	24	22	21	—	—
	B													+20	27
	C													0	
	D													−20	
Q275	A	275	265	255	245	225	215	410~540	22	21	20	18	17	—	—
	B													+20	27
	C													0	
	D													−20	

表 6-3 碳素结构钢的冷弯试验指标（GB/T 700—2006）

牌号	试样方向	冷弯试验 180° $B=2a$	
		钢材厚度（或直径）/mm	
		$\leqslant 60$	>60~100
		弯心直径 d	
Q195	纵	0	—
	横	0.5a	
Q215	纵	0.5a	1.5a
	横	a	2a
Q235	纵	a	2a
	横	1.5a	2.5a
Q275	纵	1.5a	2.5a
	横	2a	3a

注：B 为试样宽度，a 为试样厚度（直径）。

3. 钢材的性能

碳素结构钢是根据屈服强度的不同划分为 4 个牌号，随着牌号的增大，钢材碳含量会增加，强度和硬度相应提高，但塑性、韧性和冷弯性能则降低。建筑工程中应用最广泛的是 Q235 号钢。其含碳量为 0.17%~0.22%，属低碳钢，具有较高的强度，良好的塑性、韧性及可焊性，综合性良好，能满足一般钢结构和钢筋混凝土用钢要求，且成本较低。大量被用作轧制各种型钢、钢板。

Q195、Q215 号钢，强度低，塑性和韧性较好，易于冷加工，常用于扎制薄板和盘条，制造钢钉、铆钉、螺栓及铁丝等。Q215 钢经冷加工后可代替 Q235 钢使用。

Q275 号钢，强度较高，但塑性、韧性较差，可焊性也差，不易焊接和冷弯加工，可用于轧制钢筋、作螺栓配件等，但大多用于制作机械零件和工具等。

(二)低合金高强度结构钢

低合金高强度结构钢是在碳素结构钢的基础上，添加少量的一种或几种合金元素(总含量<5%)形成的一种结构钢。其目的是提高钢的屈服强度、抗拉强度，改善其各项物理性能，降低钢材使用成本。常见的添加元素主要有锰、硅、铌、钒、钛及稀土元素等。

1. 低合金结构钢的牌号及其表示方法

根据国家标准《低合金高强度结构钢》(GB/T 1591—2018)规定，我国低合金结构钢牌号分为 Q355、Q390、Q420、Q460、Q500、Q550、Q620、Q690 这几类，其牌号的表示由屈服点字母 Q、规定的最小上屈服强度值、交货状态代号、质量等级(B、C、D、E、F 五级)四部分构成。注：交货状态为热轧时，交货状态代号 AR 或 WAR 可忽略；交货状态为正火或正火轧制状态时，交货状态代号均为 N 表示。如 Q355ND 表示最小上屈服强度为 355 MPa、交货状态为正火或正火轧制、质量等级为 D 级的钢材。

2. 技术要求

按照国家标准《低合金高强度结构钢》(GB/T 1591—2018)规定，低合金高强度结构钢的技术要求包括化学成分、冶炼方法、交货状态、力学性能及工艺性能、表面质量要求等 5 个方面。各牌号低合金高强度结构钢的化学成分、力学性能及冷弯性能应分别符合表 6-4、表 6-5、表 6-6、表 6-7、表 6-8、表 6-9 的要求。

表 6-4　热轧钢的牌号及化学成分

牌号		化学成分(质量分数)/%													
钢级	质量等级	C[a]		Si	Mn	P[c]	S[c]	Nb	V	Ti	Cr	Ni	Cu	Mo	N	B
		以下公称厚度或直径/mm					不大于									
		≤40[b]	>40													
		不大于														
Q355	B	0.24		0.55	1.60	0.035	0.035	—	—	—	0.30	0.30	0.40	—	0.012	—
	C	0.20	0.22			0.030	0.030									
	D	0.20	0.22			0.025	0.025								—	

续表6-4

牌号		化学成分(质量分数)/%													
Q390	B	0.20	0.55	1.70	0.035	0.035	0.05	0.13	0.05	0.30	0.50	0.40	0.10	0.015	—
	C				0.030	0.030									
	D				0.025	0.025									
Q420	B	0.20	0.55	1.70	0.035	0.035	0.05	0.13	0.05	0.30	0.80	0.40	0.20	0.015	—
	C				0.030	0.030									
Q460	C	0.20	0.55	1.80	0.030	0.030	0.05	0.13	0.05	0.30	0.80	0.40	0.20	0.015	0.004

a. 公称厚度大于100mm的型钢,碳含量可由供需双方协商确定。

b. 公称厚度大于30mm的钢材,碳含量不大于0.22%。

c. 对于型钢和棒材,其磷和硫含量上限值可提高0.005%。

表6-5 正火、正火轧制钢的牌号及化学成分

牌号		化学成分(质量分数)/%													
钢级	质量等级	C	Si	Mn	P[a]	S[a]	Nb	V	Ti	Cr	Ni	Cu	Mo	N	Als
		不大于			不大于					不大于					不小于
Q355N	B	0.20	0.50	0.90~1.65	0.035	0.035	0.005~0.05	0.01~0.12	0.006~0.05	0.30	0.50	0.40	0.10	0.015	0.015
	C				0.030	0.030									
	D				0.030	0.025									
	E	0.18			0.025	0.020									
	F	0.16			0.020	0.010									
Q390N	B	0.20	0.50	0.90~1.70	0.035	0.035	0.01~0.05	0.01~0.20	0.006~0.05	0.30	0.50	0.40	0.10	0.015	0.015
	C				0.030	0.030									
	D				0.030	0.025									
	E				0.025	0.020									
Q420N	B	0.20	0.60	1.00~1.70	0.035	0.035	0.01~0.05	0.01~0.20	0.006~0.05	0.30	0.80	0.40	0.10	0.015	0.015
	C				0.030	0.030									
	D				0.030	0.025									
	E				0.025	0.020								0.025	
Q460N	C	0.20	0.60	1.00~1.70	0.030	0.030	0.01~0.05	0.01~0.20	0.006~0.05	0.30	0.80	0.40	0.10	0.015	0.015
	D				0.030	0.025									
	E				0.025	0.020								0.025	

钢中应至少含有铝、铌、钒、钛等细化晶粒元素中一种,单独或组合加入时,应保证其中至少一种合金元素含量不小于表中规定含量的下限。

a. 对于型钢和棒材,其磷和硫含量上限值可提高0.005%。

146

表 6-6 热轧钢材的拉伸性能

牌号		上屈服强度 R_{eH}^a/MPa 不小于									抗拉强度 R_m/MPa			
钢级	质量等级	≤16	>16~40	>40~63	>63~80	>80~100	>100~150	>150~200	>200~250	>250~400	≤100	>100~150	>150~250	>250~400
Q355	B、C	355	345	335	325	315	295	285	275	—	470~630	450~600	450~600	—
	D									265[b]				450~600[b]
Q390	B、C、D	390	380	360	340	340	320	—	—	—	490~650	470~620	—	—
Q420[c]	B、C	420	410	390	370	370	350	—	—	—	520~680	500~650	—	—
Q460[c]	C	460	450	430	410	410	390	—	—	—	550~720	530~700	—	—

a. 当屈服不明显时，可用规定塑性延伸强度 $R_{p0.2}$ 代替上屈服强度。

b. 只适用于质量等级为 D 的钢板。

c. 只适用于型钢和棒材。

表 6-7 热轧钢材的伸长率

牌号			断后伸长率 A/% 不小于					
钢级	质量等级	试样方向	公称厚度或直径/mm					
			≤40	>40~63	>63~100	>100~150	>150~250	>250~400
Q355	B、C、D	纵向	22	21	20	18	17	17[a]
		横向	20	19	18	18	17	17[a]
Q390	B、C、D	纵向	21	20	20	19	—	—
		横向	20	19	19	18	—	—
Q420[b]	B、C	纵向	20	19	19	19	—	—
Q460[b]	C	纵向	18	17	17	17	—	—

a. 只适用于质量等级为 D 的钢板。

b. 只适用于型钢和棒材。

表 6-8 正火、正火轧制钢材的拉伸性能

牌号		上屈服强度 R_{eH}^a/MPa 不小于								抗拉强度 R_m/MPa			断后伸长率 A/% 不小于					
钢级	质量等级	公称厚度或直径/mm																
		≤16	>16~40	>40~63	>63~80	>80~100	>100~150	>150~200	>200~250	≤100	>100~200	>200~250	≤16	>16~40	>40~63	>63~80	>80~200	>200~250
Q355N	B、C D、E、F	355	345	335	325	315	295	285	275	470~630	450~600	450~600	22	22	22	21	21	21
Q390N	B、C、D、E	390	380	360	340	340	320	310	300	490~650	470~620	470~620	20	20	20	19	19	19

续表6-8

牌号		上屈服强度 R_{eH} [a]/MPa 不小于								抗拉强度 R_m /MPa			断后伸长率 A/% 不小于					
钢级	质量等级	公称厚度或直径/mm																
		≤16	>16~40	>40~63	>63~80	>80~100	>100~150	>150~200	>200~250	≤100	>100~200	>200~250	≤16	>16~40	>40~63	>63~80	>80~200	>200~250
Q420N	B、C、D、E	420	400	390	370	360	340	330	320	520~680	500~650	500~650	19	19	19	18	18	18
Q460N	C、D、E	460	440	430	410	400	380	370	370	550~720	530~700	510~690	17	17	17	17	17	16

注：正火状态包含正火加回火状态。

a. 当屈服不明显时，可用规定塑性延伸强度 $R_{p0.2}$ 代替上屈服强度 R_{eH}。

表6-9　弯曲试验

试样方向	180°弯曲试验 D-弯曲压头直径，a-试样厚度或直径	
	公称厚度或直径/mm	
	≤16	>16~100
对于公称宽度不小于600mm 的钢板及钢带，拉伸实验取横向试样；其他钢材的拉伸试验取纵向试样	$D=2a$	$D=3a$

3. 低合金结构钢的应用

低合金结构钢主要用于扎制各种型钢、钢板、钢管及钢筋等，广泛应用于钢结构和钢筋混凝土结构中，主要用在各种重型结构、大跨度结构、高层结构及桥梁工程上。

(三)常用型钢和钢板

1. 热轧型钢

常见热轧型钢有 H 型钢、T 型钢、工字钢、槽钢、Z 型钢和 U 型钢等。我国建筑用热轧型钢主要采用碳素结构钢 Q235-A。在低合金钢中，主要有 Q345(16Mn)及 Q390(15MnV)两种，主要用于大跨度、承受动荷载的钢结构中。热轧型钢的标记方式为一组符号，内容包括型钢名称、横断面主要尺寸、型钢标准号及钢号与钢种标准等。

2. 冷弯薄壁型钢

冷弯薄壁型钢通常是用 2~6 mm 薄钢板冷弯或模压制成，有角钢、槽钢等开口薄壁型钢及方形、矩形等空心薄壁型钢，主要用于轻型钢结构。

3. 钢板、压形钢板

用光面轧辊机轧制成的扁平钢材，以平板状态供货的称钢板；以卷状供货的称钢带。按轧制温度不同，钢板分为热轧和冷轧两种；热轧钢板按厚度不同分为厚板(厚度大于 4 mm)和薄板(厚度为 0.35~4 mm)；冷轧钢板只有薄板(厚度为 0.2~4 mm)一种，它是由普通碳素结构钢热轧钢带，经过进一步冷轧制成厚度小于 4 mm 的钢板。由于在常温下轧制，不产生氧化铁皮，因此，冷板表面质量好，尺寸精度高，再加之退火处理，其机械性能和工艺性能都优于热轧薄钢板，在很多领域里，特别是家电制造领域，已逐渐用它取代热轧薄钢板。

薄钢板经冷压或冷轧成波形、双曲形、V形等形状，称为压形钢板。彩色钢板、镀锌薄钢板、防腐薄钢板等都可采用压形钢板。其特点是质量轻、强度高、抗震性能好、施工快、外形美观等，主要用于围护结构、楼板、屋面等。

二、钢筋混凝土结构用钢

目前钢筋混凝土结构用钢主要有热轧钢筋、冷轧带肋钢筋、预应力混凝土用热处理钢筋、钢丝及钢绞线等。热轧钢筋是建筑工程中用量最大的钢材品种之一。

(一)热轧钢筋

经热轧成型并自然冷却的钢筋，称为热轧钢筋。混凝土结构用热轧钢筋有较高的强度，具有一定的塑性、韧性、可焊性。热轧钢筋主要有用Q235和Q300碳素结构钢轧制的热轧光圆钢筋和用合金钢轧制的热轧带肋钢筋两类。

光圆钢筋的横截面为圆形，且表面光滑。带肋钢筋表面上有两条对称的纵肋和沿长度方向均匀分布的横肋。横肋的纵横面高度相等且与纵肋相交的钢筋称为等高肋钢筋；横肋的纵横面呈月牙形且与纵肋不相交的钢筋称为月牙肋钢筋，如图6-10所示。

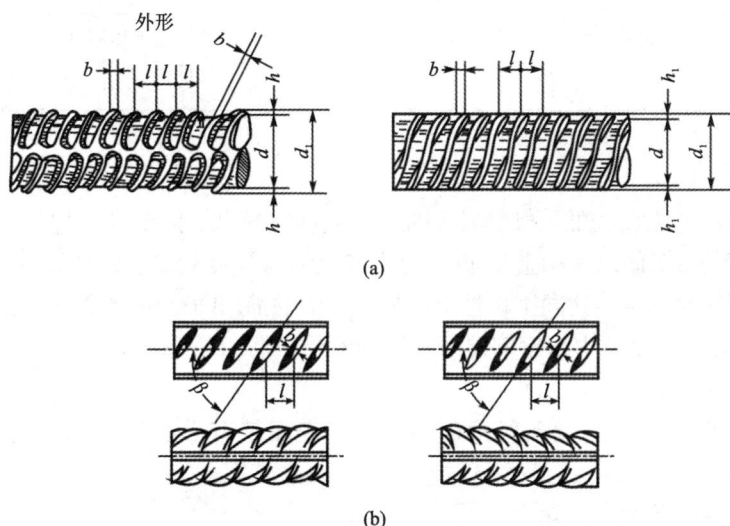

图6-10 （a）等高肋钢筋；（b）月牙肋钢筋

1.热轧钢筋的牌号表示方法和技术要求

根据《钢筋混凝土用热轧光圆钢筋》(GB 1499.1—2017)规定，热轧光圆钢筋(HPB)是指经热轧成型，横截面积通常为圆形，表面光滑的成品钢筋。其牌号是由HPB和屈服强度特征值组成，其中HPB是热轧光圆钢筋的英文(Hot Rolled Plain Bars)缩写，目前常用的是HPB300。

根据《钢筋混凝土用热轧带肋钢筋》(GB1499.2—2018)规定，普通热轧带肋钢筋的牌号由HRB和屈服强度特征值构成，其中HRB是热轧带肋钢筋的英文(Hot Rolled Ribbed Bars)缩写，分为HRB400、HRB500和HRB600三个牌号。HBRF是细晶粒热轧钢筋，F是"细"的英文(Fine)的缩写。热轧钢筋的力学性能和工艺性能应符合表 6-10 中的要求。

表 6-10 热轧钢筋的力学性能和工艺性能

牌号	屈服强度/MPa	抗拉强度/MPa	断后伸长率/%	冷弯试验 180°	
	≥			公称直径 a	弯心直径 d
HPB300	300	420	25	a	$d=a$
HRB400 HRBF400	400	540	16	6~25	$d=4a$
				28~40	$d=5a$
HRB400E HRBF400E			—	>40~50	$d=6a$
HRB500 HRBF500	500	630	15	6~25	$d=6a$
				28~40	$d=7a$
HRB500E HRBF500E			—	>40~50	$d=8a$
HRB600	600	730	14	6~25	$d=6a$
				28~40	$d=7a$
				>40~50	$d=8a$

2. 热轧钢筋的应用

热轧光圆钢筋的强度较低,与混凝土的黏结强度也较低,但塑性与焊接性能很好,主要用作板的受力钢筋、箍筋以及构造钢筋。热轧带肋钢筋强度较高,塑性和焊接性能也较好,与混凝土之间的握裹力大,共同工作性能较好,其中的 HRB400 级钢筋是钢筋混凝土用的主要受力钢筋,广泛用作大、中型钢筋混凝土结构的受力筋。

(二)冷轧带肋钢筋

冷轧带肋钢筋是热轧圆盘条经冷轧后,在其表面带有沿长度方向均匀分布的横肋的钢筋。

1. 冷轧带肋钢筋的牌号表示方法与技术要求

根据《冷轧带肋钢筋》(GB 13788—2017)规定,冷轧带肋钢筋按延性高低分为两类:冷轧带肋钢筋 CRB、高延性冷轧带肋钢筋 CRB+抗拉强度特征值+H。钢筋分为 CRB550、CRB650、CRB800、CRB600H、CRB680H、CRB800H 六个牌号。C、R、B、H 分别为冷轧、带肋、钢筋、高延性四个词的英文首位字母,数值为抗拉强度的最小值。其力学性能及工艺性能见表 6-11。

2. 冷轧带肋钢筋的应用

与冷拔低碳钢丝相比,冷轧带肋钢筋具有伸长率高、塑性好,与混凝土粘结牢固、节约钢材、质量稳定等优点。冷轧带肋钢筋克服了冷拉、冷拔钢筋握裹力低的缺点,同时具有与冷拉、冷拔相近的强度,因此在中小型预应力混凝土结构构件和普通混凝土结构构件中得到了越来越广泛的应用。

表6-11 冷轧带肋钢筋的力学性能和工艺性能

分类	牌号	屈服强度 $R_{P0.2}$ /MPa	抗拉强度 R_m /MPa	伸长率/%		弯曲 试验180°	反复弯 曲次数	应力松弛初始应 力应相当于公称 抗拉强度的70%
				$\delta_{11.3}$	δ_{100}			1000 h 松弛率/%
		≥						≤
普通钢筋 混凝土用	CRB550	500	550	11.0	—	$d=3a$	—	—
	CRB600H	540	600	14.0	—	$d=3a$	—	—
	CRB680H[b]	600	680	14.0	—	$d=3a$	4	5
预应力 混凝土用	CRB650	585	650	—	4.0	—	3	8
	CRB800	720	800	—	4.0	—	3	8
	CRB800H	720	800	—	7.0	—	4	5

注：表中 D 为弯心直径，d 为钢筋公称直径。

[b]该牌号钢筋作为普通钢筋混凝土用钢筋使用时,对反复弯曲和应力松弛不做要求;当该牌号钢筋作为预应力混凝土用钢筋使用时应进行反复弯曲试验代替180°弯曲试验,并检测松弛率。

（三）预应力混凝土用钢棒（PCB）

预应力混凝土用钢棒是将低合金热轧圆盘条经冷加工（或不经冷加工）淬火和回火所得。按钢棒表面形状分为光圆钢棒（P）、螺旋槽钢棒（HG）、螺旋肋钢棒（HR）、带肋钢棒（R）四种。根据《预应力混凝土用钢棒》（GB/T 5223.3—2017）规定,钢棒应进行弯曲试验（螺旋槽钢棒、带肋钢棒除外）,其性能应符合表6-12的要求。预应力混凝土用钢棒标记应含有以下内容：预应力钢棒、公称直径、公称抗拉强度、代号、延性级别（延性35或延性25）、低松弛L、标准号。如公称直径为9 mm、公称抗拉强度为1420 MPa、35级延性预应力混凝土用螺旋槽钢棒,其标记为：PCB9-1420-35-L-HG-GB/T 5223.3。

表6-12 预应力混凝土用钢棒的性能

表面形状类型	公称直径 /mm	抗拉强度 R_m/MPa, 不小于	规定非比例 延伸强度 $R_{P0.2}$ /MPa, 不小于	弯曲性能	
				性能要求	弯曲半径/mm
光圆钢棒	6			反复弯曲不 小于4次/180°	15
	7				20
	8				20
	9	1080	930		25
	10	1230	1080		25
	11	1420	1280	弯曲 160°~180°后 弯曲处无裂纹	弯曲压头直径 为钢棒公称直 径的10倍
	12	1570	1420		
	13				
	14				
	16				

表面形状类型	公称直径 /mm	抗拉强度 R_m/MPa, 不小于	规定非比例延伸强度 $R_{P0.2}$ /MPa, 不小于	弯曲性能	
				性能要求	弯曲半径/mm
螺旋槽钢棒	7.1	1080 1230 1420 1570	930 1080 1280 1420	—	
	9.0				
	10.7				
	12.6				
	14.0				
螺旋肋钢棒	6	1080 1230 1420 1570	930 1080 1280 1420	反复弯曲不小于 4 次/180°	15
	7				20
	8				20
	9				25
	10				25
	11			弯曲 160°~180°后弯曲处无裂纹	弯曲压头直径为钢棒公称直径的 10 倍
	12				
	13				
	14				
	16	1080 1270	930 1140		
	18				
	20				
	22				
带肋钢棒	6	1080 1230 1420 1570	930 1080 1280 1420	—	
	8				
	10				
	12				
	14				
	16				

(四)预应力混凝土用钢丝与钢绞线

1. 预应力混凝土用钢丝

(1)分类及代号

预应力混凝土用钢丝是采用优质碳素结构钢或其他性能相应的钢种,经冷加工及时效处理或热处理而制得的高强度钢丝。根据《预应力混凝土用钢丝》(GB/T 5223—2014),按加工状态可分为冷拉钢丝(WCD)和消除应力钢丝两种(低松弛钢丝 WLR)。按外形可分为光圆钢丝(P)、螺旋肋钢丝(H)和刻痕钢丝三种(I)。螺旋肋钢丝表面沿着长度方向上具有连续、规则的螺旋肋条。刻痕钢丝表面沿着长度方向上具有规则间隔的压痕,刻痕钢丝和螺旋肋钢丝与混凝土的黏结力好。

预应力混凝土用钢丝产品标记应包括预应力钢丝、公称直径、抗拉强度等级、加工状态代号、外形代号、标准编号这几项内容。如直径为 4.00 mm 的冷拉钢丝，抗拉强度为 1670 MPa 冷拉光圆钢筋，其标记为：预应力钢丝 4.00 mm – 1670 – WCD – P – GB/T 5223—2014。

（2）预应力混凝土用钢丝的力学性能

消除应力的光圆和螺旋肋钢丝，其力学性能应符合规范的规定，见表6-13。消除应力的刻痕钢丝的力学性能，除弯曲次数外其他应符合表6-13中的规定，对所有规格消除应力的刻痕钢丝，其弯曲次数均应不小于 3 次。

表 6-13　消除应力光圆及螺旋肋钢丝的力学性能(GB /T 5223—2014)

公称直径 /mm	公称抗拉强度 R_m/MPa	最大力总伸长率 ($L_0 = 200$ mm) A_{gt}/%，$\geqslant$	反复弯曲性能	
			弯曲次数/ (次/180°)，$\geqslant$	弯曲半径 /mm
4.00	1470	3.5	3	10
4.80			4	15
5.00			4	15
6.00			4	15
6.25			4	20
7.00			4	20
7.50			4	20
8.00			4	20
9.00			4	25
9.50			4	25
10.00			4	25
11.00			—	—
12.00			—	—
4.00	1570		3	10
4.80			4	15
5.00			4	15
6.00			4	15
6.25			4	20
7.00			4	20
7.50			4	20
8.00			4	20
9.00			4	25
9.50			4	25
10.00			4	25
11.00			—	—
12.00			—	—

公称直径 /mm	公称抗拉强度 R_m/MPa	最大力总伸长率 ($L_0 = 200$ mm) A_{gt}/%，≥	反复弯曲性能	
			弯曲次数/ （次/180°），≥	弯曲半径 /mm
4.00	1670	3.5	3	10
5.00			4	15
6.00			4	15
6.25			4	20
7.00			4	20
7.50			4	20
8.00			4	20
9.00			4	25
4.00	1770		3	10
5.00			4	15
6.00			4	15
7.00			4	20
7.50			4	20
4.00	1860		3	10
5.00			4	15
6.00			4	15
7.00			4	20

（3）预应力混凝土用钢丝的应用

预应力混凝土用钢丝质量稳定、柔性好、安全可靠、强度高、耐腐蚀、无接头、施工方便，主要用于大跨度的屋架、薄腹梁、吊车梁或桥梁等大型预应力混凝土构件，还可用于轨枕、压力管道等预应力混凝土构件。

2.预应力混凝土用钢绞线

普通钢绞线采用高碳钢盘条，经过表面处理后冷拔成钢丝，然后将一定数量的钢丝绞合成股，再经过消除应力的稳定化处理过程而成。为延长耐久性，钢丝上可以有金属或非金属的镀层或涂层，如镀锌、涂环氧树脂等。为增加与混凝土的握裹力，表面可以有刻痕。

根据《预应力混凝土用钢绞线》（GB/T 5224—2014）的规定，钢绞线分为标准型钢绞线、刻痕钢绞线、模拔型钢绞线三种。标准型钢绞线由冷拉光圆钢丝捻制成的钢绞线；刻痕钢绞线由刻痕钢丝捻制成的钢绞线；模拔型钢绞线是捻制后再经冷拔成的钢绞线。

钢绞线按结构分为8类，其代号为：用2根钢丝捻制的钢绞线（1×2）、用3根钢丝捻制的钢绞线（1×3）、用3根刻痕钢丝捻制的钢绞线（1×3I）、用7根钢丝捻制的标准型钢绞线（1×7）、用7根刻痕钢丝和一根光圆中心钢丝捻制的钢绞线（1×7I）、用7根钢丝捻制又经模拔的钢绞线（1×7)C、用19根钢丝捻制的1+9+9西鲁式钢绞线（1×19S)、用19根钢丝捻制的1+6+6/6瓦林吞式钢绞线（1×19W)。

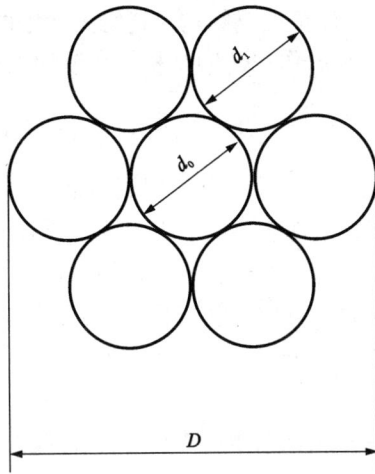

图 6-11　预应力钢绞线截面图

D—钢绞线直径；d_0—中心钢丝直径；d_1—外层钢丝直径

　　钢绞线具有强度高、柔性好、与混凝土黏结性能好、断面面积大、使用根数少、在结构中排列布置方便、易于锚固等优点，主要用于大跨度结构、大荷载的预应力屋架、薄腹梁等构件中。

三、钢材的选用原则

　　(1)对经常处于低温的结构，容易产生应力集中，从而引起疲劳破坏，因此需选用材质高的钢材。

　　(2)对于经常处于低温状态的结构，钢材容易发生冷脆断裂，特别是焊接结构，因而要求钢材具有良好的塑性和低温冲击韧性。

　　(3)对于焊接结构在温度变化和受力性质改变时，焊缝附近的母体金属容易出现冷、热裂纹，促使结构早期破坏，所以焊接结构对钢材的化学成分和机械性能要求应较严。

　　(4)钢材力学性能一般随厚度增大而降低，钢材经多次轧制后，钢的内部结晶组织更为紧密，强度更高，质量更好。故一般结构用的钢材厚度不宜超过40 mm。

　　(5)选择钢材要考虑结构使用的重要性，如大跨度结构、重要的建筑物结构，须相应选用质量更好的钢材。

第四节　钢材的防火与防腐

一、钢材的防火

　　钢结构具有强度高、质量轻、有良好的延性、抗震性能好、施工速度快等优点，广泛应用于大跨度、高层建筑。钢结构虽然有以上诸多优点，但却有一个致命的缺点：耐火性差。其本身虽不会起火燃烧，但在火灾情况下，强度会显著下降。钢材在温度高于150℃时，其强度和弹性模量会随温度的升高而急剧下降，温度达到250℃时会出现蓝脆现象，温度达到500℃~600℃就基本失去了强度。无防火保护的钢结构，其耐火倒塌的时间大致是15 min左右。所以对承受如辐射、烘烤和火焰等高温作用的钢结构，必须加以隔热防护措施，保证结构具有必要的承载力。

（一）钢结构隔热措施

受高温作用的钢结构，应根据不同的情况采用隔热措施：

（1）当结构可能受到炽热熔化金属侵害时，应采用砖或其他耐热材料做成的隔热层；

（2）当结构表面长期受辐射热达150℃以上或在短时间内可能受到火焰作用时，如位于炉口的吊车梁，可采用钢板防护罩，对柱子和支撑结构可用隔热材料包覆，对空心钢构件也可以采用内部冷却循环水控制结构温度。

（二）钢结构防火措施

防火涂料的性能、涂层厚度及质量要求应符合《钢结构防火涂料》和《钢结构防火涂料应用技术规范》的规定。

（1）防火隔热涂料（厚涂型涂料），涂料喷涂在钢结构表面，形成一层防火隔热层，涂层厚度一般为10~50 mm，最高耐火时间可达3 h，但涂层外观粗糙，物理强度较低，多用于保护隐蔽的钢构件。

（2）防火膨胀涂料（薄涂型涂料），这种涂料由无机粘合剂与膨胀珍珠岩等吸热、隔热及增强材料合成，涂刷或喷涂在钢构件表面，遇火受热后会膨胀5~10倍，形成隔热防护层，起到保护钢结构的作用。涂层厚度一般为3~10 mm，耐火时间一般为0.5~1 h，涂层自身质量轻，外观相对美观，可用于外露的钢结构。

（3）防火板材或防火砂浆，用钢丝网水泥砂浆或玻璃纤维水泥灰浆和蛭石、珍珠岩等隔热材料制成防火板或直接包裹钢构件，形成防火屏障。防火板用于形状规则的构件，板厚约30 mm左右，耐火时间一般为90 min。

（4）砌筑耐火砖墙或浇筑钢筋混凝土防火层保护钢构件。

二、钢材的防腐

钢材的锈蚀，是指钢材的表面与周围介质发生化学反应或电化学作用而遭到侵蚀并破坏的过程。钢材若在存放过程中受到锈蚀，会使钢材的受力截面减小，表面不平整导致应力集中，加快结构破坏。尤其在冲击载荷、循环交变荷载的作用下，钢材将产生锈蚀疲劳现象，疲劳强度大为降低，从而出现脆性断裂。因此，为了确保钢材在工作过程中不产生锈蚀，必须采取防腐措施。

根据钢材表面与周围介质的不同作用，锈蚀可分为下述两类。

（一）化学锈蚀

化学锈蚀是指钢材与周围介质直接发生化学反应而产生的锈蚀。这种锈蚀多数是通过氧化作用在钢材的表面形成疏松的铁氧化物。在常温下，钢材表面被氧化，会形成一层薄薄的、钝化能力很弱的氧化保护膜，在干燥环境下化学锈蚀进展缓慢，对保护钢筋是有利的。但在湿度或温度较高的条件下，这种锈蚀进展会加快。

（二）电化学锈蚀

电化学锈蚀是由于金属表面形成原电池而产生的锈蚀。例如，在潮湿空气中的钢材，表面被一层电解质水膜所覆盖。在阳极区，铁被氧化成 Fe^{2+} 进入水膜中，由于水中溶有来自空气的氧，故在阴极区氧将被还原为 OH^- 离子，两者结合成为不溶于水的 $Fe(OH)_2$，并进一步氧化成为疏松易剥落的红棕色铁锈 $Fe(OH)_3$，钢材锈蚀时伴随着体积增大，最严重的可达原体积的 6 倍，在钢筋混凝土中，这会使周围的混凝土胀裂。

（三）钢材锈蚀的防止

为确保钢材在使用中不锈蚀，应根据钢材的使用状态及锈蚀环境采取以下措施：

1. 保护层法

保护层法是指在钢材表面施加保护层，使钢材与周围介质隔离，从而避免或减缓外界腐蚀性介质对钢材的锈蚀。保护层可分为金属保护层和非金属保护层。

金属保护层是用耐蚀性较强的金属，以电镀或喷镀的方法使其覆盖钢材表面，如用镀锌、镀锡、镀铬等。非金属保护层是用有机或无机物质作保护层。常用的是在钢材表面涂刷各种防锈涂料，常用底漆有环氧富锌漆、铁红环氧底漆、磷化底漆等；面漆有醇酸磁漆、酚醛磁漆等。此外，还可采用塑料、沥青及搪瓷等作保护层。

2. 制成合金钢

在钢材中加入合金元素铬、镍、钛、铜等制成不锈钢，可以提高钢材的耐锈蚀能力。

对于钢筋混凝土中的钢筋，防止其锈蚀的措施是严格控制混凝土的质量，提高其密实度和碱度，确保有足够的保护层，防止空气和水分进入而产生电化学锈蚀，同时严格控制含氯化物外加剂的掺量。对于重要的预应力承重结构，可加入防锈剂，必要时采用钢筋镀锌、镍等方法。

本模块小结

钢材是建筑工程中常用的建筑材料之一。具有强度高、韧性和塑性好、可焊可铆、易于加工、便于装配等优点，但钢材容易锈蚀、防火性能较差，使用时应结合工程特点选用适合的钢材品种，并注意钢材的防火和防锈蚀处理。

建筑钢材的技术性质主要包括拉伸性能、冲击性能、硬度、耐疲劳性、冷弯性能和焊接性能。其中前四项为力学性能，后两项为工艺性能。钢材的强度等级主要根据拉伸性能(屈服强度、抗拉强度、伸长率)和冷弯性能来确定。

建筑钢材作为一种重要的建筑工程材料，主要包括各种型钢、钢筋、钢丝和钢绞线等。建筑上由各种型钢组成的钢结构安全性大，自重较轻，适用于大跨度和高层结构。钢筋与混凝土组成的钢筋混凝土结构，虽然自重大，但节省钢材，同时由于混凝土的保护作用，很大程度上克服了钢材易锈蚀、维修费用高的缺点。

复习思考题

1. 低碳钢拉伸时的应力-应变图中，分为哪几个阶段？各阶段有何特点？

2. 评价钢材技术性质的主要指标有哪些？

自测题

3.化学成分对钢材的性能有何影响？

4.什么是钢材的屈强比？它在建筑设计中有何实际意义？

5.什么是钢材的冷弯性能？应如何进行评价？

6.碳素结构钢和低合金结构钢的牌号是如何表示的？

7.钢筋混凝土用热轧钢筋有哪几个牌号？其表示的含义是什么？

8.建筑钢材锈蚀的原因有哪些？如何防锈？

模块七　墙体材料

【知识目标】

通过本模块学习，掌握烧结类砖和蒸压(养)砖的技术性质和应用；掌握蒸压加气混凝土砌块、混凝土小型砌块和粉煤灰混凝土小型空心砌块的技术要求与应用；熟悉各种墙板的性能和应用；了解墙体材料的发展方向和砌体材料应用动态。

【技能目标】

通过本模块学习，能根据各种墙体的技术特性进行合理的选择。

墙体在房屋建筑中起承重、围护、分隔作用，与建筑物的功能、自重、成本、工期以及建筑能耗等均有着直接关系。墙体材料约占建筑物总质量的50%以上，用量较大，特别是在砖混结构中。墙体材料除必须具有一定的强度、能承受荷载外，还应具有一定的防水、抗冻、绝热、隔声等使用功能，且要求自重轻、价格合适、耐久性好。实心黏土砖和石材作为传统的墙体材料，既浪费了大量的土地资源和矿山资源，消耗了大量的燃料，严重影响了农业生产和生态环境，也不符合我国建筑材料可持续发展的要求，传统的墙体材料逐渐退出建筑市场。在当前的墙体材料改革过程中，为实现材料的可持续发展，实现建筑节能，墙体材料必须向节能、利废、隔热、高强、空心、大块方向发展，发展以粉煤灰、页岩、炉渣、煤矸石为主要材料的空心砌块及板材。

第一节　砌墙砖

凡是以黏土、工业废料或其他地方资源为主要原料，以不同工艺制造的、在建筑中用于砌筑承重和非承重墙体的墙砖称为砌墙砖。砌墙砖分为普通砖和空心砖两大类，其中用于承重墙的空心砖又称为多孔砖。普通砖按其制作工艺不同又可分为烧结砖和非烧结砖。

一、烧结砖

以黏土、页岩、煤矸石、粉煤灰、炉渣等为原材料，经成型、焙烧而生产出来的砖称为烧结砖。烧结砖在我国已经有两千多年的历史，仍是当今一种很广泛的墙体材。烧结砖按其孔洞率的大小分为烧结普通砖(实心或孔洞率小于15%的烧结砖)、烧结多孔砖(孔洞率大于等于28%，孔尺寸小而多，且为竖向孔)和烧结空心砖(孔洞率不低于40%，孔尺寸大而少，且为水平孔)。

（一)烧结普通砖

国家标准《烧结普通砖》(GB/T 5101—2017)规定，凡以黏土、页岩、煤矸石和粉煤灰等为主要原料，经成型、焙烧而成的实心或孔洞率不大于15%的砖，称为烧结普通砖。烧结普通砖按其主要原料分为烧结粘土砖（N）、烧结页岩砖（Y）、烧结煤矸石砖（M）、烧结粉煤灰砖（F）等。但烧结普通砖中的黏土砖，因其毁田取土，能耗大、块体小、施工效率低，砌体自重大，抗震性差等缺点，在我国主要大、中城市及地区已被禁止使用。

1. 烧结普通砖的生产

以黏土、页岩、煤矸石、粉煤灰等为原料烧制普通砖时，其生产工艺基本相同。生产工艺过程为：采土→调制→制坯→干燥→焙烧→成品。其中焙烧是生产工艺中最重要的环节之一。在焙烧过程中，窑内焙烧温度的分布难以绝对均匀，因此，在烧制过程中除了正火砖外，不可避免会出现欠火砖和过火砖。欠火砖是由于烧成温度低而造成的，这种砖色浅、声哑、孔隙率大、强度低、耐久性差；过火砖由于烧成温度过高，从而产生弯曲变形，严重出现局部烧结成大块的现象，这种砖色深、声清脆、吸水率低、强度高；这两种砖均属于不合格产品。砖的焙烧温度因所用原材料不同而不同，黏土砖烧结温度为950℃左右，页岩砖和粉煤灰砖为1050℃左右，煤矸石砖为1100℃左右。

近年来，我国采用了内燃砖法。它是将煤渣、粉煤灰等可燃工业废渣以适量比例掺入制坯黏土原料中作为内燃料。当砖焙烧到一定的温度时，内燃料在坯体内也进行燃烧，这样烧成的砖称为内燃砖。这种方法可节省大量外投煤，节约黏土，提高强度，减小表观密度，降低导热性，变废为宝，且减少环境污染。

2. 烧结普通砖的主要技术性质

《烧结普通砖》（GB/T 5101—2017）规定，烧结普通砖的公称尺寸为 240 mm×115 mm×53 mm，如图7-1所示，俗称"标准砖"。

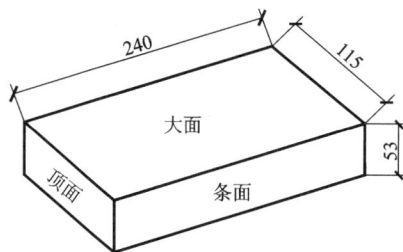

图7-1　烧结普通砖

普通砖的各项技术性质指标应满足规定的尺寸偏差、外观质量、强度等级、抗风化性能、泛霜和石灰爆裂等要求，且产品中不得含有欠火砖、酥砖和螺纹砖。强度和抗风化性能合格的砖，根据尺寸偏差、外观质量、强度等级、泛霜和石灰爆裂等分为合格品和不合格品。

烧结普通砖的产品标记按产品名称的英文缩写、类别、强度等级和标准编号顺序编写。如：烧结普通砖，强度等级MU15的粘土砖，其标记为：

FCB N MU15 GB/T5101

普通烧结砖的检验方法按照国家标准《砌墙砖实验方法》（GB/T 2542—2012）规定执行。

（1）尺寸偏差。为了保证砌筑质量，不同质量等级普通砖的尺寸偏差要求应符合表7-1要求。

表 7-1　烧结普通砖尺寸允许偏差　（单位：mm）

公称尺寸	指标	
	样本平均偏差	样本极差≤
240	±2.0	6.0
115	±1.5	5.0
53	±1.5	4.0

（2）外观质量。烧结普通砖的外观质量应符合表 7-2 的规定。

表 7-2　烧结普通砖外观质量　（单位：mm）

项目		指标
两条面高度差	≤	2
弯曲	≤	2
杂质凸出高度	≤	2
缺棱掉角的三个破坏尺寸	不得同时大于	5
裂纹长度　≤ ①大面上宽度方向及其延伸至条面的长度		30
②大面上长度方面及其延伸至顶面的长度或条顶面上水平裂纹的长度		50
完整面	不得少于	一条面和一顶面

注：①为砌筑挂浆而施加的凹凸纹、槽、压花等不算作缺陷。

②凡有下列缺陷之一者，不得称为完整面。

a.缺损在条面或顶面上造成的破坏面尺寸同时大于 10 mm×10 mm。

b.条面或顶面上裂纹宽度大于 1 mm，其长度超过 30 mm。

c.压陷、粘底、焦花在条面或顶面上的凹陷或突出超过 2 mm，区域尺寸同时大于 10 mm×10 mm。

（3）强度等级。烧结普通砖按其抗压强度划分为 MU30、MU25、MU20、MU15、MU10 五个强度等级。各等级的强度标准应符合表 7-3 中的规定。

表 7-3　烧结普通砖强度等级　（单位：MPa）

强度等级	抗压强度平均值 f≥	强度标准值 f_k≥
MU30	30.0	22.0
MU25	25.0	18.0
MU20	20.0	14.0
MU15	15.0	10.0
MU10	10.0	6.5

评定烧结普通砖的强度等级时，抽取试样 10 块，分别测其抗压强度，试验后计算强度标准差 S 和抗压强度标准值 f_k。

标准差 S 按下式计算：

$$S = \sqrt{\frac{1}{9}\sum_{i=1}^{10}(f_i - \bar{f})^2} \tag{7-1}$$

式中：S——10 块砖试样抗压强度标准差，精确至 0.01 MPa；

$\bar{f}$——10 砖试样的抗压强度平均值，精确至 0.01 MPa；

f_i——单块砖试样抗压强度测定值，精确至 0.01 MPa；

结果评定采用以下方法：

按表 7-3 中抗压强度平均值 $\bar{f}$ 和强度标准值 f_k 评定砖的强度等级。样本量 $n=10$ 时的强度标准值 f_k 按下式计算：

$$f_K = \bar{f} - 1.83S \tag{7-2}$$

式中：f_K——强度标准值，单位为兆帕(MPa)，精确至 0.1。

(4)抗风化性能。抗风化性能是烧结普通砖重要的耐久性指标之一，通常根据抗冻性、吸水率及饱和系数等指标判定。抗冻性是指经冻融循环后，每块砖不允许出现裂纹、分层、掉皮、缺棱、掉角等冻坏现象，质量损失率不得大于 2%。吸水率是指常温浸泡 24 h 的质量吸水率。饱和系数是指常温 24 h 吸水率与 5 h 沸煮吸水率之比。烧结普通砖的抗风化性能如表 7-4 所示。

表 7-4　烧结普通砖的抗风化性能

砖种类	严重风化区				非严重风化区			
	5 h 沸煮吸水率/%，≤		饱和系数，≤		5 h 沸煮吸水率/%，≤		饱和系数，≤	
	平均值	单块最大值	平均值	单块最大值	平均值	单块最大值	平均值	单块最大值
黏土砖	18	20	0.85	0.87	19	20	0.88	0.90
粉煤灰砖	21	23			23	25		
页岩砖	16	18	0.74	0.77	18	20	0.78	0.80
煤矸石砖								

注：粉煤灰掺入量(体积比)小于 30%时，按黏土砖规定判定。

砖的抗风化性能要求应根据各地区的风化程度而定。风化区用风化指数进行划分。风化指数是指日气温从正温降至负温升至正温的每年平均天数与每年从霜冻之日起至消失霜冻之日止这一期间降雨总量(以 mm 计)的平均值的乘积。其中风化指数≥12700 为严重风化区，风化指数<12700 为非严重风化区，全国风化区的划分如表 7-5 所示。各地如有可靠数据，也可按计算的风化指数划分本地区的风化区。

严重风化区中的 1、2、3、4、5 地区的砖必须进行冻融试验，其他地区砖的抗风化性能符合表 7-4 规定时可不做冻融试验，否则，必须进行冻融试验。

表 7-5 风化区划分

严重风化区		非严重风化区	
1. 黑龙江省	9. 陕西省	1. 山东省	11. 福建省
2. 吉林省	10. 山西省	2. 河南省	12. 台湾省
3. 辽宁省	11. 河北省	3. 安徽省	13. 广东省
4. 内蒙古自治区	12. 北京市	4. 江苏省	14. 广西壮族自治区
5. 新疆维吾尔自治区	13. 天津市	5. 湖北省	15. 海南省
6. 宁夏回族自治区	14. 西藏自治区	6. 江西省	16. 云南省
7. 甘肃省		7. 浙江省	17. 上海市
8. 青海省		8. 四川省	18. 重庆市
		9. 贵州省	
		10. 湖南省	

(5)泛霜:泛霜也称起霜,是砖在使用过程中的盐析现象。砖内过量的可溶盐受潮吸水而溶解,随水分蒸发呈晶体析出时,产生膨胀,使砖面剥落。标准规定:每块砖不准许出现严重泛霜。

(6)石灰爆裂:石灰爆裂是指砖坯中夹杂有石灰石,转吸水后,由于石灰逐渐熟化而膨胀产生的爆裂现象。这种现象影响砖的质量,并降低砌体强度。

标准规定:破坏尺寸大于 2 mm 且小于或等于 15 mm 的爆裂区域,其中大于 10 mm 的不得多于 7 处;不准许出现最大破坏尺寸大于 15 mm 的爆裂区域;试验后抗压强度损失不得大于 5 MPa。

(7)欠火砖、酥砖和螺旋纹砖

欠火砖是指未达到烧结温度或保持烧结温度时间不够的砖,其特征是声音哑、土心、抗风化性能和耐久性能差。干砖坯受湿气或雨淋后称返潮坯,或湿坯受冻后的冻坯,这类砖坯焙烧后为酥砖;或砖坯入窑焙烧时预热过急,导致烧成的砖易成为酥砖,酥砖极易从外观就能辨别出来,这类砖的特征是声音哑,强度低,抗风化性能和耐久性能差。以螺旋挤出机成型砖坯时,坯体内部形成螺旋状分层的砖,其特征是强度低,声音哑,抗风化性能差,受冻后会层层脱皮,耐久性能差。

标准规定:产品中不准许有欠火砖、酥砖和螺旋纹砖。

3. 烧结普通砖的应用

烧结普通砖具有较高的强度,良好的绝热性、透气性和体积稳定性;较好的耐久性及隔热、隔声、价格低等优点,是应用最广泛的砌筑材料之一。在建筑工程中主要用作墙体材料。烧结普通砖也可用于砌筑柱、拱、烟囱、基础等,还可以与轻骨料混凝土、加气混凝土等隔热材料混合使用,或者中间填充轻质材料做成复合墙体,在砌体中适当配置钢筋或钢丝制作柱、过梁作为配筋砌体,代替钢筋混凝土柱或过梁等。

(二)烧结多孔砖和多孔砌块

在现代建筑中,由于高层建筑的发展,对烧结砖提出了减轻自重,改善绝热和吸声性能的要求,因此出现了烧结多孔砖、烧结空心砖和空心砌块。它们在生产上能节约黏土原料、燃料,提高产品质量和产量,降低成本。且和烧结普通砖相比,具有减轻墙体自重、提高施工效率、降低墙体造价、改善墙体的绝热和吸声性能等优点。

烧结多孔砖和多孔砌块是以黏土、页岩、煤矸石、粉煤灰、淤泥(江河湖淤泥)及其他固体废弃物等为主要原料,经焙烧而成,孔洞率大于或等于28%,孔的尺寸小而数量多。其中烧结多孔砖的孔洞多与承压面垂直,它的单孔尺寸小,孔洞分布合理,非孔洞部分砖体较密实,具有较高的强度。主要用于承重部位。

《烧结多孔砖和多孔砌块》(GB 13544—2011)规定,烧结多孔砖和砌块的外形一般为直角六面体。所有烧结多孔砖孔型均为矩形孔或矩形条孔。孔四个角应做成过渡圆角,不得做成直尖角。在与砂浆的接合面上应设有增加结合力的粉刷槽和砌筑砂浆槽。烧结多孔砖如图7-2所示。

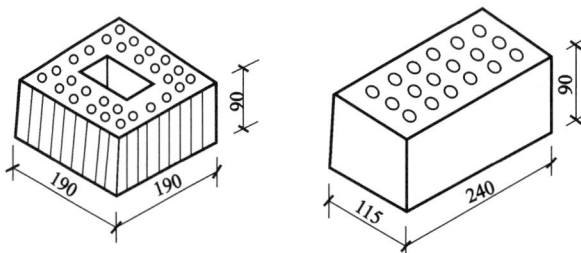

图 7-2　烧结多孔砖

1. 规格

烧结多孔砖和砌块的长度、宽度、高度尺寸应符合下列要求:

砖的规格尺寸, mm:290、240、290、180、140、115、90

砌块的规格尺寸, mm:490、440、390、340、290、240、180、140、115、90

其他规格尺寸由供需双方协商确定。

2. 等级

强度等级:根据抗压强度分为 MU30、MU25、MU20、MU15、MU10 五个强度等级。

密度等级:砖的密度等级分为 1000、1100、1200、1300 四个等级。

砌块的密度等级分为 900、1000、1100、1200 四个等级。

3. 产品标记

砖和砌块的产品标记按产品名称、品种、强度等级、密度等级和标准编号顺序编写。如:标记:烧结多孔砖 N 290×140×90 MU25 1200 GB 13544—2011 是指规格尺寸 290 mm × 140 mm×90 mm、强度等级 MU25、密度等级 1200 级的黏土烧结多孔砖。

4. 技术要求

国家标准《烧结多孔砖和多孔砌块》(GB 13544—2011)规定,烧结多孔砖的技术要求包括尺寸偏差、外观质量、强度等级、孔型、孔结构及孔率、泛霜、石灰爆裂以及抗风化性能等。

(1)尺寸偏差

烧结多孔砖和多孔砌块的尺寸偏差如表7-6所示。

164

表 7-6 烧结多孔砖和空心砌块的尺寸偏差(mm)

尺寸	样本平均偏差	样本极差，≤
>400	±3.0	10.0
300~400	±2.5	9.0
200~300	±2.5	8.0
100~200	±2.0	7.0
<100	±1.5	6.0

(2)外观质量

外观质量应如表 7-7 所示。

表 7-7 外观质量(mm)

项目		指标
1.完整面	不得少于	一条面和一顶面
2.缺棱掉角的三个破坏尺寸	不得同时大于	30
3.裂纹长度		
a)大面(有孔面)上深入孔壁 15 mm 以上宽度方面及其延伸到条面的长度	不大于	80
b)大面(有孔面)上深入孔壁 15 mm 以上长度方面及其延伸到顶面的长度	不大于	100
c)条顶面上的水平裂纹	不大于	100
4.杂质在砖或砌块面上造成的凸出高度	不大于	5

注：凡有下列缺陷之一者,不能称为完整面:

缺损在条面或顶面上造成的破坏尺寸同时大于 20 mm×30 mm;

条面或顶面上裂纹宽度大于 1 mm,其长度超过 70 mm;

压陷、焦花、黏底在条面或顶面上的凹陷或凸出超过 2 mm,区域最大投影尺寸同时大于 20 mm×30 mm。

(3)密度等级

密度等级应符合表 7-8 中的要求。

表 7-8 密度等级(kg·m^{-3})

密度等级		3 块砖或砌块干燥表观密度平均值
砖	砌块	
—	900	≤900
1000	1000	900~1000
1100	1100	1000~1100
1200	1200	1100~1200
1300	—	1200~1300

（4）强度等级

烧结多孔砖和多孔砌块的强度应符合表7-9中的要求。

表7-9　强度等级（MPa）

强度等级	抗压强度平均值$\bar{f}$，$\geqslant$	强度标准值f_k，$\geqslant$
MU30	30.0	22.0
MU25	25.0	18.0
MU20	20.0	14.0
MU15	15.0	10.0
MU10	10.0	6.6

（5）孔型孔结构及孔洞率

孔型孔结构及孔洞率应符合表7-10中的要求。

表7-10　孔型孔结构及孔洞率（MPa）

孔型	孔洞尺寸/mm		最小外壁厚/mm	最小肋厚/mm	孔洞率/%		孔洞排列
	孔宽度尺寸b	孔长度尺寸L			砖	砌块	
矩形条孔或矩形孔	$\leqslant 13$	$\leqslant 40$	$\geqslant 12$	$\geqslant 5$	$\geqslant 28$	$\geqslant 33$	1. 所有孔宽应相等，孔采用单向或双向交错排列 2. 孔洞排列上下、左右应对称，分布均匀，手抓孔的长度方向尺寸必须平行与砖的条面

注1：矩形孔的孔长L、孔宽b满足式$L\geqslant 3b$时，为矩形条孔。

注2：孔四个角应做成过渡圆角，不得做成直角。

注3：如设有砌筑砂浆槽，则砌筑砂浆槽不计算在孔洞率内。

注4：规格大的砖和砌块应设置手抓孔，手抓孔尺寸为（30~40）mm×（75~80）mm。

（6）泛霜

每块砖或砌块都不允许出现泛霜。

（7）石灰爆裂

1）破坏尺寸大于2 mm且小于或等于15 mm的爆裂区域，每组砖和砌块不得多于15处，其中大于10 mm的不得多于7处。

2）不允许出现破坏尺寸大于15 mm的爆裂区域。

（8）抗风化性能

烧结多孔砖和多孔砌块的抗风化性能满足表7-11中的要求。

表7-11 烧结多孔砖和多孔砌块的的抗风化性能

种类	严重风化区				非严重风化区			
	5h 沸煮吸水率/%，≤		饱和系数		5h 沸煮吸水率/%，≤		饱和系数，≤	
	平均值	单块最大值	平均值	单块最大值	平均值	单块最大值	平均值	单块最大值
黏土砖和砌块	21	23	0.85	0.87	23	25	0.88	0.90
粉煤灰砖和砌块	23	25			30	32		
页岩砖和砌块	16	18	0.74	0.77	18	20	0.78	0.80
煤矸石砖和砌块	19	21			21	23		

注：粉煤灰掺入量(质量比)小于30%时，按黏土砖和砌块规定判定。

15次冻融循环试验后，每块砖和砌块不允许出现裂纹、分层、掉皮、缺棱掉角等冻坏现象。

（三）烧结空心砖和空心砌块

烧结空心砖是以黏土、页岩、粉煤灰、煤矸石等为主要原料，经焙烧，而成的孔洞率大于或等于40%的砖。其自重较轻、强度低，主要用于非承重墙和填充墙体。孔洞多为矩形孔或其他孔型，数量少而尺寸大孔洞平行于受压面。

《烧结空心砖和空心砌块》(GB/T 13545—2014)规定：空心砖和空心砌块的外形为直角六面体。混水墙用空心砖和空心砌块，应在大面和条面上设有均匀分布的粉刷槽或类似结构，深度不小于2 mm。

空心砖和空心砌块的长度、宽度、高度尺寸应符合下列要求：

长度规格尺寸，mm：390，290，240，190，180(175)，140；

宽度规格尺寸，mm：190，180(175)，140，115；

高度规格尺寸，mm：180(175)，140，115，90；

其他规格尺寸由供需双方协商确定。

1.产品标记

产品标记按产品名称、品种、密度级别、规格、强度级别、质量等级和标准编号顺序编写。如：规格尺寸290 mm×190 mm×90 mm、密度800级、强度级别MU7.5、优等品的页岩空心砖，其标记为：烧结空心砖 Y 800(290×190×90) 7.5A GB 13545。

2.技术要求

（1）尺寸偏差

烧结空心砖和空心砌块的尺寸偏差符合表7-12中的要求。

表7-12 烧结空心砖和空心砌块的尺寸偏差(mm)

尺寸	样本平均偏差	样本极差
>300	±3.0	7.0
>200~300	±2.5	6.0

尺寸	样本平均偏差	样本极差
100~200	±2.0	5.0
<100	±1.7	4.0

（2）外观质量

烧结空心砖和空心砌块的外观质量符合表 7-13。

表 7-13 烧结空心砖和空心砌块的外观质量（mm）

项目		指标
1. 弯曲	不大于	4
2. 缺棱掉角的三个破坏尺寸	不得同时大于	30
3. 垂直度差	不大于	4
4. 未贯穿裂纹长度		
①大面上宽度方向及其延伸到条面的长度	不大于	100
②大面上长度方向或条面上水平方向的长度	不大于	120
5. 贯穿裂纹长度		
①大面上宽度方向及其延伸到条面的长度	不大于	40
②壁、肋沿长度方向、宽度方向及其水平方向的长度	不大于	40
6. 肋、壁内残缺长度	不少于	40
7. 完整面*	不少于	一条面或一大面

* 凡有下列缺陷之一者，不能称为完整面：

a）缺损在大面，条面上造成的破坏面尺寸同时大于 20 mm×30 mm；

b）大面、条面上裂纹宽度大于 1 mm，其长度超过 70 mm；

c）压陷、黏底、焦花在大面，条面上的凹陷或突出超过 2 mm，区域尺寸同时大于 20 mm×30 mm。

（3）强度等级

烧结空心砖和空心砌块按抗压强度分 MU10.0、MU7.5、MU5.0、MU3.5 四个强度等级。对应强度应符合表 7-14 中的要求。

表 7-14 烧结空心砖和空心砌块的强度等级

强度等级	抗压强度平均值 $\bar{f}$，≥	变异系数 $\delta \leq 0.21$	变异系数 $\delta > 0.21$
		强度标准值 f_k，≥	单块最小抗压强度值 f_{min}，≥
MU10.0	10.0	7.0	8.0
MU7.5	7.5	5.0	5.8
MU5.0	5.0	3.5	4.0
MU3.5	3.5	2.5	2.8

强度变异系数 δ 按下式计算：

$$\delta = \frac{s}{\bar{f}} \tag{7-3}$$

式中：δ——砖强度变异系数，精确至 0.01；

结果评定采用以下两种方法：

1）平均值——标准值方法评定

强度变异系数 $\delta \leqslant 0.21$，按表 7-14 中抗压强度平均值 $\bar{f}$ 和强度标准值 f_k 评定空心砖和空心砌块的强度等级。

2）平均值——最小值方法评定

强度等级变异系数 $\delta > 0.21$，按表 7-14 中抗压强度平均值 $\bar{f}$ 和单块最小抗压强度值 f_{min} 评定空心砖和空心砌块的强度等级，单块最小抗压强度值精确至 0.1 MPa。

（4）密度等级

烧结空心砖和砌块按体积密度分为 800 级、900 级、1000 级、1100 级。各密度等级应符合表 7-15 中的要求。

表 7-15　烧结空心砖和砌块的密度等级（$kg \cdot m^{-3}$）

密度等级	5 块体积密度平均值
800	≤800
900	801~900
1000	901~1000
1100	1001~1100

（5）孔洞排列及其结构

空气砖和空气砌块的孔洞排列及其结构应符合表 7-16 中的规定。

表 7-16　孔洞排列及其结构

孔洞排列	孔洞排列/排		孔洞率/%	孔型
	宽度方向	高度方向		
有序或交错排列	$b \geqslant 200$ mm　　≥4 $b < 200$ mm　　≥3	≥2	≥40	矩形孔

空心砖和空气砌块的外壁内侧宜设置有序排列的宽度或直径不大于 10 mm 的壁孔，壁孔的孔型可为圆孔或矩形孔。其孔洞排列示意图如图 7-3、图 7-4 所示所示。

（6）泛霜

每块空心砖和空心砌块不允许出现严重泛霜。

（7）石灰爆裂

每组空心砖和砌块应符合如下规定：

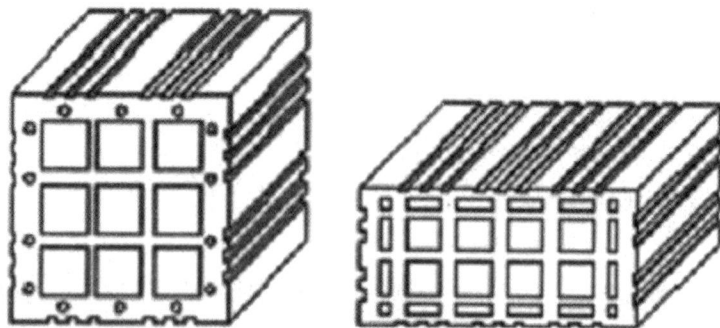

图 7-3　空心砖孔洞排列示意图

图 7-4　空心砌块孔洞排列示意图

1)最大破坏尺寸大于 2 mm 且小于等于 15 mm 的爆裂区域,每组空心砖和空心砌块不得多于 10 处,其中大于 10 mm 的不得多于 5 处;

2)不允许出现最大破坏尺寸大于 15 mm 的爆裂区域。

(8)抗风化性能

烧结空心砖和砌块的抗风化性能符合表 7-17 中的规定。

表 7-17　烧结空心砖和砌块的抗风化性能

种类	项目							
	严重风化区				非严重风化区			
	5 h 沸煮吸水率/%, ≤		饱和系数		5 h 沸煮吸水率/%, ≤		饱和系数, ≤	
	平均值	单块最大值	平均值	单块最大值	平均值	单块最大值	平均值	单块最大值
黏土砖和砌块	21	23	0.85	0.87	23	25	0.88	0.90
粉煤灰砖和砌块	23	25			30	32		
页岩砖和砌块	16	18	0.74	0.77	18	20	0.78	0.80
煤矸石砖和砌块	19	21			21	23		

注 1:粉煤灰掺入量(质量比)小于 30%时,按黏土砖和砌块规定判定。

注 2:淤泥、建筑渣土及其他固体废弃物掺入量(质量分数)小于 30%时按相应产品类别规定判定。

二、非烧结砖

不经焙烧制成的砖均为非烧结砖，如蒸养(压)砖、碳化砖、免烧免蒸砖。目前应用较广的是蒸养(压)砖，这类砖是以钙质材料(石灰、水泥、电石渣等)和硅质材料为主要原料，经坯料制备、压制成型，在自然条件下或人工蒸养(压)条件下，发生化学反应，生成以水化硅酸钙、水化铝酸钙为主要胶结产物的硅酸盐建筑制品。常见的非烧结砖品种有灰砂实心砖、粉煤灰砖、炉渣砖等。与烧结普通砖相比，具有节约土地资源和燃料，且能充分利用工业废料，减少环境污染的特点。

(一)蒸压灰砂实心砖

蒸压灰砂实心砖是以砂、石灰为主要原料，经坯料制备，压制成型、蒸压养护而成的实心砖，简称灰砂砖。产品代号为 LSSB。

1. 蒸压灰砂实心砖的技术要求

(1)外观质量和尺寸允许偏差

根据国家推荐标准《蒸压灰砂实心砖和实心砌块》(GB/T 11945—2019)规定，蒸压灰砂实心砖的外形为直角六面体，公称尺寸：长度 240 mm，宽度 115 mm，高度 53 mm。生产其他规格尺寸产品，由用户与生产厂商协商确定。根据灰砂砖的颜色分为本色(N)和彩色(C)。其外观质量要求如表 7-18 所示，尺寸允许偏差如表 7-19 所示。

表 7-18　蒸压灰砂实心砖的外观质量

项目名称		允许范围	
弯曲/mm		≤2	
缺棱掉角	三个方向最大投影尺寸/mm	实心砖	≤10
		实心砌块	≤20
		大型实心砌块	≤30
裂纹延伸的投影尺寸累计/mm		实心砖	≤20
		实心砌块	≤40
		大型实心砌块	≤60

表 7-19　蒸压灰砂实心砖的尺寸允许偏差

项目名称	实心砖	实心砌块	大型实心砌块
长度	±2	±2	±3
宽度			±2
高度	±1	+1, -2	±2

同一批次产品，其长度、宽度、高度的极值差，均应不超过 2 mm。产品上有贯穿孔洞时，其外壁厚应不小于 35 mm。

171

（2）强度等级

蒸压灰砂实心砖按其抗压强度分为 MU10、MU15、MU20、MU25、MU30 五个等级。强度等级应符合表 7-20 的规定。

表 7-20 蒸压灰砂实心砖的强度等级

强度等级	抗压强度	
	平均值 ≥	单个最小值 ≥
MU10	10.0	8.5
MU15	15.0	12.5
MU20	20.0	17.0
MU25	25.0	21.2
MU30	30.0	25.5

蒸压灰砂实心砖按产品代号、颜色、等级、规格尺寸和标准编号的顺序进行标记。如：规格尺寸 240 mm×115 mm×53 mm，强度等级为 MU15 的本色实心砖，其标记为：

LSSB-N   MU15   240×115×53   GB/T 11945—2019。

（3）抗冻性

蒸压灰砂实心砖的抗冻性符合表 7-21 的规定。

表 7-21 蒸压灰砂实心砖的抗冻性

使用地区[①]	抗冻指标	干质量损失率[②]/%	抗压强度损失率/%
夏热冬暖地区	D15		
温和与夏热冬冷地区	D25	平均值≤3.0	平均值≤15
寒冷地区[③]	D35	单个最大值≤4.0	单个最大值≤20
严寒地区[③]	D50		

注：①区域划分执行 GB 50176 规定。

②当某个试件的试验结果出现负值时，按 0.0% 计。

③当产品明确用于室内环境等，供需双方有约定时，可降低抗冻指标要求，但不应低于 D25。

（4）其他技术要求

蒸压灰砂实心砖的线性干燥收缩值应不大于 0.050%，碳化系数应不小于 0.85，吸水率应不大于 15%，软化系数应不小于 0.85。

2. 蒸压灰砂实心砖的应用

蒸压灰砂实心砖适用于各类民用建筑、公用建筑和工业厂房的内、外墙，以及房屋的基础，是替代烧结黏土砖的产品。其中 MU30、MU25、MU20 和 MU15 可用于基础和其他建筑；MU10 可用于防潮层以上的建筑。但灰砂砖不耐酸、不耐热，因此不得用于长期高于 200℃ 及急冷急热和有酸性介质侵蚀的建筑部位，如不能砌筑烟囱和炉衬等；也不宜用于有流水冲刷的部位。

（二）蒸压粉煤灰砖

蒸压粉煤灰砖是以粉煤灰、生石灰为主要原料，可掺加适量石膏等外加剂和其他集料，经胚料制备、压制成型、高压蒸汽养护而制成的砖。产品代号为 AFB。

1. 蒸压粉煤灰砖的技术要求

（1）外观质量和尺寸偏差

根据行业标准《蒸压粉煤灰砖》（JC/T 239—2014）规定，蒸压粉煤灰砖的公称尺寸为：长度 240 mm、宽度 115 mm、高度 53 mm。其他规格尺寸可由供需双方协商后确定。其外观质量和尺寸偏差应符合表 7-22 中的要求。

表 7-22 蒸压粉煤灰砖外观质量和尺寸偏差

项目名称			技术指标
外观质量	缺棱掉角	个数/个，≤	2
		三个方向投影尺寸的最大值/mm，≤	15
	裂纹	裂纹延伸的投影尺寸累计/mm，≤	20
	层裂		不允许
尺寸偏差	长度/mm		+2 −1
	宽度/mm		±2
	高度/mm		+2 −1

（2）强度等级

蒸压粉煤灰砖按强度分为 MU10、MU15、MU20、MU25、MU30 五个等级。强度等级应符合表 7-23 中的要求。

表 7-23 蒸压粉煤灰砖强度等级（MPa）

强度等级	抗压强度		抗折强度	
	平均值，≥	单块最小值，≥	平均值，≥	单块最小值，≥
MU10	10.0	8.0	2.5	2.0
MU15	15.0	12.0	3.7	3.0
MU20	20.0	15.0	4.0	3.2
MU25	25.0	20.0	4.5	3.6
MU30	30.0	24.0	4.8	3.8

粉煤灰砖按产品代号（AFB）、规格尺寸、强度等级、标准编号的顺序进行标记。如：规

格尺寸为 240 mm×115 mm×53 mm，强度等级为 MU15 的砖标记为：

AFB 240 mm×115 mm×53 mm MU15 JC/T 239

（3）抗冻性

蒸压粉煤灰砖的抗冻性符合表 7-24 中的要求。

表 7-24 蒸压粉煤灰砖的抗风化性能

使用地区	抗冻指标	质量损失率/%，≤	抗压强度损失率/%，≤
夏热冬暖地区	F_{15}		
夏热冬冷地区	F_{25}	5	25
寒冷地区	F_{35}		
严寒地区	F_{50}		

（4）其他技术要求

蒸压粉煤灰砖的线性干燥收缩值应不大于 0.50 mm/m，碳化系数应不小于 0.85，吸水率应不大于 20%。

2. 蒸压粉煤灰砖的应用

蒸压粉煤灰砖可用于工业与民用建筑的基础墙体。应用时应注意：①用于易受冻融作用的建筑部位时要进行冻融试验，并采取适当措施，以提高建筑的耐久性；②用粉煤灰砖砌筑的建筑物，应适当增设圈梁和伸缩缝或采取其他措施，以避免或减少收缩裂缝的产生；③粉煤灰砖出斧后，应存放一段时间后再用，以减少相对伸长值；④长期受高于 200℃ 温度作用，或受冷热交替作用，或有酸性寝室的建筑部位不得使用粉煤灰砖。

（三）炉渣砖

炉渣砖是以煤燃烧后的残渣为主要原料，配一定数量的石灰和少量石膏，经加水搅拌混合、压制成型、蒸养或蒸压养护而制成的实心砖。代号为 LZ。

1. 炉渣砖的技术要求

根据行业标准《炉渣砖》（JC/T 525—2007）规定，炉渣砖的技术要求如下：

（1）尺寸允许偏差

炉渣砖的外形为直角六面体。其规格尺寸为 240 mm×115 mm×53 mm。尺寸允许偏差应符合表 7-25 中的规定。

表 7-25 尺寸允许偏差（mm）

项目	合格品
长度	±2.0
宽度	±2.0
高度	±2.0

（2）外观质量

炉渣砖的外观质量应符合表 7-26 中的规定。

表7-26 炉渣砖的外观质量

项目名称		合格品
弯曲，≤		2.0
缺棱掉角	个数/个，≤	1
	三个方面投影尺寸的最小值，≤	10
完整面		不少于一条面和一顶面
裂缝长度 a. 大面上宽度方向及其延伸到条面的长度 b. 大面上长度方向及其延伸到顶面上的长度或条、顶面水平裂纹的长度		不大于30 不大于50
层裂		不允许
颜色		基本一致

（3）强度等级

炉渣砖根据抗压强度分 MU25、MU20、MU15 三个等级，强度应符合表7-27 中的规定。

表7-27 炉渣砖强度等级（MPa）

强度等级	抗压强度平均值$\bar{f}$，≥	变异系数$\delta \leqslant 0.21$ 强度标准值f_k，≥	变异系数$\delta \geqslant 0.21$ 单块最小抗压强度f_{min}，≥
MU25	25.0	19.0	20.2
MU20	20.0	14.0	16.0
MU15	15.0	10.0	12.0

（4）抗冻性

炉渣砖的抗冻性符合表7-28 中的规定。

表7-28 炉渣砖的抗冻性

强度等级	冻后抗压强度/MPa 平均值不小于	但块砖的干质量损失/%，≤
MU25	22.0	2.0
MU20	16.0	2.0
MU15	12.0	2.0

（5）碳化性能

炉渣砖的碳化性能应符合表7-29 中的规定。

表 7-29　炉渣砖的碳化性能（MPa）

强度等级	碳化后强度/MPa　平均值不小于
MU25	22.0
MU20	16.0
MU15	12.0

（6）干燥收缩率和耐火极限

炉渣砖的干燥收缩率应不大于 0.06%；耐火极限不小于 2.0 h。

（7）抗渗性

用于清水墙的炉渣砖，其抗渗性应满足表 7-30 中的规定。

表 7-30　炉渣砖的抗渗性（mm）

项目名称	指标
水面下降高度	三块中任一块不大于 10

2. 炉渣砖的应用

炉渣砖可用于一般工业与民用建筑的墙体和基础。

第二节　墙用砌块

砌块是比砌墙砖尺寸大的人造块材，外形一般是直角六面体，也有异形体。砌块是一种新型墙体材料，可以充分利用地方资源和工业废渣，节省黏土资源和改善环境。具有生产工艺简单、原料来源广、适应性强、制作简单及使用方便、可改善墙体功能等特点，因此发展较快。常见的砌块有蒸压加气混凝土砌块、普通混凝土小型砌块和粉煤灰混凝土小型空心砌块。

一、蒸压加气混凝土砌块

蒸压加气混凝土砌块是以钙质材料（水泥、石灰等）和硅质材料（砂、矿渣、粉煤灰等）以及加气剂（铝粉、铝膏等），经配料、搅拌、浇筑、发气（由化学反应产生小气孔而形成的小空隙）、预养切割、蒸汽养护等工艺过程制成的多孔硅酸盐砌块。

蒸压加气混凝土砌块的常用品种有蒸压矿渣加气混凝土砌块和蒸压粉煤灰加气混凝土砌块两种。蒸压加气混凝土砌块具有自重小、保温隔热性能好、耐火性能好、抗震性好、加工方便和施工效率高等优点。适用于低层建筑的承重墙，多层和高层建筑的非承重墙体、隔断墙及工业建筑的维护墙体和保温隔热材料等。

1. 产品分类

砌块按尺寸偏差分为 Ⅰ 型和 Ⅱ 型。Ⅰ 型适用于薄灰缝砌筑，Ⅱ 型适用于厚灰缝砌筑。

按抗压强度分为 A1.5、A2.0、A2.5、A3.5、A5.0 五个级别。强度级别 A1.5、A2.0 适用

于建筑保温。

按干密度划分为 B03、B04、B05、B06、B07 五个级别，对应的干密度分别为 300 kg/m³、400 kg/m³、500 kg/m³、600 kg/m³、700 kg/m³。干密度级别 B03、B04 适用于建筑保温。

2. 产品规格

根据国家标准《蒸压加气混凝土砌块》(GB/T 11968—2020)，蒸压加气混凝土砌块的常用规格尺寸如表 7-31 所示，所需其他规格尺寸由供需双方协商确定。

表 7-31 蒸压加气混凝土砌块规格尺寸(mm)

长度 L	宽度 B	高度 H
600	100 120 125 150 180 200 240 250 300	200 240 250 300

3. 产品标记

产品以蒸压加气混凝土砌块代号(AAC-B)、强度和干密度分级、规格尺寸和标准编号进行标记。如：抗压强度级为 A3.5、干密度为 B05、规格尺寸为 600 mm×200 mm×250 mm 的蒸压加气混凝土Ⅰ型砌块，其标记为：

AAC-B A3.5 B05 600×200×250(Ⅰ) GB/T11968

4. 技术要求

根据现行国家标准《蒸压加气混凝土砌块》(GB/T 11968—2020)，蒸压加气混凝土砌块的主要技术指标要求如表 7-32 至表 7-36 所示。

表 7-32 蒸压加气混凝土砌块尺寸允许偏差

项目	Ⅰ型	Ⅱ型
长度 L	±3	±4
宽度 B	±1	±2
高度 H	±1	±2

表 7-33 蒸压加气混凝土砌块外观质量

项目			Ⅰ型	Ⅱ型
缺棱掉角	最小尺寸/mm	≤	10	30
	最大尺寸/mm	≤	20	70
	三个方向尺寸之和不大于 120 mm 的掉角个数/个	≤	0	2
裂纹长度	裂纹长度/mm	≤	0	70
	任意面不大于 70 mm 裂纹条数/条	≤	0	1
	每块裂纹总数/条	≤	0	2

项目		Ⅰ型	Ⅱ型
损坏深度/mm	≤	0	10
表面疏松、分层、表面油污		无	无
平面弯曲/mm	≤	1	2
直角度/mm	≤	1	2

表7-34 蒸压加气混凝土砌块抗压强度和干密度要求

强度级别	抗压强度/MPa		干密度级别	平均干密度/(kg·m⁻³) ≤
	平均值≥	最小值≥		
A1.5	1.5	1.2	B03	350
A2.0	2.0	1.7	B04	450
A2.5	2.5	2.1	B04	450
			B05	550
A3.5	3.5	3.0	B04	450
			B05	550
			B06	650
A5.0	5.0	4.2	B05	550
			B06	650
			B07	750

表7-35 蒸压加气混凝土砌块抗冻性

强度级别		A2.5	A3.5	A5.0
抗冻性	冻后质量平均值损失/%	≤5.0		
	冻后强度平均值损失/%	≤20		

表7-36 蒸压加气混凝土砌块导热系数

干密度级别	B03	B04	B05	B06	B07
导热系数(干态)/[W·(m·K)⁻¹]，≤	0.10	0.12	0.14	0.16	0.18

　　目前，加气混凝土材料多以预制成品的形式用于建筑工程中。其可以垒砌3层或3层以下的房屋的承重墙，也可砌筑工业厂房、多层、高层框架结构建筑的非承重填充墙。和传统的烧结黏土砖相比，其强度低些，但可利用工业废料，产品成本较低，能大幅度降低建筑物自重，保温效果好。加气混凝土制品将会越来越显示出其较高的使用价值和广阔的发展前

景。但是,建筑物以下部位不得使用加气混凝土材料:建筑物标高±0.000 m以下(地下室的非承重内隔墙除外),长期浸水或经常干湿交替的部位;受化学侵蚀的环境,如强酸、强碱或高浓度二氧化碳等周围;也不得用于温度长期高于80℃的建筑部位。

二、普通混凝土小型砌块

普通混凝土小型砌块是以水泥、矿物掺和料、砂、石、水等为原材料,经搅拌、振动成型、养护等工艺制成的小型砌块。包括空心砌块和实心砌块。有主块型砌块和辅助砌块(和主块型砌块配套使用)。该砌块生产可充分利用我国各种丰富的天然轻集料资源和一些工业废渣为原料,对降低砌块生产成本和减少环境污染具有良好的社会和经济双重效益。

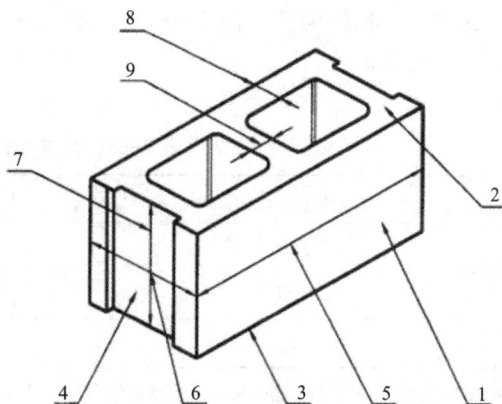

图7-5 砌块各部位的名称
1—条面;2—坐浆面(肋厚较小的面);
3—铺浆面(肋厚较大的面);4—顶面;5—长度;
6—宽度;7—高度;8—壁;9—肋

1.规格

主块型砌块各部位的名称如图7-5所示。

砌块的外形宜为直角六面体,常用块型的规格尺寸如表7-37所示。

表7-37 砌块的规格尺寸(mm)

长度	宽度	高度
390	90、120、140、190、240、290	90、140、190

注:其他规格尺寸可由供需双方协商确定,采用薄灰缝砌筑的块型,相关尺寸可作相应调整。

2.种类

砌块按空心率分为空心砌块(空心率不小于25%,代号:H)和实心砌块(空心率小于25%,代号:S);按使用时砌筑墙体的结构和受力情况,分为承重结构用砌块(简称承重砌块,代号:L)和非承重结构用砌块(简称非承重砌块,代号:N);常用的辅助砌块代号分别为:半块——50,七分头块——70,圈梁块——U,清扫孔块——W。

3.强度等级

砌块按抗压强度分级,见表7-38所示。

表7-38 砌块的强度等级(MPa)

砌块种类	承重砌块(L)	非承重砌块(N)
空心砌块(H)	7.5、10.0、15.0、20.0、25.0	5.0、7.5、10.0
实心砌块(S)	15.0、20.0、25.0、30.0、35.0、40.0	10.0、15.0、20.0

4. 标记

砌块按下列顺序标记：砌块种类、规格尺寸、强度等级（MU）、标准代号。如：规格尺寸 390 mm×190 mm×190 mm，强度等级 MU15.0、承重结构用实心砌块，其标记为：LS 390×190×190 MU15.0 GB/T 8239—2014

5. 技术要求

（1）尺寸偏差

砌块的尺寸允许偏差应符合表 7-39 的规定，对于薄灰缝砌块，其高度允许偏差应控制在+1 mm、−2 mm。

表 7-39　尺寸允许偏差（mm）

项目名称	技术指标
长度	±2
宽度	±2
高度	+3、−2

注：免浆砌块的尺寸允许偏差，应由企业根据块型特点自行给出。尺寸偏差不应影响垒砌和墙片性能。

（2）外观质量

砌块的外观质量应符合表 7-40 的规定。

表 7-40　砌块的外观质量

项目名称		技术指标
弯曲，≤		2 mm
缺棱掉角	个数　　　　　　　　　　不超过	1 个
	三个方向投影尺寸的最大值，≤	20 mm
裂纹延伸的投影尺寸累计，≤		30 mm

（3）空心率

空心砌块（H）应不小于 25%；实心砌块（S）应小于 25%。

（4）外壁和肋厚

承重空心砌块的最小外壁厚应不小于 30 mm，最小肋厚应不小于 25 mm；非承重空心砌块的最小外壁厚和最小肋厚应不小于 20 mm。

（5）强度等级

砌块的强度等级应符合表 7-41 中的规定。

表 7-41 砌块的强度等级(MPa)

强度等级	抗压强度	
	平均值,≥	单块最小值,≥
MU5.0	5.0	4.0
MU7.5	7.5	6.0
MU10	10.0	8.0
MU15	15.0	12.0
MU20	20.0	16.0
MU25	25.0	20.0
MU30	30.0	24.0
MU35	35.0	28.0
MU40	40.0	32.0

(6)吸水率和线性干燥收缩值

L 类砌块的吸水率应不大于 10%;N 类砌块的吸水率应不大于 14%。

L 类砌块的线性干燥收缩值应不大于 0.45 mm/m;N 类砌块的线性干燥收缩值应不大于 0.65 mm/m。

(7)抗冻性

砌块的抗冻性应符合表 7-42 中的要求。

表 7-42 砌块的抗冻性

使用条件	抗冻指标	质量损失率	强度损失率
夏热冬暖地区	F_{15}	平均值≤5% 单块最大值≤10%	平均值≤20% 单块最大值≤30%
夏热冬冷地区	F_{25}		
寒冷地区	F_{35}		
严寒地区	F_{50}		

注:使用条件应符合 GB 50176 的规定。

(8)碳化系数和软化系数

碳化系数应不小于 0.85;软化系数应不小于 0.85。

混凝土小型砌块主要适用于一般工业与民用建筑的砌块房屋,尤其是适用于多层建筑的承重墙体及框架结构填充墙。

三、粉煤灰混凝土小型空心砌块

粉煤灰混凝土小型空心砌块是以粉煤灰、水泥、集料、水为主要组分(也可加入外加剂等)制成的混凝土小型空心砌块,代号为 FHB。

1. 产品分类

粉煤灰混凝土小型空心砌块按孔的排数分为单排孔(1)、双排孔(2)和多排孔(D)三类。主规格尺寸为 390 mm×390 mm×190 mm,其他规格尺寸由供需双方商定。

按砌块密度等级分为:600、700、800、900、1000、1200 和 1400 七个等级。

按砌块抗压强度分为 MU3.5、MU5、MU7.5、MU10、MU15 和 MU20 六个等级。

2. 产品标记

产品按下列顺序标记:代号(FHB)、分类、规格尺寸、密度等级、强度等级、标准编号。

如:规格尺寸为 390 mm×190 mm×190 mm、密度等级为 800 级、强度等级为 MU5 的双排孔砌块的标记为:

FHB2　390×190×190　800　MU5　JC/T 862—2008

3. 技术要求

(1)尺寸偏差和外观质量

砌块的尺寸偏差和外观质量符合表 7-43 中的要求。

表 7-43　尺寸允许偏差和外观质量

项目		指标
允许偏差/mm	长度	±2
	宽度	±2
	高度	±2
最小外壁厚,不小于/mm	用于承重墙体	30
	用于非承重墙体	20
肋厚,不小于/mm	用于承重墙体	25
	用于非承重墙体	15
缺棱掉角	个数,不多于/个	2
	3 个方向投影的最小值,不大于/mm	20
裂缝延伸投影的累计尺寸,不大于/mm		20
弯曲,不大于/mm		2

(2)密度等级

密度等级应符合表 7-44 中的要求。

表 7-44　砌块的密度等级(kg·m⁻³)

密度等级	砌块块体密度的范围
600	≤600
700	610~700
800	710~800

续表7-44

密度等级	砌块块体密度的范围
900	810~900
1000	910~1000
1200	1010~1200
1400	1210~1400

（3）强度等级

强度等级应符合表7-45中的要求。

表 7-45　粉煤灰混凝土小型空心砌块强度等级（MPa）

强度等级	抗压强度	
	平均值	单块最小值
MU3.5	3.5	2.8
MU5	5.0	4.0
MU7.5	7.5	6.0
MU10	10.0	8.0
MU15	15.0	12.0
MU20	20.0	16.0

（4）干燥收缩率

干燥收缩率应不大于0.060%。

（5）相对含水率

相抵含水率应符合表7-46中的要求。

表 7-46　粉煤灰混凝土小型空心砌块相对含水率（%）

使用地区	潮湿	中等	干燥
相对含水率，≤	40	35	30

注：1.相对含水率即砌块含水率与吸水率之比：

$$W=100\times w_1/w_2$$

式中：W——砌块的相对含水率，%；

w_1——砌块的含水率，%；

w_2——砌块吸水率，%。

2.使用地区的湿度条件：

潮湿——系指年平均相对湿度大于75%的地区；

中等——系指年平均相对湿度50%~75%的地区；

干燥——系指年平均相对湿度小于50%的地区。

（6）干燥收缩率、碳化系数和软化系数

粉煤灰混凝土小型空心砌块的干燥收缩率应不大于 0.060%；碳化系数应不小于 0.8；软化系数应不小于 0.8。

（7）抗冻性

粉煤灰混凝土小型空心砌块的抗冻性应符合表 7-47 中的要求。

表 7-47 粉煤灰混凝土小型空心砌块的抗冻性

使用条件	抗冻指标	质量损失率/%，≤	强度损失率/%，≤
夏热冬暖地区	F15		
夏热冬冷地区	F25	5	25
寒冷地区	F35		
严寒地区	F50		

粉煤灰小型空心砌块是黏土砖的代替品，符合国家墙体材料改革和建筑节能的要求。使用与一般工业与民工建筑的承重墙体和非承重墙体。但不宜用于长期受高温（如炼钢车间）和经常受潮湿的承重墙体，也不宜用于有酸性介质侵蚀和受较大震动的建筑部位。

四、蒸压灰砂实心砌块和大型蒸压灰砂实心砌块

蒸压灰砂实心砌块是以磨细砂、石灰和石膏为胶结料，以砂为集料，经振动成型、高压蒸汽养护等工艺过程制成的密实硅酸盐砌块，简称灰砂砌块。产品代号为 LSSU。

大型蒸压灰砂实心砌块是空心率小于 15%，长度不小于 500 mm 或高度不小于 300 mm 的蒸压灰砂砌块，简称大型实心砌块。产品代号为 LLSS。

1. 规格

根据国家推荐标准《蒸压灰砂实心砖和实心砌块》（GB/T 11945—2019）规定，蒸压灰砂实心砌块和大型蒸压灰砂实心砌块规格，应考虑工程应用砌筑灰缝的宽度和厚度要求，由供需双方协商后确定其标示尺寸。

2. 颜色

颜色分为本色（N）和彩色（C）。

3. 产品标记

蒸压灰砂实心砌块和大型蒸压灰砂实心砌块按产品代号、颜色、等级、规格尺寸和标准编号的顺序进行标记。如：规格尺寸 295 mm×240 mm×195 mm，强度等级为 MU20 的彩色实心砌块，其标记为：LSSU-C MU20 295×240×195 GB/T 11945—2019；规格尺寸 997 mm×200 mm×497 mm，强度等级为 MU25 的本色大型实心砌块，其标记为：LLSS-N MU25 997×200×497 GB/T 11945—2019。

4. 技术要求

（1）外观质量和尺寸允许偏差

蒸压灰砂实心砌块和大型蒸压灰砂实心砌块的其外观质量要求如表 7-18 所示，尺寸允许偏差如表 7-19 所示。

（2）强度等级

蒸压灰砂实心砌块和大型蒸压灰砂实心砌块按其抗压强度分为 MU10、MU15、MU20、MU25、MU30 五个等级。强度等级应符合表 7-20 的规定。

（3）抗冻性

蒸压灰砂实心砌块和大型蒸压灰砂实心砌块的抗冻性符合表 7-21 的规定。

（4）其他技术要求

蒸压灰砂实心砌块和大型蒸压灰砂实心砌块的线性干燥收缩值应不大于 0.050%，碳化系数应不小于 0.85，吸水率应不大于 15%，软化系数应不小于 0.85。

第三节　墙用板材

墙用板材具有轻质、高强、多功能的特点，便于拆装，平面尺度大施工劳动效率高，改善墙体功能；厚度薄，可提高室内使用面积；自重小或减轻建筑物对基础结构的承重要求，降低工程造价。在不同的建筑体系中，采用各种类的预制板材是提高设计标准化、施工机械化和结构装配化的有效途径，也是推荐墙材改革的重要措施。我国目前墙体板材品种较多，大体可分为轻质面板、轻质条板和轻质复合板三类。

轻质面板常见品种有纸面石膏板、纤维水泥平板、水泥刨花板、纤维增强硅酸钙等。轻质条板常见品种有石膏空心条板、玻璃纤维增强水泥（GRC）板、轻骨料混凝土条板、加气混凝土条板等。轻质复合墙板一般是由强度和耐久性较好的混凝土板或金属板作结构层或外墙面板，采用矿棉、聚苯乙烯泡沫兼等作为保温层，采用各类轻质板材做面板或内墙面板的一种建筑预制板材。

一、石膏类墙用板材

石膏类墙用板材以其平面平整、光滑细腻，可装饰性好，具有特殊的呼吸功能，原材料丰富、制作简单，等到广泛的应用。在轻质板材中占很大比例的主要有各种纸面石膏板、石膏空心条板和石膏刨花板等。

（一）纸面石膏板（GB/T 9775—2008）

纸面石膏板按功能分为：普通纸面石膏板（代号 P）、耐水纸面石膏板（代号 S）、耐火纸面石膏板（代号 H）和耐水耐火纸面石膏板（代号 SH）四种。其中普通纸面石膏板是以建筑石膏为主要原料，掺入适量纤维增强材料和外加剂等，在与水搅拌后，浇注于护面纸的面纸与背纸之间，并与护面纸牢固地粘结在一起的建筑板材。耐水纸面石膏板是以建筑石膏为主要原料，掺入适量纤维增强材料和耐水外加剂，在与水搅拌后，浇注于耐水护面纸的面纸与背纸之间，并与耐水护面纸牢固地黏结在一起，旨在改善防水性能的建筑板材。耐火纸面石膏板是以建筑石膏为主要原料，掺入无机耐火纤维增强材料和外加剂等，在与水搅拌后，浇注于护面纸的面纸与背纸之间，并与护面纸牢固地黏结在一起，旨在提高防火性能的建筑板材。耐水耐火纸面石膏板是以建筑石膏为主要原料，掺入耐水外加剂和无机耐火纤维增强材料等，在与水搅拌后，浇注于耐水护面纸的面纸与背纸之间，并与耐水护面纸牢固地粘结在一起，旨在改善防水性能和提高防火性能的建筑板材。纸面石膏板按棱边形状分为矩形（代号 J）、倒角形（代号 D）、楔形（代号 C）和圆形（代号 Y）四种。也可根据用户要求生产其他棱边形状的板材。

1.规格尺寸

板材的公称长度为 1500、1800、2100、2400、2440、2700、3000、3300、3600 和 3660 mm。

板材的公称宽度为 600、900、1200 和 1220 mm。

板材的公称厚度为 9.5、12.0、15.0、18.0、21.0 和 25.0 mm。

2.标记

纸面石膏板的标记顺序为:产品名称、板类代号、棱边形状代号、长度、宽度、厚度以及标准编号。如:长度为 3000 mm、宽度为 1200 mm,厚度为 12.0 mm、具有楔形棱边形状的普通纸面石膏板,标记为:

纸面石膏板 PC 3000×1200×12.0 GB/T 9775—2008

3.技术要求

(1)外观质量

纸面石膏板板面平整,不应有影响使用的波纹、沟槽、亏料、漏料和划伤、破损、污痕等缺陷。

(2)尺寸偏差

板材的尺寸偏差应符合表 7-48 中的要求。

表 7-48　纸面石膏板的尺寸偏差(mm)

项目	长度	宽度	厚度	
			9.5	≥12.0
尺寸偏差	−6~0	−5~0	±0.5	±0.6

(3)对角线长度差

板材应切割成矩形,两对角线长度差应不大于 5 mm。

(4)楔形棱边断面尺寸

对于棱边形状为楔形的板材,楔形棱边宽度应为 30~80 mm,楔形棱边深度应为 0.6~1.9 mm。

(5)面密度

板材的面密度应不大于表 7-49 的要求。

表 7-49　纸面石膏板的面密度

板材厚度/mm	面密度/(kg·m^{-3})
9.5	9.5
12.0	12.0
15.0	15.0
18.0	18.0
21.0	21.0
25.0	25.0

（6）断裂荷载

板材的断裂荷载应不小于表7-50中的要求。

表7-50　纸面石膏板的断裂荷载

板材厚度/mm	断裂荷载/N			
	纵向		横向	
	平均值	最小值	平均值	最小值
9.5	400	360	160	140
12.0	520	460	200	180
15.0	650	580	250	220
18.0	770	700	300	270
21.0	900	810	350	320
25.0	1100	970	420	380

（7）硬度和抗冲击性

板材的棱边硬度和端头硬度应不小于70 N。

经冲击后，板材背面应无径向裂纹。

（8）护面纸与芯材粘结性

护面纸与芯材应不剥离。

（9）吸水率和表面吸水量（仅适用于耐水纸面石膏板和耐水耐火纸面石膏板）

板材的吸水率应不大于10%；表面吸水量应不大于160 g/m^2。

（10）遇火稳定性（仅适用于耐火纸面石膏板和耐水耐火纸面石膏板）

板材的遇火稳定性时间应不少于20 min。

纸面石膏板表面平整、尺寸稳定，具有自重轻、保温隔热、隔声、防火、抗震、可调节室内温度、加工性好、施工方便等优点。纸面石膏板可用作室内隔墙，也可直接贴在砖墙上。在厨房、卫生间以及空气湿度大于70%的超时环境中使用时，必须采取相应的防潮措施，否则石膏板受潮后会下垂，又由于纸面受潮后与芯板之间黏结力削弱，从而导致纸的隆起和剥离。通常耐水纸面石膏板主要用于厨房、卫生间等到潮湿场合。耐火纸面石膏板主要用于耐火要求较高的室内隔墙。

纸面石膏板与轻钢龙骨组成的轻质墙体称为轻钢龙骨石膏板墙体体系，适合于多层及高层建筑的分室墙。该体系具有以下优点：

（1）自重小，强度较高。墙体自重为30~50 kg/m^2，仅为同厚度红砖墙的1/5。

（2）尺寸稳定，胀缩变形不大于0.1%。

（3）抗震性好。由于石膏板轻，且具有一定的弹性，故地震惯性较小，不易震塌。

（4）调温调湿性好。石膏板芯材中含有轻质填料，且本身孔隙率高，因此保温隔热能力较好，并且大量孔隙的存在还会随室内空气的湿度大小，释放或吸收一定的水分，从而起到调温的作用。

（5）占地面积小。有利于增加室内有效使用面积。

（6）加工性能好。装饰方便，便于管道和电线工程管线的埋设。

（7）施工方便，效率高。

（8）施工不受季节影响。

（二）石膏空心条板（JC/T 829—2010）

石膏空心条板是以建筑石膏为主要原料，掺以无机轻集料、无机纤维增强材料，加入适量添加剂而制成的空心条板，代号为SGK。

1.外形

石膏空心条板的外形和断面见图 7-6 和图 7-7。空心条板的长边应设榫头和榫槽或双面凹槽。

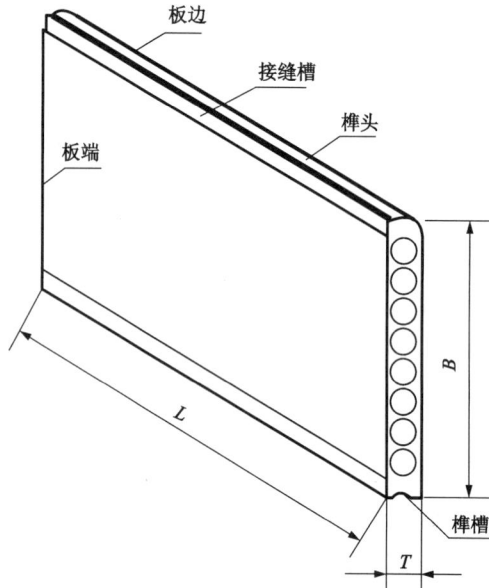

图 7-6　石膏空心条板外形示意图

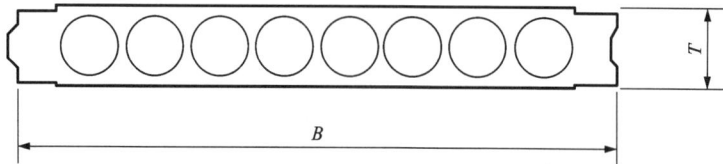

图 7-7　石膏空心条板断面示意图

2.规格

石膏空心条板的规格见表 7-51。

表 7-51　石膏空心板的规格(mm)

长度 L	宽度 B	厚度 T
2100～3000	600	60
		90
2100～3600		120

3. 标记

产品标记顺序为产品名称、代号、长度、宽度、厚度、标准编号。如长度 3000 mm、宽度 600 mm、厚度 60 mm 的石膏空心条板标记为:

石膏空心条板　SGK　3000×300×60　JC/T 829—2010

4. 用途

石膏空心条板主要用于建筑物中非承重内隔墙。

(三)、石膏刨花板

石膏刨花板是以半水石膏为胶凝材料,木质刨花材料为增强材料,外加适量水和化学缓凝助剂,经搅拌形成半干性混合料,加压而成的板材。常用规格主要有 3050 mm×1220 mm×(8～28)mm。具有较好的防水、防火、隔热、隔声性能及较高的尺寸稳定性。主要用于工业建筑与住宅建筑的隔墙、吊顶、复合墙体基材。

二、水泥类墙用板材

水泥类墙板具有较好的耐久性和力学性能,生产技术成熟,产品质量可靠,可用于承重墙、外墙和复合墙的外层面。但表现密度大、抗拉强度低。多采用空心化来减轻自重。

(一)玻璃纤维增强水泥(GRC)轻质多孔隔墙条板(GB/T 19631—2005)

玻璃纤维增强水泥(GRC)轻质多孔隔墙条板是采用低碱度水泥和耐碱玻璃纤维无捻粗纱及其网格布和轻集料、外掺料(水分散聚合物、减水剂、发泡剂、粉煤灰、矿渣等)制成。

1. 分类

GRC 轻质多孔隔墙条板按板的厚度分为 90 型、120 型,按板型分为普通板(代号 PB)、门框板(代号 MB)、窗框板(代号 CB)、过梁板(代号 LB)。

2. 规格

GRC 轻质多孔隔墙条板采用不同企口和开孔形式。规格尺寸应符合表 7-52 要求。

表 7-52　产品型号及规格尺寸(mm)

型号	长度 L	宽度 B	厚度 T	接缝槽深 a	接缝槽宽 b	壁厚 c	孔间肋厚 d
90	2500～3000	600	90	2～3	20～30	≥10	≥20
120	2500～3500	600	120	2～3	20～30	≥10	≥20

3. 分级

按其外观质量、尺寸偏差及物理力学性能分为一等品(B)、合格品(C)。

4. 标记

GRC 轻质多孔隔墙条板产品的标记顺序：产品代号、规格尺寸、等级、标准代号。其中产品代号为产品主材料的简称 GRC 与板型类别代号组成。如：板长为 2650 mm，宽为 600 mm，厚为 90 mm 的一等品门框板标记为：

GRC—MB 2650×600×90 B GB/T 19631—2005

GRC 轻质多孔条板具有密度小，韧性好，耐水、不燃、易加工可用于工业与民用建筑的分室、分户、厨房、厕浴间、阳台等非承重的内隔墙和复合墙体的外墙面。

（二）纤维增强低碱度水泥建筑平板（JC/T 626—2008）

建筑用纤维增强水泥平板是以温石棉、短切中碱玻璃纤维或以抗碱玻璃纤维等为增强材料、以低碱度硫铝酸盐水泥为胶结材料，经过混合配制、搅拌成型、养护而制成的建筑平板。具有质量轻、不燃烧、耐水性、不变形、可钉、可锯、可涂刷、可干作业施工等显著特点。

1. 分类

按石棉掺入量分掺石棉纤维增强低碱度水泥建筑平板（代号 TK）和无石棉纤维增强低碱度水泥建筑平板（代号 NTK）

2. 等级

按尺寸偏差和物理力学性能分为优等品（A）、一等品（B）和合格品（C）。

3. 规格

平板的规格尺寸见表 7-53。

表 7-53 规格尺寸（mm）

规格	尺寸
长度	1200、1800、2400、2800
宽度	800、900、1200
厚度	4、5、6

注：如需其他规格或边缘未经切割的板材，可由供需双方协商确定。

5. 产品标记

产品标记由分类、规格、等级和标准编号组成。如：规格为 1800 mm×900 mm×6 mm 掺石棉纤维增强低碱度水泥建筑平板，优等品的标记：

TK 1800×900×6 A JC/T 626—2008

纤维增强低碱度水泥建筑平板主要适用于室内的非承重内隔墙和吊顶平板等。

三、复合墙板

用单一材料制成的板材常因材料本身不能满足墙体的多功能要求，使其应用受限制。如质量较轻，绝热效果、隔热、隔声、较好的石膏板、加气混凝板、稻草板等，因为耐水性较差或强度较低，只能用于非承重的内隔墙；而水泥混凝土类板材的强度和耐久性很好，但其自重太大，隔声保温效果差。现代建筑常采用不用材料组成复合墙体，以减轻墙体的自重，改善墙体的保温、隔热、隔声性能。

复合墙板一般由强度和耐久性较好的普通混凝土板或金属板做结构层或外墙面层，保温层多采用矿棉、聚氨酯和聚苯乙烯泡沫塑料、加气混凝土，采用各类轻质材料做面层或内墙面板。

1. 玻璃纤维增强水泥（GRC）外墙内保温板

玻璃纤维增强水泥（GRC）外墙内保温板是指以纤维增强水泥砂浆或玻璃纤维增强水泥膨胀珍珠岩砂浆为面板，以阻燃型聚氯乙烯泡沫塑料或以其他绝热材料为芯材复合而成的外墙内保温板。

2. 外墙外保温板

在外墙的保温节能体系中，常用的外保温板有 BT 型外保温板、水泥聚氯乙烯外保温板、GRC 外保温板。采用墙体外保温措施，可以消除热桥或降低热桥，墙体蓄热能力较强，提高室内的热稳定性和舒适感；减少强体内表面的结露，延长墙体的使用寿命；不影响建筑使用面积；旧房节能改造时对住户干扰小。

（1）BT 型外保温板：是以普通水泥砂浆为基材，以镀锌钢丝网及钢筋为增强材料，制造时与聚苯乙烯泡沫塑料板复合成为单面型的保温板材。

（2）钢丝网架水泥夹心板：常用品种有舒乐舍板、3D 板、泰柏板、UBS 板、英派克版。

泰柏板：是以直径为（2.06±0.03）mm，屈服强度为 90~490 MPa 的钢丝焊接成的三维网架骨架，与内填自熄型聚苯乙烯泡沫塑料构成的网架芯板，经施工现场涂抹水泥砂浆后形成的，用于非承重的内隔墙。舒乐舍板的构成与泰柏板类似。

3D 板：是先将聚苯乙烯板放在两层钢丝（直径 2~4 mm）将两层焊接钢丝网焊成整体式网架后制成芯板，经施工现场涂抹水泥砂浆后形成的，可用作承重墙板。

钢丝网架水泥夹心板按所用轻质芯材分为钢丝网架泡沫塑料夹心板和钢丝网架岩棉夹心板。其具有重量轻，保温隔热性好，安全性、防水、防潮、防震、耐久性好，安装方便的特点，适用于房屋建筑的内隔墙、围护外墙、保温复合外墙和楼面屋面板。

3. 轻型夹心板

这类板材是用各种轻质高强的薄板、金属板做面板，中间以轻质的保温隔热材料为芯材组成的复合板。常用的内墙面面板有石膏板、硅钙板、硅镁板，外墙面面板有不锈钢板、色彩镀锌钢板、铝合金板、纤维增强薄板等。芯材有岩棉毡、阻燃性发泡聚苯乙烯、发泡聚氨酯、玻璃棉毡等。其优点是充分发挥所用材料各自的特长，减少墙体自重和厚度，提高使用功能和使用层面。因此轻质复合墙板往往集绝热、防水、装饰为一体，用于大跨度公共建筑、工业厂房、宾馆饭店等的分隔墙体和围护结构，在国内发展都非常迅速。

金属面夹心板质量轻、强度高，具有高效绝热性；施工方便、快捷；可多次拆卸重复安装使用，有较高的耐久性。其规格为：长度 800~12000 mm，宽度 900~1200 mm，厚度 50~250 mm。可普遍适用于冷库、办公楼、厂房、车间、超市、体育馆、活动房等的墙体材料。以石膏板为面板的预制石膏板复合墙板，一般用于现浇钢筋混凝土墙和砖砌外墙等的内保温。以薄型纤维水泥板或纤维增强硅酸钙板为面板的纤维水泥复合墙板于硅酸钙复合墙板，常用于建筑物的内隔墙和外墙。

本模块小结

本模块主要对常用的墙体材料砖、砌块和墙用板材进行了分类介绍。砖分为传统的烧结普通砖、烧结多孔砖和空心砖，非烧结类的灰砂砖、粉煤灰砖、炉渣砖等；砌块有蒸压加气混凝土砌块、普通混凝土小型砌块和粉煤灰混凝土小型空心砌块等；常用的墙用板材有石膏类墙用板材、水泥类墙用用板材与复合板材类(外墙板、内隔墙板、外墙内保温板和外墙外保温板)。

自测题

复习思考题

1.什么是墙体材料？其发展趋势如何？

2.烧结普通砖、烧结多孔砖和烧结空心砖各自的强度等级、质量等级是如何划分的？各自的规格尺寸是多少？主要适用范围包括哪些？

3.烧结普通砖的技术要求有哪些？

4.什么是蒸压灰砂砖、蒸压粉煤灰砖？它们的主要用途有哪些？

5.什么是粉煤灰混凝土小型空心砌块？其强度等级如何划分？

6.什么是蒸压加气混凝土砌块，其技术指标有哪些？适用范围如何？

7.什么是普通混凝土小型砌块？其技术要求包括哪些？适用范围如何？

8.常用墙用板材产品有哪些？其主要用途是什么？

192

模块八　建筑木材

【学习目标】

通过本模块学习，应掌握木材的物理和力学性质；熟悉木材在建筑和装饰中的应用；了解木材的种类与构造。

【技能目标】

通过本模块学习，能根据木材的物理与力学性质在工程中合理选择和使用木材，并能使用适当的方法对木材进行防护，以延长木材的使用寿命。

木材是自然界生长而来的一种材料，是人类最早使用的一种土木工程材料。在我国木材应用历史悠久，技术高超，建造过大量木结构的古建筑，如北京的天坛祈年殿、山西应县木塔等。进入工业现代化社会，虽然出现了很多新的建筑材料，但木材由于其独特的优点，仍在土木工程中占有重要地位。

木材具有许多优异的性质：轻质高强、有较好的弹性和韧性、耐冲击和振动；导热性差、保温性能好；木纹自然悦目、表面易于着色和油漆、装饰性好；易于制作和连接、加工性能好。但木材也存在一些缺点：内部结构不均匀、呈各向异性，湿胀干缩大、易翘曲和开裂，易燃、易腐、虫蛀及天然疵病等。虽然木材存在这些缺点，但经过一定的加工和处理，可以得到一定的弥补和克服。

自从有人类以来，木材就一直在人类的建筑中使用，从全木材制作的木屋到土木结构、砖木结构，木结构房屋干燥透气、隔热保暖，一直深受人们喜爱，然而树木生长比较缓慢，资源不足，大量使用木材会导致森林覆盖率大幅下降，破坏人类赖以生存的自然生态平衡，因此为了保持生态环境和可持续发展，人类应该节约木材和合理地利用木材。社会进入20世纪末木结构房屋基本消失了，木材在建筑中主要用作装修装饰材料、制作家具，而且综合利用发展的大量木材制品得到了广泛应用。

第一节　木材的分类及构造

一、木材的分类

1. 按树种分类

木材是由树木砍伐后加工而成。虽然树木种类繁多，但一般按树叶的不同可以将树木分为针叶树和阔叶树两大类。

（1）针叶树

针叶树的树叶细长呈针状，多为常绿树。树干一般通直高大，达 50~60 m，纹理顺直，成材率高易加工。针叶树表观密度和胀缩变形较小，强度较高，树脂含量较高、耐腐蚀性强，在建筑工程中广泛用作柱、梁、横条等承重结构构件，以及门窗、家具、地板等装饰工程。常用的树种有冷杉、云杉、红松、马尾松、落叶松、黄花松、柏木等。

（2）阔叶树

阔叶树的树叶宽大叶脉呈网状，多为落叶树。树干通直部分一般较短，材质重而硬，难以加工。阔叶树木材胀缩和翘曲变形大，易开裂，建筑上常用作尺寸较小的构件。部分阔叶树种加工后纹理显著，图案美观，适宜用来制作家具、室内装饰和胶合板的面料等。常用的树种有水曲柳、桦木、樟木、柞木、榉木、榆木等。

2. 按材种分类

木材按树木加工程度可分为原条、原木、板方材和木质人造板材。

（1）原条：树木砍伐后除去树枝、树皮的条木；

（2）原木：为了运输和使用方便，将原条锯截成一定长度的木段；

（3）板方材：原木锯解为一定规格的木材，截面宽度为厚度 3 倍或以上的木材为板材，截面宽度不足厚度 3 倍木材为方材；

（4）木质人造板材：利用木材、木质纤维、木质碎料等为原料，加胶黏剂等制成的板材，如胶合板、细木工板、纤维板、刨花板、密度板等。

二、木材的构造

由于树种差异和树木生长环境的不同，木材的构造差别很大。木材的构造是决定木材性能的重要因素。木材的构造通常分为宏观构造和微观构造。

1. 木材的宏观构造

木材的宏观构造是指用肉眼或低倍放大镜所看到的木材组织。由于木材构造的不均匀性，要较全面了解木材的构造，一般可从树干的三个不同切面进行观察，如图 8-1 所示。

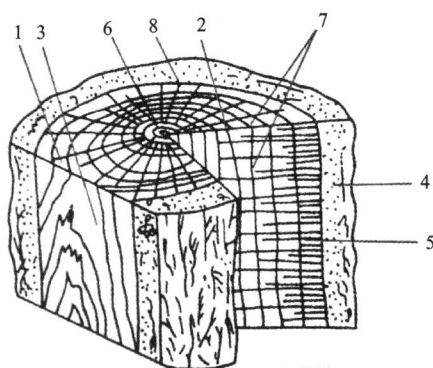

图 8-1 木材的宏观构造

1—横切面；2—径切面；3—弦切面；4—树皮；
5—木质部；6—髓心；7—髓线；8—年轮

横切面——垂直于树轴的切面，能看到树木的髓心、木质部、树皮，以及圆圈状的年轮和放射状的髓线；

径切面——通过树轴的纵切面；

弦切面——与树轴平行、与年轮相切的纵切面。

从树木的三个不同切面观察木材的宏观构造，可以看出，树木由树皮、木质部、髓心等部分组成。

树皮是树木外表面的整个组织，覆盖在木质部外面，起到保护树木的作用，一般在建筑工程上没有使用价值。

髓心亦称为树心，为树干中心的松软部分，是树木最早生长部分，贯穿整个树木的干和枝的中心，易腐朽强度低。不宜用作结构构件，或一般不用。由髓心成放射状穿过年轮横向分布的纤维称为髓线。各种树木的髓线宽细不同，针叶树的髓线非常细小，目力不易辨别；阔叶树髓线发达，目力可辩。髓线与周围组织联结较弱，木材干燥时易沿髓线开裂。年轮和髓线构成木材的天然纹理。

树皮与髓心之间的部分是木质部，它是木材的主要使用部分。靠近髓心部分颜色较深，称作心材；靠近树皮部分颜色较浅，称为边材。

从横切面上看到深浅相间的同心圆是树木的生长轮，每年生长一圈，故称为年轮。年轮内侧颜色较浅部分是春天生长的木质，组织略松，材质较软称之为春材（早材）；年轮外侧颜色较深是夏秋二季生长的，组织致密，材质较硬称之为夏材（晚材）。树木的年轮越均匀而密实，材质就越好，夏材所占比例越多，木材强度就越高。

2. 木材的微观构造

木材的微观构造，是指在显微镜下所看到的木材组织。在显微镜下，可以看到木材是由无数管状细胞紧密结合而成的，每个细胞都由细胞壁和细胞腔组成。细胞壁由若干层细纤维组成，纤维之间有微小的空隙能渗透和吸附水分，其纵向连接较横向连接牢固，故木材的纵向强度高于横向强度。细胞的组织结构在很大程度上决定了木材的性质，细胞壁越厚，细胞腔越小，木材越结实，其表观密度和强度也越高，胀缩变形也越大。早材细胞壁薄腔大，晚材则细胞壁厚腔小。

针叶树和阔叶树的微观构造有较大差别。针叶树的显微构造简单而规则，主要由管胞、髓线和树脂道组成，其髓线细而不明显。阔叶树的显微构造较复杂，主要由木纤维、导管和髓线组成，其最大特点是髓线发达，粗大明显。导管和髓线是鉴别针叶树和阔叶树的主要标志。

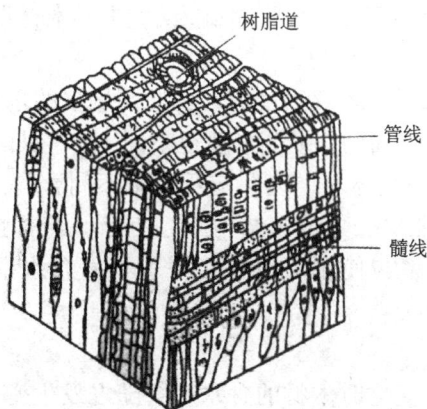

图 8-2　针叶树马尾松的微观构造

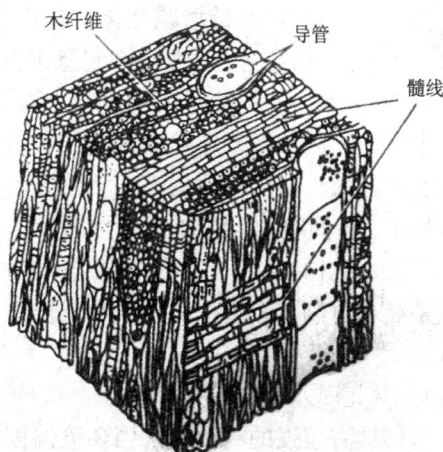

图 8-3　阔叶树柞木的微观构造

第二节　木材的基本性质

一、木材的物理性质

1. 密度和表观密度

密度：各种树种的木材，其分子结构基本相同，因而木材的密度差别不大，在 $1.48 \sim 1.56\ g/cm^3$ 之间，平均约为 $1.55\ g/cm^3$。

表观密度：表观密度与木材的含水率、孔隙率等因素密切相关。木材的表观密度越大，其湿胀干缩变化也越大。树种不同，表观密度也不同，在常用的木材中表观密度较大的（如麻栎达）$980\ kg/m^3$，较小的（如泡桐）仅 $280\ kg/m^3$，一般木材表观密度在 $400 \sim 600\ kg/m^3$ 之间。

2. 含水率

木材的含水率是指木材中所含水分的质量与木材干燥质量的百分数。

木材中的水分有三种，分别是自由水、吸附水和结合水。

自由水：指存在于木材细胞腔和细胞间隙中的水分。自由水的变化只影响表观密度。

吸附水：指被吸附在细胞壁内细纤维之间的水分。吸附水的变化是影响木材强度、胀缩变形的主要原因。

结合水：指木材化学组成中的结合水。结合水常温下不发生变化，对木材的性质一般没有影响。

木材细胞壁内充满吸附水，达到饱和状态，而细胞腔和细胞间隙中没有任何自由水时的含水率称之为纤维饱和点。纤维饱和点随树种而异，一般在 25%～35% 之间，平均值为 30%。它是木材物理力学性质发生变化的转折点。

平衡含水率：木材所含的水分与周围空气的湿度达到平衡时的含水率称为平衡含水率，是木材干燥加工时的重要控制指标。平衡含水率随着木材所处环境、季节的变化而变化。

3. 湿胀与干缩

木材的湿胀与干缩

木材具有明显的湿胀干缩性。当木材含水率在纤维饱和点以上变化时，只有自由水的增减变化，木材的体积不发生变化；当木材含水率在纤维饱和点以下时，随着干燥，细胞壁中的吸附水开始蒸发，体积收缩；反之，干燥木材吸湿后，体积发生膨胀，直到含水率达到纤维饱和点为止。

木材的湿胀干缩变形随树种不同而异，一般情况下，表观密度大、夏材含量多的木材，胀缩变形较大。由于木材构造的不均匀性，造成了各方向的胀缩变形值也不同，其中纵向胀缩量最小、径向较大、弦向最大（如图8-4）。湿胀干缩对木材的实际应用带来不利影响，干缩会造成木结构拼缝不严、卯榫松弛、翘曲开裂，湿胀又会造成木结构凸起变形。最根本的方法是在木材制作前将其进行干燥处理，使其含水率与使用环境常年平均平衡含水率相一致。

4. 木材的吸湿性

木材具有较强的吸湿性。当环境温度、湿度发生变化时木材的含水率会随之发生变化。木材的吸湿性对木材的性能，特别是木材的湿胀干缩影响很大。因此，木材在使用时的含水

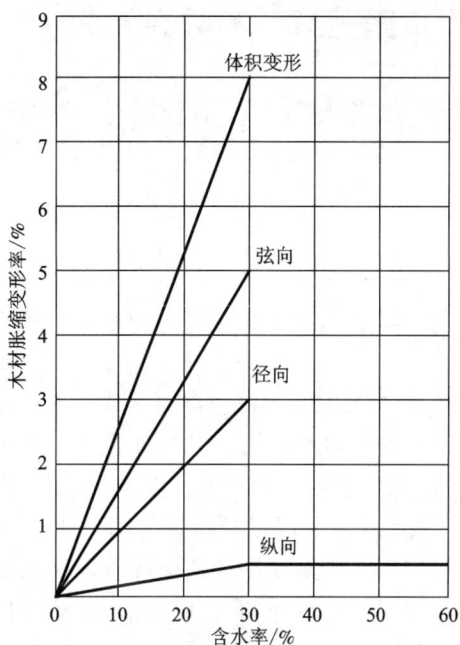

图 8-4　木材含水率与胀缩变形的关系

率应该接近或稍低于平衡含水率。

二、木材的力学性质

木材的强度按照受力状态分为抗拉强度、抗压强度、抗剪强度和抗弯强度四种。但由于木材的各向异性,在不同的纹理方向上强度表现有明显差别,当以顺纹抗压强度为 1 时,理论上木材的不同纹理间的强度关系见表 8-1。

表 8-1　木材不同纹理各种强度间的关系

抗拉		抗压		抗剪		抗弯	
顺纹	横纹	顺纹	横纹	顺纹	横纹	顺纹	横纹
2~3	1/20~1/3	1	1/10~1/3	1/7~1/3	1/2~1	1.5~2.0	

木材的强度除与自身的树种构造有关外,还与含水率、疵病、负荷时间、环境温度等因素有关。当含水率在纤维饱和点以下时,木材的强度随水率的增加而降低;木材的天然疵病,如节子、裂纹、构造缺陷、虫蛀、腐朽等都会明显降低木材强度;木材在长期荷载作用下的强度(称为持久强度)会降低 50%~60%;木材使用环境温度超过 50℃或者受冻融作用后也会降低强度。

第三节　木材的防护

木材的最大缺点是易腐朽、易虫蛀和易燃，这些都大大缩短木材的使用寿命，并限制了它的使用范围。因此采取必要的防护措施来提高木材的耐久性，对木材的合理使用具有重要意义。

1. 木材的干燥

木材在使用前必需进行干燥，将木材干燥（或风干）至含水率在20%以下，可以防止木材的腐朽。但干燥的方法要合理，以避免木材发生裂缝和翘曲，保持稳定的形状和尺寸，便于进一步加工和提高利用率。

干燥的方法分为自然干燥和人工干燥两种。自然干燥，主要是堆垛，将木材堆放在通风良好的棚下，利用太阳辐射热和空气对流作用，使木材的含水率达到平衡含水率，此方法简单易行，成本低，故采用较多，但干燥时间要很长，需1~2年。如果处理不当，容易发生虫蛀、腐朽和开裂、翘曲现象。人工干燥，可以较快地将木材干燥到所需的程度，主要是窑干法：将木材装入窑内，以热空气、炉气或过热蒸汽穿透过堆叠的木材表面进行热交换，使木材内水分逐渐蒸发。注意不能激烈地改变干燥介质的温度和湿度以求加速干燥，如果超过了木材内部水分扩散速度，则会导致木材开裂、变形。

2. 木材的防腐

木材的腐朽对其材质有重要影响，如强度和表观密度下降、易收缩、易吸湿、易燃、色泽变暗等，严重影响木材的使用。

木材的腐朽是真菌和少量细菌在木材中寄生引起的。真菌和细菌在木材中生存繁殖必须同时具备四个条件：适宜温度、适当含水率、少量空气和适当的养料。

真菌生长最适宜温度是25~30℃，最适宜含水率是35%~50%，即木材含水率在稍高于纤维饱和点时易产生腐朽。含水率低于20%时真菌的活动受到抑制；含水率过大时，空气难于流通，真菌得不到足够的氧气或排不出废气，腐朽也难以发生，谚语"干千年，湿千年，干干湿湿两三年"说的就是这个道理。破坏性真菌所需的养料是构成细胞壁的木质素或纤维素。

木材防腐的基本方法有两种：一种是创造木材不适于真菌寄生和繁殖的条件；另一种是把木材变成有毒的物质，使其不能作为真菌的养料。

原木的贮存有干存法和湿存法两种。控制木材含水率，将木材保持在较低含水率，木材由于缺乏水分，真菌难以生存，这是干存法，即控制条件保证已干燥处理的木材处于干燥状态。或将木材保持在较高的含水率，木材由于缺乏空气，破坏了真菌生存所需的条件，从而达到防腐的目的，这是湿存法或水存法。但对制成成品就只能用干存法；对木材构件或制品表面刷以耐水性好的涂料或油漆则是易行且有效的方法。

将化学防腐剂注入木材内，或木材使用前放入化学防腐剂中浸泡一定时间，把木材变成对真菌有毒的物质，使真菌无法寄生，这也是木材防腐的一种方法。

3. 木材的防虫蛀

木材在贮运和使用过程中，常会受到昆虫的危害。虫蛀严重影响木材的结构和明显降低强度。原木附着的昆虫在干燥过程中基本得以灭杀，木构件或制品的主要虫害是白蚁。对于白蚁，主要是用化学方法防治。

4. 木材的燃烧与防火

（1）木材的燃烧及其条件

木材由纤维素、半纤维素及木素组成的高分子材料，是容易燃烧的材料。木材燃烧一般经过四个阶段：

①升温阶段。在热源的作用下，通过热辐射、空气对流、热传导或直接接触热源，使木材自身温度升高。升温速度取决于热量的供给速度、温度梯度、木材的比热、密度及含水率等。

②热分解阶段。当木材被加热到175℃左右，木材的化学键开始断裂，随着温度的升高，木材的热解反应加快。在缺少空气的条件下，木材被加热到100～200℃，产生不燃物，如二氧化碳、甲酸、乙酸和水蒸汽。在200℃以上，碳水化合物分解，产生焦油和可燃性挥发气体。

③着火阶段。由于可燃气体的大量生成，在氧及氧化剂存在的条件下开始着火。木材自身燃烧产生较大热量，促使木材自身温度进一步提高，木材由表到里逐渐分解，可燃气体生成速度加快，加剧木材燃烧。

④无焰燃烧阶段。木材激烈燃烧后形成固体残渣，热分解结束，有焰燃烧停止，形成的碳化物经过长时间无焰燃烧后完全灰化。

综上所述，木材燃烧应具备以下条件，有焰燃烧：可燃物、氧气、热量供给及热分解连锁反应；无焰燃烧：可燃物、热量供给和氧气。如果破坏其中的一个或多个条件，燃烧状态将改变或停止。

（2）木材的防火

木材的防火主要是对木材及其制品进行表面覆盖、涂抹、深层浸渍阻燃剂方法来实现。常见方法有表面覆盖防火涂料、浸渍法、用不可燃材料贴面处理等。

①表面覆盖防火涂料。其作用原理是阻滞热传递和抑制木材在高温下分解助燃，从而起到防火作用。防火涂料除具有阻燃性能外，一般还同时具有防水、防腐、装饰等作用。

②加入或浸注阻燃剂。阻燃剂的作用机理主要也是抑制木材高温下分解和阻滞热传递。

阻燃剂的施加方法有加入法和浸渍法。加入法主要用在纤维板、胶合板、刨花板等木质人造板的加工过程中，添加适量的阻燃剂，使板材不易燃烧。浸渍法是将阻燃剂溶液浸注入木材内部达到阻燃效果，按工艺可分为常压浸渍和加压浸渍。加压浸渍吸入阻燃剂的量和深度都大于常压浸渍，因此在木材防火要求较高的情况下，应采取加压浸渍。浸渍阻燃剂前，应使木材充分干燥，并基本加工成型。否则防火处理后再进行锯、刨等加工，会使木料中浸渍的阻燃剂部分失去。

③用不可燃材料贴面处理。

总之，木材是易燃材料，必须注意防火。

第四节　木材在建筑上的应用

树木自然生长缓慢，一般都要十年以上成材，一些好的木材生长百年以上，各行各业对木材的需求量很大，过量砍伐会导致森林覆盖率大幅下降，破坏生态环境，因此我们应根据木材的树种、等级、材质情况等合理使用，做到大材不小用、好材不贱用、差材综合利用。近来除景区建筑、仿古建筑外，基本不建设木结构建筑，木材在建筑施工中用作辅助材料和用在装饰装修工程上。

原条、原木：用作施工的顶木、支撑、脚手架等，主要是直径在 12 cm 以下的 3~5 m 长的杉木、速生桉条等，在城市建设中都以钢管替代。

板方材：建筑施工中辅材、模板，装修、装饰工程。

人造板材：建筑模板，装修、装饰工程。

1. 人造板材

人造板材可科学合理地利用木材，是对木材进行综合利用的主要途径。木质人造板材与天然木板材相比，具有材质均匀、变形小、幅面大、强度高、不易翘曲开裂等优点，因而得到广泛应用。

（1）胶合板

胶合板是将原木软化处理后旋切成薄片，经干燥处理后，用胶黏剂按奇层数、以各层纤维相互垂直的方向热压黏合而成的人造板材。胶合板的层数有 3~15 层，厚度 3~25 mm，主规格是 2440 mm×1220 mm。最常用的为 3 层和 5 层，俗称为三合板和五合板。胶合板的面层常选用光滑平整且纹理美观的单板，也可选用各类装饰板等材料制成贴面胶合板，提高胶合板的装饰性能。

胶合板中的各层单板按纤维方向相互垂直交错胶合，在很大程度上克服了木材各向异性的缺点，使胶合板材质均匀、强度高。同时，胶合板还具有幅面大、吸湿变形小、不易翘曲开裂、使用方便、纹理美观及装饰性好等优点，是装修装饰、家具制作常用的人造板材。

（2）纤维板

纤维板是将木材加工剩余的边条、刨花、树枝等废料，经破碎浸泡，研磨成木浆，再经热压成型、干燥处理等工序制成的人造板材。纤维板的原料非常丰富，除木材加工剩余物外，还可用稻草、麦秸、甘蔗渣、竹材等，为了提高纤维板的耐热和耐腐蚀性，可在浆料中加入耐火剂和防腐剂。纤维板材质均匀，完全避免了木节、虫眼、腐朽等缺陷，不翘曲开裂、各向强度一致、绝热性好。

纤维板按表观密度分为三类：硬质纤维板（表观密度 >800 kg/m³），用于室内装修、家具制造等；半硬质纤维板（表观密度 400~800 kg/m³），用于家具、隔断、隔墙等；软质纤维板（表观密度 >800 kg/m³），主要用作隔热、吸音材料，如吊顶等。

（3）刨花板

刨花板是将木材加工和采伐的剩余物或其他植物纤维加工成刨花，再与胶结材料混合经过热压制成的人造板材，具有质量轻、幅面大、加工性能好等优点，表面进行贴面处理可制成装饰板，可作为家具、隔墙、吊顶等材料。

（4）细木工板

细木工板又称大芯板、木芯板，是由短小木板拼接成板芯，上、下面层为旋切单层木质薄板加胶黏剂压制而成，具有质轻、高强、吸声、隔热、平整、幅面大等优点，可代替实木板，使用方便，广泛用于装饰装修、家具制造等。

2. 木地板

木地板分为实木地板和复合木地板两大类。

（1）实木地板

实木地板由木材直接加工而成，具有质轻、弹性好、脚感舒适、导热小、冬暖夏凉等特性，尤其是独特的质感和纹理，美观大方，给人以清新雅致、自然淳朴的美好感受，备受消费者的青睐。常用于宾馆、会议室、体育馆、住宅等高档地面装饰。按铺装方式分为条木地板和拼花木地板。

（2）复合木地板

采用复合木地板替代实木地板是节约天然资源、合理利用木材的一种好办法。分为实木复合木地板和强化复合木地板。

①实木复合地板。一般由三层以上实木板相互垂直胶合层压而成，面层为耐磨层，选用质地坚硬、纹理美观的珍贵树种，如榉木、橡木、樱桃木、水曲柳等；中间层采用软质的速生材，如松木、杉木、杨木等；底层（防潮层）采用速生材或中硬杂木。

实木复合地板由于各层相互垂直胶结，克服了木材各向异性的缺陷，变形小、不易开裂、尺寸稳定性好。

②强化复合木地板。又称为强化木地板或浸渍层压木质地板，通常与是三层结构。面层是含在耐磨材料的三聚氰胺树脂浸渍木纹图案装饰纸，中间层是高、中密度纤维板或刨花板，底层（防潮层）为浸渍酚醛树脂的平衡纸。由于强化复合木地板的装饰层为木纹图案印刷纸，所以花色品种很多，几乎覆盖了所有的珍贵树种，同时还有色彩丰富、造型别致的拼接图案，能够做出许多别具一格的装饰效果。

强化复合木地板每边都有榫和槽，易于铺装，可直接在普通水泥地面或其他地面上铺装，与地面不需胶结，直接浮贴在地面上，无需上漆打蜡。

强化复合木地板具有耐磨、耐腐蚀、易清洁、防虫蛀、花纹美丽多样等优点，适用于会议室、办公室、住宅等中档地面装饰。

本模块小结

本模块介绍了木材的分类和构造，重点分析了木材的物理性质和力学性能，以及木材、人造板材在建筑工程中的应用。

以三个切面（横切面、径切面、弦切面）分析木材的宏观构造，以此来认识木材的各个组成部分，从而理解木材构造上的不均匀性；在物理性质上重点讲述了木材的密度、吸湿性与含水率、湿胀干缩性，理解木材含水的三种形式与干燥或受潮对木材的影响，掌握饱和纤维点和平衡含水率的概念与实用意义；在力学性能上讲述了木材的抗拉、抗压、抗剪及抗弯四种强度值之间的大致关系，要注意顺纹与横纹强度的差别，以及影响木材强度的各种因素；还有通过干燥、防腐、防虫等方式对木材进行防护，可以显著提高木结构和木制品的寿命。

复习思考题

1. 木材按树种分为哪几类？其特点各是什么？
2. 简述木材的组成。
3. 木材含水率的变化对其性能有何影响？

自测题

4. 什么是木材的纤维饱和点和平衡含水率？各有何重要意义？

5. 什么是木材的湿胀干缩？对木材的使用有何指导意义？

6. 有哪些方式可以提高木材的寿命？

模块九　防水材料

【学习目标】

通过本模块学习，应掌握常用防水材料的种类、技术性能和应用范围；熟悉石油沥青的技术性质及分类、组成、应用；了解新型防水材料的特点、煤沥青和改性沥青的性能及特点，防水材料发展方向。

【技能目标】

通过本模块学习，能根据质量指标和特性结合实际工程特点选用防水卷材、防水涂料及密封材料。

第一节　沥　青

沥青是一种有机胶凝材料，它是复杂的高分子碳氢化合物及非金属(氧、硫、氮等)衍生物的混合物，具有良好的黏结性、塑性、憎水性和耐腐蚀性能。在建筑工程中，沥青主要作为防水工程材料。

沥青可分为地沥青和焦油沥青两大类。地沥青分为天然沥青和石油沥青；焦油沥青又可分为煤沥青和页岩沥青等多种。地壳中石油在自然因素作用下，经过轻质油分蒸发、氧化及缩聚作用形成的产物为天然沥青；石油原油或石油衍生物经过常压或减压蒸馏，提炼出汽油、柴油、煤油、润滑油等轻质油分后的残渣，经加工制成的产物为石油沥青。焦油沥青为各种有机物(如煤、页岩、木材等)干馏加工得到的焦油，经再加工而得到的产品。

建筑工程中应用较广泛的沥青为石油沥青和改性石油沥青，煤沥青应用较少。

一、石油沥青

(一)石油沥青的组分和结构

1.石油沥青的组分

由于沥青的化学组成复杂，对组成进行分析很困难，且其化学组成也不能反映出沥青性质的差异，所以一般不作沥青的化学分析。通常从使用角度出发，将沥青按化学成分和物理力学性质相近的成分划分为若干个组，这些组就称为组分。沥青中各组分含量的多少与沥青的技术性质有着直接的关系。

石油沥青的组分主要有油分、树脂、地沥青质。

(1)油分

油分为淡黄色至红褐色的油状液体，密度为 $0.7\sim1.0\ g/cm^3$，含量为 $40\%\sim60\%$，能溶于大多数有机溶剂，但不溶于酒精。在石油沥青中，油分赋予沥青以流动性。

（2）树脂

树脂为黄色至黑褐色半固体黏稠物质，密度为 $1.0\sim1.1$ g/cm^3，含量为 $15\%\sim30\%$，能溶于三氯甲烷、汽油和苯等有机溶剂，但在酒精和丙酮中难溶解或溶解度很低。树脂含量增加，石油沥青的延度和黏结力等性能愈好。树脂赋予石油沥青塑性和黏结性。

（3）地沥青质

地沥青质为深褐色至黑褐色的固体，密度大于 1.0 g/cm^3，含量为 $10\%\sim30\%$，不溶于汽油、酒精，但能溶于二硫化碳和三氯甲烷中。地沥青质赋予石油沥青黏性和温度敏感性，地沥青质含量愈多，温度稳定性愈好，黏性越大，也愈硬脆。

此外，石油沥青中还含有一定量的固体石蜡，它会降低石油沥青的黏结性、塑性、温度稳定性，所以石蜡是沥青中的有害成分。

2. 石油沥青的结构

石油沥青中油分和树脂可以相互溶解，树脂能浸润地沥青质。石油沥青的结构是以地沥青质为核心，周围吸附部分树脂和油分的互溶物而成的胶团，无数胶团分散在油分中而形成胶体结构。

石油沥青的各组分相对含量不同，形成的胶体结构也不同。

（1）溶胶结构

油分和树脂含量较多，胶团间的距离较大，引力较小，相对运动较容易。这种结构的特点是流动性、塑性和温度敏感性大，黏性小，开裂后自行愈合能力强。

（2）凝胶结构

地沥青质含量较多，胶团多，油分与树脂含量较少，胶团间的距离小，引力增大，相对移动较困难。这种结构的特点是黏性大，塑性和温度敏感性小，开裂后自行愈合能力差。建筑石油沥青多属于这种结构。

（3）溶-凝胶结构

地沥青质含量适宜，胶团间的距离较近，相互间有一定的引力，形成结余溶胶结构和凝胶结构之间的结构。这种结构的性质也介于溶胶和凝胶之间。道路石油沥青多属于这种结构。

（二）石油沥青的技术性质

1. 黏滞性（黏性）

黏滞性是石油沥青材料在外力作用下，内部阻碍其相对流动的一种特性。它反映了石油沥青在外力作用下，抵抗变形的能力。石油沥青的黏滞性与其组分及所处环境的温度有关。一般地沥青质含量增大，其黏滞性增大；温度升高，其黏滞性降低。液态石油沥青的黏滞性用黏滞度表示，半固体或固体沥青的黏滞性用针入度表示。针入度是石油沥青划分牌号的主要依据。

黏滞度是指液体沥青在一定温度（25℃或60℃）下，经规定直径的孔洞（3.5 mm 或 10 mm）漏下 50 ml 所需要的秒数。黏滞度常以符号 C_t^d 表示。其中 d 为孔洞直径，t 为温度。黏滞度越大，表示液态沥青在流动时内部阻力越大，即黏滞性越大。

针入度是指在温度为 25℃ 的条件下，以质量 100 g 的标准针，经 5 s 沉入沥青中的深度（每深入 0.1 mm 称为 1 度）。针入度值越大，说明半固态或固态沥青的黏滞性越小。

沥青性能检测

204

2. 塑性

塑性是指石油沥青在外力作用下产生变形而不破坏,除去外力后,仍能保持变形后的形状的性质。是石油沥青的主要性能之一。

石油沥青的塑性与其组分、温度及拉伸速度等因素有关。树脂含量较多,塑性较大;温度升高,塑性增大;拉伸速度越快,塑性越大。

在常温下,塑性较好的沥青在产生裂缝时,由于自身特有的塑性而自行愈合,故塑性也反映了沥青开裂后的自愈能力。

石油沥青的塑性用延伸度表示。延伸度是将石油沥青标准试件在规定温度(25℃)和规定速度(5 cm/min)的条件下在沥青延伸仪上进行拉伸,延伸度以试件拉断时的伸长值(cm)表示。石油沥青的延伸度越大,则塑性越好。

3. 温度敏感性

温度敏感性是指石油沥青的黏滞性和塑性随温度升降而变化的性能。温度敏感性较小的沥青黏滞性、塑性随温度的变化较小。温度敏感性与其组分及含蜡量有关。沥青中地沥青含量较多,其温度敏感性较小。在实际使用时往往加入滑石粉、石灰石粉等矿物填料,以减小其温度敏感性。沥青中含蜡量较多,则在温度升高时就发生流淌,在温度较低时又易变硬开裂。

温度敏感性用软化点表示,即沥青受热由固态转变为具有一定流动性膏体时的温度。可通过环球法测定。将沥青试样装入规定尺寸的铜环中,上置规定尺寸和质量的钢球,放在水或甘油中,以每分钟升高5℃的速度加热至沥青软化下垂达25 mm的温度,即为沥青的软化点。软化点越高,表明沥青的温度敏感性越小。

石油沥青的软化点不能太低,否则夏季易产生变形,甚至流淌;但也不能太高,否则品质太硬,不易施工,冬季易发生脆裂现象。

4. 大气稳定性

大气稳定性是指沥青在大气作用下,抵抗老化的性能,用试样沥青在163℃下加热5 h后的和加热前的针入度比值表示,加热质量损失百分率越小,针入度比值越大,表示沥青的大气稳定性越好。

以上所述及的针入度、延度和软化点是评价黏稠沥青性能的最常用指标,也是石油沥青划分牌号的主要依据。

(三)技术标准和选用

按石油沥青技术标准,石油沥青按用途分为建筑石油沥青、道路石油沥青、普通石油沥青,应用最广泛的为建筑石油沥青和道路石油沥青。

石油沥青的牌号主要依据其针入度、延伸度和软化点等指标来划分。同一品种的石油沥青,牌号越大,则针入度越大(黏性越小),延伸度越大(塑性越好),软化点越低(温度敏感性越大)。其技术标准见表9-1。

表 9-1 建筑石油沥青的技术标准

试验项目	质量指标	40 号	30 号	10 号
针入度(25℃, 100 g, 5 s)(0.1 mm)		36~50	26~35	10~25
延度(25℃, 5 cm·min⁻¹)/cm ≥		3.5	2.5	1.5
软化点(环球法)/℃ ≥		60	75	95
溶解度(三氯乙烯)/% ≥		99.0		
蒸发后质量损失(163℃, 5 h)/% ≤		1		
蒸发后25℃针入度比/% ≥		65		
闪点(开口杯法)/℃ ≥		260		

注：蒸发后针入度比为蒸发损失后样品的25℃针入度与原25℃针入度之比乘以100所得到的百分率。

选用沥青材料时，应根据工程性质、当地气候条件及所处工作环境选用。

建筑石油沥青，具有较好的黏性、耐热性及温度稳定性，但塑性较小，延伸变形能力较差，主要用作制造油纸、油毡、防水涂料和沥青嵌缝膏，多用作屋面及地下防水、沟槽防水防腐及管道防腐等工程。一般屋面用的沥青，软化点应比本地区屋面可能达到的最高温度高20~25℃，以避免夏季流淌。

道路石油沥青，具有塑性好，黏性差，弹性、耐热性和温度稳定性差等特性，主要用于拌制沥青混凝土或沥青砂浆，用于道路路面或车间地面等工程。

普通石油沥青中含蜡量较高(可达15%~20%)，温度稳定性差，与软化点相同的建筑石油沥青相比，针入度较大、塑性较差，故在建筑工程上一般不宜直接使用，必须经过适当的改性处理后才能使用。

二、煤沥青

煤沥青是炼焦或生产煤气的副产品。与石油沥青相比，煤沥青具有的特点见表9-2。煤沥青中含有酚，有毒，但防腐性好，适用于地下防水层或作防腐蚀材料。

表 9-2 石油沥青与煤沥青的主要区别

性能	石油沥青	煤沥青
密度/(g·cm⁻³)	近于 1.0	1.25~1.28
锤击	韧性较好	韧性差，较脆
颜色	灰亮褐色	浓黑色
溶解	易溶于汽油、煤油中，呈棕黑色	难溶于汽油、煤油中，呈黄绿色
温度敏感性	较好	较差
燃烧	烟少无色，有松香味，无毒	烟多，黄色，臭味大，有毒
防水性	好	较差(含酚，能溶于水)
大气稳定性	较好	较差
抗腐蚀性	差	较好

三、改性沥青

对沥青进行氧化、乳化、催化，或者掺入橡胶、树脂、矿物料等物质，使得沥青的性质得到不同程度的改善，所得到的产品称为改性沥青。

1. 橡胶改性沥青

橡胶改性沥青中掺入橡胶(天然橡胶、丁基橡胶、氯丁橡胶、丁苯橡胶、再生橡胶)的沥青，使沥青具有一定的橡胶特性，改善其气密性、低温柔性、耐化学腐蚀性、耐光性、耐气候性、耐燃烧性，可制作卷材、片材、密封材料或涂料。

2. 树脂改性沥青

用树脂改性沥青可以提高沥青的耐寒性、耐热性、黏接性和不透水性，常用树脂有聚乙烯树脂、致聚丙烯树脂、酚醛树脂等。

3. 橡胶和树脂改性沥青

橡胶和树脂改性沥青中同时加入橡胶和树脂，可使沥青同时具有橡胶和树脂的特性，性能更优良。主要用于制作片材、卷材、密封材料、防水涂料。

4. 矿物填充料改性沥青

矿物填充料改性沥青是指为了提高沥青的黏结力和耐热性，降低沥青的温度敏感性，扩大沥青的使用范围，加入一定数量矿物填充料(滑石粉、石灰粉、云母粉、硅藻土等)的沥青。

第二节　防水卷材

防水卷材是一种可卷曲的片状制品。尺寸大，施工效率高，防水效果好，耐用年限长，产品具有良好的延伸性、耐高温性以及较高的抗拉强度、抗撕裂能力。按组成材料分为沥青防水卷材、高聚物改性沥青防水卷材、合成高分子防水卷材三大类。

一、沥青防水卷材

沥青防水卷材是在基胎(原纸或纤维织物等)上浸涂沥青后，在表面撒布粉状或片状隔离材料制成一种防水卷材。

(一)主要品种的性能及应用

沥青类防水卷材有石油沥青纸胎油毡、石油沥青玻璃纤维(或玻璃布)胎油毡、铝箔面油毡、改性沥青聚乙烯胎防水卷材、沥青复合胎防水卷材等品种。

1. 石油沥青纸胎油毡

纸胎油毡系采用低软化点石油沥青浸渍原纸，用高软化点沥青涂盖没纸的两面，再撒以隔离材料而制成的一种纸胎油毡。

国家标准《石油沥青纸胎油毡》(GB 326—2007)规定：油毡按卷重和物理性能分为Ⅰ型、Ⅱ型、Ⅲ型，油毡幅宽为1000 mm，其他规格可由供需双方商定。每卷油毡的总面积为(20±0.3)m²。按产品名称、类型和标准号顺序标记。如Ⅲ型石油沥青纸胎油毡标记为：油毡Ⅲ型GB 326—2007。Ⅰ、Ⅱ型油毡适用于辅助防水、保护隔离层、临时性建筑防水、建筑防潮及包装等，Ⅲ型油毡适用于防水等级为Ⅲ级屋面工程的多层防水。

2. 石油沥青玻璃纤维油毡(简称玻纤油毡)

玻纤油毡是采用玻璃薄毡为胎基，浸涂石油沥青、表面撒以矿物粉料或覆盖以聚乙烯薄膜等隔离材料，制成的一种防水卷材。其指标应符合《石油沥青玻璃纤维油毡》(GB/T 14686—2008)的规定，柔性好(在0~10℃弯曲无裂纹)，耐化学微生物的腐蚀，寿命长。用于防水等级为Ⅲ级的屋面工程。

3. 铝箔面油毡

铝箔面油毡是用玻璃纤维毡为胎基，浸涂氧化沥青，表面用压纹铝箔贴面，底面撒以细颗粒矿物料或覆盖以聚乙烯(PE)膜制成的防水卷材。具有美观效果及能反射热量和紫外线的功能，能降低屋面及室内温度，阻隔蒸汽的渗透，用于多层防水的屋面和隔汽层。其性能指标符合《铝箔面石油沥青防水卷材》(JC/T 504—2007)中的规定。

(二)石油沥青防水卷材的验收、储存、运输和保管

(1)不同规格、标号、品种、等级的产品不得混放。

(2)卷材应保管在规定温度(粉毡和玻璃毡≤45℃，片毡≤50℃)下。

(3)纸胎油毡和玻璃纤维油毡要求立放，高度不得超过2层，所有搭接边的一端必须朝上；玻璃布胎油毡可以同一方向平放堆置成三角形，码放不超过10层，并应远离火源，置于通风、干燥的室内，防止日晒、雨淋和受潮。

(4)做轮船和铁路运输时，卷材必须立放，高度不得超过2层，短途运输可以平放，不宜超过4层，不得倾斜、横压，必要时应加盖苫布；人工搬运要轻拿轻放，避免出现不必要的损伤。

(5)产品质量保证期为一年。

(6)检验内容：外观不允许有孔洞、硌伤，胎体不允许出现露胎或涂盖不匀；裂纹、折纹、皱折、裂口、缺边不许超标，每卷允许有一个接头，较短的一段不应小于2.5 m，接头处应加长150 mm。物理性能有纵向拉力、耐热度、柔度、不透水性指标应符合技术要求。

二、高聚物改性沥青防水卷材

高聚物改性沥青防水卷材是以合成高分子聚合物改性沥青为涂盖层，纤维织物或纤维毡为基胎，粉状、粒状、片状或薄膜材料为防黏隔离层制成的防水卷材，具有高温不流淌、低温不脆裂、拉伸强度高、延伸率较大等优异性能。

常用品种有弹性体改性沥青防水卷材、塑料体改性沥青防水卷材、改性沥青聚乙烯胎防水卷材、自黏橡胶沥青防水卷材等，高聚物改性沥青有SBS、APP、PVC等。

1. 弹性体(SBS)改性沥青防水卷材

弹性体改性沥青材是以苯乙烯-丁二烯-苯乙烯(SBS)热塑性弹性体作为石油沥青改性剂，以聚酯毡、玻纤毡、玻纤增强聚酯毡为胎基，两面覆盖以隔离材料所制成的防水卷材，简称SBS防水卷材。隔离材料有聚乙烯膜(PE)、细砂(S)、矿物粉料(M)。

《弹性体改性沥青防水卷材》(GB 18242—2008)规定：SBS防水卷材按胎基分为聚酯毡(PY)、玻纤毡(G)、玻纤增强聚酯毡(PYG)三种。按材料性能分为Ⅰ型和Ⅱ型，其物理性能见表9-3。

表 9-3 弹性体(SBS)改性沥青防水卷材的物理性能

序号	项目			指标				
				Ⅰ型		Ⅱ型		
				PY	G	PY	G	PYG
1	可溶物含量/(g·m⁻²),≥		3 mm	2100				—
			4 mm	2900				—
			5 mm	3500				
			试验现象	—	胎基不燃	—	胎基不燃	—
2	耐热性		℃	90		105		
			≤mm	2				
			试验现象	无流滴、滴落				
3	低温柔性/℃			−20		−25		
				无裂缝				
4	不透水性 30 min			0.3 MPa	0.2 MPa	0.3 MPa		
5	拉力	最大峰拉力/(N/50 mm),≥		500	350	800	500	900
		次高峰拉力/(N/50 mm),≥		—	—	—	—	800
		试验现象		拉伸过程中试件中部无沥青涂盖层开裂或与胎基分离现象				
6	延伸率	最大峰时延伸率/%,≥		30	—	40	—	—
		第二峰时延伸率/%,≥		—		—		15
7	浸水后质量增加/%,≤		PES	1.0				
			M	2.0				
8	热老化	拉力保持率/%		90				
		延伸率保持率/%		80				
		低温柔性/℃		−15		−20		
				无裂缝				
		尺寸变化率/%		0.7	—	0.7	—	0.3
		质量损失/%		1.0				
9	渗油性	张数,≤		2				
10	接缝剥离强度/(N·mm⁻¹),≥			1.5				
11	钉杆撕裂强度①/N,≥			—				300
12	矿物粒料黏附性②/g,≤			2.0				

续表 9-3

序号	项目		指标				
			Ⅰ型		Ⅱ型		
			PY	G	PY	G	PYG
13	卷材下表面沥青涂层厚度③/mm，≥		1.0				
14	人工气候加速老化	外观	无滑动、流滴、滴落				
		拉力保持率/%），≥	80				
		低温柔性/℃，≥	−15		−20		
			无裂缝				

备注：①仅适用于单层机械固定施工方式卷材；
　　　②仅适用于矿物粒料表面的卷材；
　　　③仅适用于热熔施工的卷材。

规格：卷材幅宽为 1000 mm，每卷卷材面积为 7.5、10、15 m²。聚酯毡卷材厚度有 3、4、5 mm 三种；玻纤毡卷材厚度有 3 mm、4 mm 二种。玻纤增强聚酯毡卷材厚度只有 5 mm 一种。

标记：按名称、型号、胎基、上表面材料、下表面材料、厚度、面积和标准号顺序标记。如 10 m² 面积、3 mm 厚上表面为矿物粒料、下表面为聚乙烯膜聚酯毡 Ⅰ 型弹性体改性沥青防水卷材标记为：SBS Ⅰ PY M PE 3 10 GB 18242—2008。

SBS 卷材属高性能的防水材料，保持沥青防水的可靠性和橡胶的弹性，提高了柔韧性、延展性、耐寒性、黏附性、耐气候性，具有良好的耐高、低温性能，可形成高强度的防水层。耐穿刺、硌伤、撕裂和疲劳，出现裂缝能自我愈合，能在寒冷气候条件下热熔搭接，密封可靠。

SBS 防水卷材广泛应用于各种领域和类型的防水工程，可单层或多层使用，施工方法有热熔法、冷黏法和自黏法等。玻纤增强聚酯毡卷材可用于机械固定单层防水，但需通过抗风荷载试验；玻纤毡卷材适用于多层防水中的底层防水；外露使用采用上表面隔离材料为不透明的矿物粒料的防水卷材；地下工程防水采用表面隔离材料为细砂的防水卷材。

2. 塑性体（APP）改性沥青防水卷材

塑性体改性沥青防水卷材是指以聚酯毡、玻纤毡、玻纤增强聚酯毡为胎基，以无规聚丙烯（APP）或聚烯烃类聚合物作为石油沥青改性剂，两面覆以隔离材料所制成的防水卷材，简称 APP 卷材。卷材的品种型号、规格同 SBS 卷材；其物理力学性能应符合《塑性体改性沥青防水卷材》（GB 18243—2008）中的规定，见表 9-4。

表 9-4 塑性体(APP)改性沥青防水卷材的物理力学性能

序号	项目			指标				
				Ⅰ型		Ⅱ型		
				PY	G	PY	G	PYG
1	可溶物含量 /g·m⁻², ≥		3 mm	2100				—
			4 mm	2900				—
			5 mm	3500				
			试验现象	—	胎基不燃	—	胎基不燃	—
2	耐热性		℃	110		130		
			≤mm	2				
			试验现象	无流滴、滴落				
3	低温柔性/℃			−7		−15		
				无裂缝				
4	不透水性 30 min			0.3 MPa	0.2 MPa	0.3 MPa		
5	拉力	最大峰拉力/(N/50 mm), ≥		500	350	800	500	900
		次高峰拉力/(N/50 mm), ≥		—	—	—	—	800
		试验现象		拉伸过程中试件中产无沥青涂盖层开裂或与胎基分离现象				
6	延伸率	最大峰时延伸率/%, ≥		25	—	40	—	—
		第二峰时延伸率/%, ≥		—	—	—	—	15
7	浸水后质量增加/%, ≤		PES	1.0				
			M	2.0				
8	热老化	拉力保持率/%		90				
		延伸率保持率/%		80				
		低温柔性/℃		−2		−10		
				无裂缝				
		尺寸变化率/%		0.7	—	0.7	—	0.3
		质量损失/%		1.0				
9	渗油性	张数, ≤		2				
10	接缝剥离强度/(N/mm), ≥			1.5				
11	钉杆撕裂强度[①]/N, ≥			—				300
12	矿物粒料黏附性[②]/g, ≤			2.0				
13	卷材下表面沥青涂层厚度[③]/mm, ≥			1.0				

序号	项目		指标				
			Ⅰ型		Ⅱ型		
			PY	G	PY	G	PYG
14	人工气候加速老化	外观	无滑动、流滴、滴落				
		拉力保持率/%,≥	80				
		低温柔性/℃,≥			-2	-10	
			无裂缝				

备注：①仅适用于单层机械固定施工方式卷材；
　　　②仅适用于矿物粒料表面的卷材；
　　　③仅适用于热熔施工的卷材。

标记：按名称、型号、胎基、上表面材料、下表面材料、厚度、面积和标准号顺序标记。如10 m² 面积、3 mm 厚上表面为矿物粒料、下表面为聚乙烯膜聚酯毡Ⅰ型塑性体改性沥青防水卷材标记为：APP Ⅰ PY M PE 3 10 GB 18243—2008。

APP 卷材具有良好的防水性能、耐高温性能和较好的柔韧性(耐-15℃不裂)，能形成高强度、耐撕裂、耐穿刺的防水层，耐紫外线照射，耐久寿命长。

APP 防水卷材的应用领域、部位、使用注意事项与SBS 防水卷材相同。APP 防水卷材的热熔性非常好，特别适合的热熔法施工，也可冷黏法施工。

三、合成高分子类防水卷材

合成高分子类防水卷材是以合成树脂、合成橡胶或橡胶—塑料共混体等为基料，加入适量的化学助剂和添加剂，经过混炼(塑炼)压延或挤出成型、定型、硫化等工艺生产，用于各类工程防水、防渗、防潮、隔气、防污染、排水等的均质片材、复合片材、异形片材、自粘片材、点(条)粘片材等，属高档防水材料。《高分子防水材料：片材》(GB 18173.1—2012)规定了其类别及主要性能。

橡胶类有三元乙丙橡胶卷材、丁基橡胶卷材、氯化聚乙烯卷材、氯磺化聚乙烯卷材、氯丁橡胶卷材、再生橡胶卷材；树脂类有聚氯乙烯卷材、聚乙烯卷材、乙烯共同聚物卷材；橡塑共混类有氯化聚乙烯—橡胶共同混卷材、聚丙烯—乙烯共聚物卷材。

1. 三元乙丙橡胶防水卷材(EPDM)

这种卷材是以三元乙丙橡胶或掺入适量丁基橡胶为基料，加入各种添加剂而制成的高弹性防水卷材。有硫化型(JL)和非硫化型(JF)两类。规格：厚度有1.0、1.2、1.5、1.8、2.0 mm；宽度有1.0、1.1、1.2 m；长度≥20 m。

三元乙丙橡胶防水卷材的耐老化性能好、使用寿命长(30~50年)、耐紫外线、耐氧化、弹性好、质轻、适应变形能力强，拉伸性能、抗裂性能优异，耐高、低温性好，能在严寒或酷热环境中使用，应用历史较长，应用技术成熟，是一种重点发展的高档防水卷材。

三元乙丙橡胶防水卷材在工业及民用建筑的屋面工程中，适用于外露防水层的单层或多层防水，如易受震动、易变形的建筑防水工程，有刚性保护层或倒置式屋面及地下室、桥梁、隧道防水。

2. 聚氯乙烯防水卷材（PVC 卷材）

PVC 卷材是以聚氯乙烯树脂为主要基料制成的防水卷材。按有无复合层分为 N 类（无复合层）、L 类（纤维单面复合）、W 类（织物内增强）。按理化性能分为 I 型和 II 型。具体性能要求应符合《聚氯乙烯防水卷材》（GB 12952—2011）中的规定。

PVC 卷材的拉伸强度高，伸长率大，对基层的伸缩和开裂变形适应性强；卷材幅面宽，焊接性好；具有良好的水蒸气扩散性，冷凝物容易排出；耐穿透、耐蚀、耐老化。低温柔性和耐热性好。可用于各种屋面防水、地下防水及旧屋面维修工程。

3. 氯化聚乙烯—橡胶共混防水卷材

以氯化聚乙烯树脂和丁苯橡胶的混合体为基料，加入各种添加剂加工而成，简称共混卷材。属硫化型高档防水卷材。

卷材的厚度有 1.0、1.2、1.5、1.8、2.0 mm；宽度有 1.0 m、1.2 m；长度 20 m。其物理性能应符合《高分子防水卷材：片材》（GB 18173.1—2012）的规定。具有高伸长率、高强度，耐臭氧性能和耐低温性能好，耐老化性、耐水和耐蚀性强。性能优于单一橡胶类或树脂类卷材，对结构基层的变形适应能力大，适用于屋面的外露和非外露防水工程，地下室防水工程，水池、土木建筑的防水工程等。

第三节　防水涂料和密封材料

一、防水涂料

防水涂料是以沥青、合成高分子等为主体，在常温下呈无定形流态或半固态，涂布在构筑物表面，通过溶剂挥发或反应固化后能形成坚韧防水膜的材料的总称。

按主要成膜物质可划分为沥青类、高聚物改性沥青类、合成高分子类、水泥类四种。按涂料的液态类型，可分为溶剂型、水乳型、反应型三种。按涂料的组分可分为单组分和双组分二种。

（一）、沥青类防水涂料

这类涂料的主要成膜物质是沥青，包括溶剂型和水乳型二种，主要品种有冷底子油、沥青胶、水性沥青基防水涂料。

1. 冷底子油

冷底子油是将建筑石油沥青（30 号、40 号或 60 号）加入汽油、柴油或将煤沥青（软化点为 50~70℃）加入苯，溶解而成的沥青溶液。一般不单独作为防水材料使用，作为打底材料与沥青胶配合使用，增加沥青胶与基层的黏接力。常用配合比为；①石油沥青：汽油 = 30：70。②石油沥青：煤油或柴油=40：60。一般现用现配，用密闭容器储存，以防溶剂挥发。

2. 沥青胶（玛蹄脂）

沥青胶是为了提高沥青的耐热性、降低沥青层的低温脆性，在沥青材料中加入填料进行改性而制成的液体。粉状填料有石灰石粉、白云石粉、滑石粉、膨润土等，纤维状填料有木质纤维、石棉屑等。该产品主要有耐热性、柔韧性、黏接力三种技术指标，见表 9-5。

表 9-5　石油沥青胶的技术指标

项目	标号					
	S—60	S—65	S—70	S—75	S—80	S—85
耐热度	用 2 mm 厚沥青胶黏合两张沥青油纸，在不低于下列温度（℃）下，于 45°的坡度上，停放 5 h，沥青胶结料不应流出，油纸不应滑动					
	60	65	70	75	80	85
黏接力	将两张用沥青胶粘贴在一起的油纸揭开时，若被撕开的面积超过粘贴面积的一半时，则被子认为不合格；否则认为合格					
柔韧性	涂在沥青油纸上的厚沥青胶层，在（18±2）℃时围下列直径（mm）的圆棒以 5 s 时间且匀速弯曲成半周，沥青胶结料不应有开裂					
	10	15	15	20	25	30

沥青胶的标号应根据屋面的历年最高温度及屋面坡度进行选择。沥青与填充料应混合均匀，不得有粉团、草根、树叶、砂土等杂质。施工方法有冷用和热用两种。热用比冷用的防水效果好；冷用施工方便，不会烫伤，但耗费溶剂。用于沥青或改性沥青类卷材的黏接、沥青防水涂层和沥青砂浆层的底层。

3. 水性沥青基防水涂料

水性沥青基防水涂料是指以水为介质，采用化学乳化剂和/或矿物乳化剂制得的水乳型沥青防水涂料。主要用于一般建筑的屋面防水及厕浴间、厨房防水。

按《水乳型沥青防水涂料》（JC/T 408—2005）标准，水乳型沥青防水涂料根据产品性能分为 H 型和 L 型二种类型，其物理力学性能见表 9-6。

表 9-6　水乳型沥青防水涂料物理力学性能

项目		L 型	H 型
固体含量/%，≥		45	
耐热度/℃		80±2	110±2
		无流淌、滑动、滴落	
不透水性		0.1 MPa，30 min 不渗水	
黏结强度/MPa		0.30	
表干时间/h 杭州≤		8	
实干时间/h，≤		24	
低温柔度[a]/℃	标准条件	−15	0
	碱处理	−10	5
	热处理		
	紫外线处理		

续表 9-6

项目		L 型	H 型
断裂伸长率/%，≥	标准条件	600	
	碱处理		
	热处理		
	紫外线处理		

备注：a.供需双方可以商定温度更低的低温柔度指标。

注：标准试验条件是：温度(23±2)℃，相对湿度(60±15)%。

这类材料的质量检验项目有固含量、耐热度、不透水性、黏结强度、表干时间、实干时间、低温柔度和断裂伸长率等指标，经检验合格后才能用于工程中。

(二)高聚物改性沥青防水涂料

高聚物改性沥青防水涂料是以高聚物改性沥青为基料，制成的水乳型或溶剂型防水涂料，有再生胶改性沥青防水涂料、水乳型氯丁橡胶沥青防水涂料、SBS 橡胶改性沥青防水涂料等。

1. 再生胶改性沥青防水涂料

分为 JG—1 型和 JG—2 两类冷胶料。

JG—1 型是溶剂型再生胶改性沥青防水胶黏剂。以渣油(200 号或 60 号道路石油沥青)与废开司粉(废轮胎里层带线部分磨成的细粉)加热熬制，加入高标号的汽油而制成。

JG—2 型是水乳型的双组分防水冷胶料，属反应固化型。A 液为乳化橡胶，B 液为阴离子型乳化沥青，分别包装，现用现配，在常温下施工，维修简单，具有优良的防水、抗渗性能。温度稳定性好，但涂层薄，需多道施工(低于 5℃不能施工)，加衬中碱玻璃丝或无纺布可做防水层。

2. 氯丁橡胶改性沥青防水涂料

有溶剂型和水乳型两类，可用于 Ⅱ、Ⅲ、Ⅳ级屋面防水。用溶剂型氯丁橡胶改性沥青防水涂料是将氯丁橡胶和石油沥青溶于芳烃溶剂(苯或二甲苯)中形成一种混合胶体溶液。具有较好的耐高、低温性能，黏接性好，干燥成膜速度快，按抗裂性及低温柔性可分为一等品和合格品。

水乳型氯丁橡胶改性沥青防水涂料是以阳离子氯丁胶乳和阴离子沥青乳液混合而成。涂膜层强度高，耐候性好，抗裂性好。以水代替溶剂，成本低，无毒。

3. 检验及应用

高聚物改性沥青防水涂料适用于民用及工业建筑的屋面工程、厕浴间、厨房的防水；地下室、水池的防水、防潮工程；以及旧油毡屋面的维修。在实际使用时应检验涂料的固含量、延伸性、柔韧性、不透水性、耐热性等技术指标合格后才能用于工程。

(三)合成高分子类防水涂料

合成高分子类防水涂料是以合成橡胶或合成树脂为主要成膜物质，加入其他辅料而配成的单组分或多组分防水涂料。主要有聚氨酯(单、多组分)、硅橡胶、水乳型、丙烯酸酯、聚氯乙烯、水乳型三元乙丙橡胶防水涂料等。

1. 聚氨酯防水涂料

聚氨酯防水涂料又称聚氨酯涂膜防水涂料,按组分分为单组分(S)、多组分(M)两种;按基本性能分Ⅰ型、Ⅱ型和Ⅲ型;按是否曝露使用分为外露(E)和非外露(N);按有害物质限量分为A类和B类。该涂膜有透明、彩色、黑色等品种,具有耐磨、装饰及阻燃等性能。多组分聚氨酯涂膜防水涂料的技术性能应符合《聚氨酯防水涂料》(GB/T 19250—2013)的规定。在实际工程中应检验其涂膜表干时间、含固量、常温断裂延伸率及断裂强度、黏接强度和低温柔性等指标,合格后方可使用。主要用于屋面、墙体及卫生间的防水防潮工程,地下围护结构的迎水面防水,地下室、储水池、人防工程等的防水,是一种常用的中高档防水涂料。

2. 丙烯酸酯防水涂料

丙烯酸酯防水涂料是以纯丙烯酸共聚物、改性丙烯酸或纯丙烯酸乳液为主要成分,加入适量填料、助剂及颜料等配制而成。属合成树脂类单组分防水涂料。这类防水涂料的最大优点是具有优良的耐候性、耐热性和耐紫外线性,在-30~80℃范围内性能基本无多大变化。延伸性好,能适应基层的开裂变形。装饰层具有装饰和隔热效果。

施工工程中的检验项目与聚氨酯防水涂料相同,主要用于防水等级为Ⅰ级的屋面和墙体的防水防潮工程;黑色防水屋面的保护层;厕浴间的防水。

(四)聚合物水泥基防水涂料(JS复合防水涂料)

该涂料以丙烯酸酯等聚合物乳液和水泥为主要原料,加入其他外加剂制得的双组分水性防水涂料。分为Ⅰ型和Ⅱ型两种,Ⅰ型以聚合物为主的防水涂料,用于非长期浸水环境下的建筑防水工程。Ⅱ型以水泥为主的防水涂料,适用于长期浸水环境下的建筑防水工程。

涂料的固体含量、拉伸强度、断裂伸长率、低温柔性、黏结强度、不透水性和抗渗性等指标应符合《聚合物水泥防水涂料》(GB/T 23445—2009)的要求。适用于工业及民用建筑的屋面工程,厕浴间厨房的防水防潮工程,地面、地下室、游泳池、罐槽的防水。

(五)防水涂料的储运及保管

防水涂料的包装容器必须密封严实,容器表面应有标明涂料名称、生产厂名、生产日期和产品有效期的明显标志;储运及保管的环境温度不得低于0℃;严防日晒、碰撞、渗漏;应存放于干燥、通风、远离火源的室内,料库内应配有专门扑灭有机溶剂燃烧的消防措施;运输时,运输工具、车轮应有接地措施,防止静电起火。

二、密封材料

建筑防水密封材料又称为嵌缝材料,分为定形(密封条、压条)和不定形(密封膏或密封胶)两类。嵌入建筑接缝中,可以防尘、防水、隔气,具有良好的黏附性、耐老化性和温度适应性,能长期承受被黏附物体的振动、收缩而不破坏。

(一)建筑防水密封材料的分类

按原材料及其性能,不定形密封材料可分为以下几种:

1. 塑性密封膏

以改性沥青和煤焦油为主要原料制成。其价格低,具有一定的弹塑性和耐久性,但弹性差,延伸性差,使用年限在10年以下。

2. 弹塑性密封膏

以聚氯乙烯胶泥及各种塑性油膏为主。弹性较低，塑性较大，延伸性和黏接力较好，年限在 10 年以上。

3. 弹性密封膏

由聚硫橡胶、有机硅橡胶、氯丁橡胶、聚氨酯和丙烯酸萘为主要原料制成。性能好，使用年限在 20 年以上。

(二)工程常用的密封膏

1. 建筑防水沥青嵌缝油膏

建筑防水沥青嵌缝油膏是以石油沥青为基料，加入改性材料、稀释剂及填料混合而成。改性材料有废橡胶粉和硫化鱼油；稀释剂有松节油、机油；填充料有石棉绒和滑石粉。执行《建筑防水沥青嵌缝油膏》(JC/T 207—2011)规定。

2. 聚氯乙烯防水接缝材料

聚氯乙烯防水接缝材料是以聚氯乙烯(含 PVC 废料)和煤焦油为基料，同增塑剂、稳定剂、填充剂等共混，经塑化或热熔而成，呈黑色黏稠状或块状。产品符合《聚氯乙烯建筑防水接缝材料》(JC/T 798—1997)的要求。

3. 聚氨酯建筑密封膏

聚氨酯建筑密封膏是以聚氨基甲酸酯聚合物为主要成分的双组分反应型的密封材料。其主要技术性能应符合《聚氨酯建筑密封胶》(JC/T 482—2003)中的规定。

(三)密封材料的储运、保管与验收

密封材料的储运、保管应遵守以下规定：避开火源、热源，避免日晒、雨淋，防止碰撞，保持包装完好无损。外包装应贴有明显标记，标明产品的名称、生产厂家、生产日期和使用有效期；应分类储放在通风、阴凉、干燥的室内，环境温度不应超过 50℃。

改性石油沥青密封材料，每 2 吨为一批，出厂时应检验其耐热度、低温柔性、拉伸性、施工度等指标。合成高分子密封材料，每 1 吨为一批，应检验材料的拉伸性、柔度。外观上检查是否呈匀质膏状物，无结块和未浸透的填料或不易分散的固体块。

第四节　建筑防水等级与防水材料的选用

防水材料品种繁多，形态各异，性能各不相同，价格也相差悬殊。因此应本着因地制宜，按需选材的原则进行选用。选用时应从以下几点去考虑。

1. 按屋面防水等级和设防要求进行选择

屋面防水工程应根据建筑物的类别、重要程度、使用功能要求确定防水等级，并应按相应等级进行防水设防；对防水有特殊要求的建筑屋面，应进行专项防水设计。根据国家标准《屋面工程技术规范》(GB 50345—2012)，屋面防水等级和设防要求应符合表 9-7 中的规定。

表 9-7　屋面防水等级和设防要求

防水等级	建筑类别	设防要求
Ⅰ级	重要建筑和高层建筑	两道防水设防
Ⅱ级	一般建筑	一道防水设防

表 9-8　卷材、涂膜屋面防水等级和防水做法

防水等级	防水做法
Ⅰ级	卷材防水层和卷材防水层、卷材防水层和涂膜防水层、复合防水层
Ⅱ级	卷材防水层、涂膜防水层、复合防水层

注：在Ⅰ级屋面防水做法中，防水层仅作单层卷材时，应符合有关单层防水卷材屋面技术的规定。

屋面工程应该具有良好的排水功能和阻止水入侵建筑物内的作用，所采用的防水材料应符合环境保护的有关规定，不得使用国家明令禁止和淘汰的材料。

2. 按气候作用强度进行选择

气候作用强度是指屋面最高温度与最低温度之差。我国气候作用强度有强作用区（温差高于 65℃），较强作用区（温差为 55~65℃）、中作用区（温差为 45~55℃）和弱作用区（温差低于 45℃）之分。应根据当地历年最高气温、最低气温、屋面坡度和使用条件等因素，选择耐热度、低温柔性相适应的防水材料。对极端温差大的地区，应选择耐高低温性能优良和延伸率大的防水材料，使防水层适应温差引起的热胀冷缩变化，防止防水层破坏而渗漏。

3. 按建筑结构特点和施工条件进行选择

应根据地基变形程度、结构形式和振动等因素，选择拉伸性能相适应的防水材料。结构特点和施工条件包括屋面结构是现浇混凝土还是预制构件；是保温屋面还是非保温屋面；顶层结构各跨是否均匀；设备管道多少以及建筑物受震动状况；使用环境是否有腐蚀性介质等。对屋面变截面大、设备管道多的应选择防水涂料，以方便施工。对受振动大的应选用抗拉强度高延伸率大的防水卷材，当使用环境中有腐蚀性介质时，选用的防水材料应有相应的耐腐蚀能力。

4. 按防水层的暴露程度进行选择

外露防水层应应根据屋面卷材的暴露程度，选择耐紫外线、耐老化、耐霉烂相适应的防水材料。

地下室防水工程的防水等级按其工程重要性和使用要求分为四级：一级不允许漏水，结构表面无湿渍；二级不允许漏水，结构表面允许有少量湿渍；三级允许有少量漏水点，但不得有线流和漏泥砂；四级允许有漏水点，但不得有线流和漏泥砂。地下室所用防水材料的选用原则同屋面防水工程。

本模块小结

本模块主要介绍了沥青的技术性质——针入度、延度和软化点。正确理解和掌握改性沥青、防水卷材、防水涂料、密封材料的种类、特点、性能与用途，以及根据建筑工程防水等级、环境特点和工程部位进行合理选用防水材料。

复习思考题

自测题

1. 石油沥青主要有哪些技术性质？
2. 什么叫改性沥青？常用的的改性沥青有哪几种？各有何特点及用途？
3. 常用的防水卷材有哪几类？各有何特点与用途？
4. 常用的防水涂料有哪几种？其性能及用途如何？
5. 常见的密封材料有哪几类？有哪些用途？

模块十　建筑装饰材料

【学习目标】

通过本模块的学习，了解各种建筑装饰材料的概念及基本技术性质；了解常用建筑装饰材料的品种、规格以及特点和用途。

【技能目标】

通过本模块的学习，能够科学合理地根据需求选用相应的建筑装饰材料。

建筑装饰材料，是指铺设或涂装在建筑物表面起装饰和美化环境作用的材料，是建筑材料的一种。建筑装饰材料是建筑装饰工程的重要物质基础，建筑装饰的整体效果和建筑装饰功能的实现，在很大程度上受到建筑装饰材料的制约，尤其受到装饰材料的光泽、质地、质感、图案、花纹等装饰特性的影响。

现代建筑装饰材料，除了能装饰和美化环境，同时还兼有绝热、防潮、防火、吸声、隔音等多种功能，起着保护建筑物主体结构，延长其使用寿命以及满足某些特殊要求的作用。

第一节　建筑装饰材料的分类

建筑装饰材料的品种非常繁多，可从各角度进行分类。

一、根据化学成分的不同分类

根据化学成分的不同，建筑装饰材料可分为无机装饰材料、有机装饰材料和复合装饰材料三大类，如表 10-1 所示。

表 10-1　建筑装饰材料按化学成分分类

建筑装饰材料	无机装饰材料	金属装饰材料	黑色金属	钢、不锈钢、彩色涂层钢板等	
			有色金属	铝及铝合金、铜及铜合金等	
		非金属装饰材料	胶凝材料	气硬性胶凝材料	石膏、石灰、装饰石膏制品
				水硬性胶凝材料	白水泥、彩色水泥等
			装饰混凝土及装饰砂浆、白色及彩色硅酸盐制品		
			天然石材	花岗石、大理石等	
			烧结与熔融制品	烧结砖、陶瓷、玻璃及制品、岩棉及制品等	

续表 10-1

建筑装饰材料	有机装饰材料	植物材料	木材、竹材、藤材等
		合成高分子材料	各种建筑塑料及其制品、涂料、胶黏剂、密封材料等
	复合装饰材料	无机材料基复合材料	装饰混凝土、装饰砂浆等
		有机材料基复合材料	树脂基人造装饰石材、玻璃钢等
			胶合板、竹胶板、纤维板、保丽板等
		其他复合材料	塑钢复合门窗、涂塑钢板、涂塑铝合金板等

二、根据装饰部位的不同分类

根据装饰部位的不同,建筑装饰材料可分为外墙装饰材料、内墙装饰材料、地面装饰材料和顶棚装饰材料等四大类,如表 10-2 所示。

表 10-2　建筑装饰材料按装饰部位分类

装饰材料分类	装饰材料使用部位	可用装饰材料品种
外墙装饰材料	包括外墙、阳台、台阶、雨棚等建筑物全部外露部位装饰材料	天然花岗岩、陶瓷装饰制品、玻璃制品、外墙涂料、金属制品、装饰混凝土、装饰砂浆
内墙装饰材料	包括内墙墙面、墙裙、踢脚线、隔断、花架等内部构造所用的装饰材料	壁纸、墙布、内墙涂料、织物饰品、人造石材、内墙釉面砖、人造板材、玻璃制品、隔热吸声装饰板
地面装饰材料	指地面、楼面、楼梯等结构所用的装饰材料	地毯、地面涂料、天然石材、人造石材、陶瓷地砖、木地板、塑料地板
顶棚装饰材料	指室内及顶棚装饰材料	石膏板、珍珠岩装饰吸声板、钙塑泡沫装饰吸声板、聚苯乙烯泡沫塑料装饰吸声板、纤维板、涂料

第二节　建筑装饰材料的功能和选择

一、建筑装饰材料的功能

装饰建筑的目的是为了使建筑物的外表美观,具有一定的建筑艺术风格;创造其有各种使用功能的优雅的室内环境;有效地提高建筑物的耐久性。这些目标都是通过装饰于表面的材料,运用不同的表现手法和施工方法来实现的。概括而言,装饰材料对建筑主要有装饰和保护两大类基本功能。

1.装饰美化的功能

装饰材料特有的美化功能(即装饰性)是通过饰材本身的形式、色彩和质感来表现的。

形式是通过材料本身的形状尺寸,以及使用后形成的图形效果,包括材料组合后形成的界面图形、界面边缘及材料交接处的线脚等。

色彩是通过装饰材料表面不同的颜色给人以不同的心理感受。如红色给人一种温暖、热烈的感觉,绿色、蓝色给人一种宁静、清凉、寂静的感觉。材料的色彩可以来源于其自身的本色,也可以通过染色等方式获得或改变,还可以因不同的光照条件而有所改变。

质感是通过材料的表面组织结构、花纹图案、颜色、光泽、透明性等给人的一种综合感觉。如钢材、陶瓷、木材、玻璃、呢绒等材料在人的感官中有软硬、轻重、粗细、冷热等感觉。组成相同的材料可以有不同的质感。一般而言,粗糙不平的表面能给人以粗犷豪放的感觉。而光滑细致的平面则能给人带来细腻精美的装饰效果。

2. 保护建筑结构、构件的功能

建筑物外墙面长期受到风吹、日晒、雨淋、冰冻等自然因素的作用,以及腐蚀性气体和微生物的作用;内墙面和地面也常受到机械的磨损和撞击作用,以及水汽的渗透作用及污染等。通过一定的施工或构造方法,将装饰材料铺设、粘贴或涂刷在建筑表面,可使装饰材料对建筑构件起到一定的保护作用,从而不但美化了建筑,还提高了建筑的耐久性。

3. 改善使用效果的功能

由于其材料本身的特性或采用一定的加工方式,某些装饰材料不仅能美化、保护建筑。还能使建筑的使用功能及效果得到一定的改善,如增强建筑防潮防水、保温隔热、吸声隔声或耐热防火等方面的能力。

二、装饰材料选用的基本原则

1. 功能性

根据建筑物和各个房间的不同使用性质来选定建筑装饰材料。如用于厕所、卫生间的装饰材料应防水、易清洁;厨房的材料则要求易擦洗、耐脏、防火。

2. 经济性

从经济角度考虑建筑装饰材料的选择,应有一个总体的观念,既要考虑到工程装饰一次性投资的多少,又要考虑到日后的维修费用,还要考虑到装饰材料的发展。

3. 耐久性

根据装饰工程的实践经验,对装饰材料的耐久性要求主要包括以下三个方面:力学性能、物理性能以及化学性能。对于重要位置维修不便的建筑物或装饰部位,装饰材料的耐久性应很好;对于易于维修的部位,可按综合经济要求,选择维修周期较短的材料。

4. 健康性

目前,建筑装饰材料造成的室内污染已成为社会关注的重点。室内装饰材料中危害最大的是:甲醛(合成木制品)、苯系挥发物(涂料、胶黏剂等)、放射性物质(石材类)、氨气(防冻剂)及重金属铅(涂料、颜料等)。建筑装饰材料的选择应着重考虑健康性,选择健康环保的材料。

第三节　常用的建筑装饰材料

一、建筑装饰石材

建筑装饰石材包括天然石材和人工石材两类。天然石材具有较高的强度、硬度、耐磨、耐久等优良的物理力学性能；天然石材经表面处理表现出美丽的色彩和纹理，具有极佳的装饰性。人造石材则无论是在材料加工生产，还是在装饰效果和产品价格等方面都显示出它的优越性，是一种有发展前途的建筑装饰材料。

（一）天然石材

1. 砌筑装饰石材

砌筑装饰石材指用于砌筑建筑基础、墙身等的装饰材料。砌筑石材按加工外形分为料石、平毛石和乱毛石。料石是加工成较规则六面体及有准确规定尺寸、形状的天然石材。平毛石是形状不规则，大致有两个平行面的石材。乱毛石是形状也不规则，但没有平行面的石材。

2. 饰面装饰石材

饰面装饰石材指用于建筑饰面上的装饰材料，主要包括天然大理石和天然花岗石。

（1）天然大理石

天然饰面装饰石材中应用最多的是大理石。大理石是由石灰岩和白云岩在高温、高压下矿物重新结晶变质而成。它的结晶主要由方解石或白云石组成，具有致密的隐晶结构。纯大理石为白色，就是汉白玉。大理石主要成分为氧化钙，空气和雨中所含酸性物质及盐类对它有腐蚀作用。因此除个别品种外，它一般只用于室内。

各种大理石自然条件差别较大，其物理力学性质能有较大的差异。天然大理石质地致密但硬度不大、容易加工、雕琢和磨平、抛光等，常用于大型公共建筑如宾馆、展厅、商场、机场、车站等室内墙面、地面、楼梯踏板、栏板、台面、窗台板、踏脚板等，也用于洁具、家具台面、室内外家具和装饰石画等。

（2）天然花岗石

天然花岗石属于硬石材，由长石、石英和云母组成，其成分以二氧化硅为主。其颜色取决于所含成分的种类和数量，以深色花岗石较名贵。花岗石结构致密，抗压强度高，吸水率低，表面硬度大，化学稳定性好，耐久性强，但耐火性差。花岗石不易风化变质，外观色泽可保持百年以上，因此它常用于基础、桥墩、台阶、路面，也可用于砌筑房屋、围墙，尤其适用于修建有纪念性的建筑物。

（二）人造石材

人造石材又称人造石、人造大理石、聚酯材料、塑料混凝土、无缝石、实心面材、矿物填充型高分子复合材料等。目前人造装饰石材主要有人造大理石、人造花岗石、人造玛瑙、人造玉石等人造石质装饰板块材料。这些人工制成的装饰材料，因具有花纹、色泽、质感逼真，强度高，体积密度小，耐腐蚀，耐污染，生产工艺简单，经济以及施工方便等优点，因而得到了广泛应用。人造装饰石材可加工成装饰板块或制成卫生洁具。人造石材是仿造天然石材的表面纹理加工而成，具有类似天然石材的机理特点，色泽均匀，结构紧密，耐磨，耐水，耐温差变化。高质量人造石材的性能可超过天然石材，但在色泽、质感等方面不如天然石材自然、美观、柔和。

二、建筑装饰陶瓷

(一)陶瓷的基本知识

陶瓷是指以黏土及其天然矿物为原料，经过粉碎混炼、成型、焙烧等工艺过程所制得的各种制品。陶瓷可分为陶、炻和瓷三部分。陶的烧结程度较低，有一定的吸水率(大于10%)、断面粗糙无光、不透明、敲之声音粗哑、可施釉也可不施釉。瓷的坯体致密、烧结程度很高，基本不吸水(吸水率小于0.5%)、有一定的半透明性、敲击时声音清脆、通常都施釉。炻则介于陶和瓷之间的一类产品，也称为半瓷或石胎瓷。瓷、陶和炻通常又按其细密性、均匀性各分为精、粗两类。

建筑陶瓷主要是指用于建筑内外饰面的陶瓷砖和陶瓷卫生洁具，其按材质主要属于为陶和炻。

(二)常用建筑装饰陶瓷制品

常用的陶瓷砖有釉面内墙砖、墙地砖、新型墙地砖以及陶瓷马赛克等。

1. 釉面内墙砖

陶质砖可分为有釉陶质砖和无釉陶质砖两种，其中以有釉陶质砖即釉面内墙砖应用最为广泛。过去以"瓷片"称呼最多。釉面陶质砖花色品种发展很快，有白色釉面砖、彩色釉面砖、装饰釉面砖、图案砖、瓷砖画及色釉陶瓷字砖。釉面陶质砖强度高、表面光亮、防潮、易清洗、耐腐蚀、变形小、抗急冷急热，表面细赋、色彩和图案丰富，风格典雅，极富装饰性。内墙砖的主要规格包括正方形(100×100×5，150×150×5，200×200×5，400×400×5，500×500×5，600×600×5，250×250×8，316×316×8，418×418×5，528×528×10)和长方形(250×316×9)。

釉面内墙砖常用于医院、实验室、游泳池、浴池、厕所等要求耐污、耐腐蚀、耐清洗的场所。在民用住宅和高级宾馆的浴室、厕所、盥洗室内，各种色调、图案的有釉陶质砖与彩釉陶瓷卫生洁具，如浴缸、便器、洗面器及镜台相匹配，可创造一个雅洁华贵的环境。还可用于厨房的墙面装饰，不但清洗方便，还可兼有防火功能。

2. 陶瓷墙地砖(炻质砖和细炻砖)

陶瓷墙地砖是陶瓷外墙面砖和室内外陶瓷地砖的统称，属于炻类建筑陶瓷制品。陶瓷墙地砖的特点是强度高、致密坚实、耐磨、吸水率小、抗冻、耐污染、易清洗，耐腐蚀、经久耐用等。

炻质砖(彩色釉面陶瓷墙地砖)的平面形状分正方形和长方形两种，其中长宽比大于3的通常称为条砖，厚度一般为8～12 mm。炻质砖应用于各类建筑物的外墙和柱的饰面和地面装饰。铺地时应考虑彩色釉面墙地砖的耐磨类别；用于寒冷地区的应选用吸水率尽可能小、抗冻性能好的墙地砖。

细炻砖分为有釉细炻砖和无釉细炻砖，以无釉细炻砖(简称无釉砖)应用最为普遍。细炻砖质坚、耐磨、硬度大、强度高、耐冲击、耐久、吸水率小。规格尺寸分为正方形(边长100、150、200、300 mm)和长方形 (100 mm×50 mm、200 mm×50 mm、200 mm×100 mm、300 mm×200 mm)，另还有六角形、八角形及叶片状等异型产品。细炻砖的颜色以素色和斑点色为主，表面为平面、浮雕面和防滑面等多种形式。常用于商场、宾馆、饭店、游乐场、会议厅，展览馆的室内外地面。小规格的无釉细炻砖则常用于公共建筑的大厅和室外广场的地面铺贴,兼有分区、引导、指向的作用,也广泛用于民用住宅的室外平台、浴厕等地面装饰。

3. 新型墙地砖

(1)劈离砖

又常称为"背面对分面砖"或"劈裂砖",该种面砖由于烧成后"一劈为二",大大节约了窑内放置坯体的面积,提高了生产效率。劈离砖场常用于建筑的内墙、外墙、地面、台阶、地坪及游泳池等建筑部位,厚度较大的劈离砖特别适用于公园、广场、停车场、人行道等露天地面的铺设。

(2)玻化砖

亦称全瓷玻化砖或全玻化砖,是一种强化的抛光砖,是以优质瓷土为原料,高温焙烧而成的一种不上釉瓷质饰面砖。玻化砖烧结程度很高,坯体致密,虽表面不上釉,但吸水率很低(小于0.5%),可认为不吸水。该种墙地砖强度高、耐磨、耐酸碱、不褪色、耐清洗,但不耐污。玻化砖用于大中型商业建筑、旅游建筑、观演建筑的室内外墙面和地面的装饰和住宅的室内地面装饰,是一种中高档的饰面材料。

4. 陶瓷锦砖

俗称陶瓷马赛克(Mosaic),由各种不同颜色、形状、边长小于50 mm的小瓷砖,反贴于牛皮纸或塑料网上,所形成的一张张的产品,称为"联"。一般每联尺寸为305.5×305.5 mm,每联的铺贴面积为0.093 mm^2。陶瓷锦砖的分类按表面质地:有釉、无釉、艺术马赛克;按材质:金属、玻璃、石材、陶瓷马赛克;按形状:正方形、长方形;按砖的色泽:单色、拼花;按用途分:内外墙马赛克、铺地马赛克、广场马赛克、梯阶马赛克和壁画马赛克。

陶瓷锦砖花式繁多、质地坚实、经久耐用、吸水率极小、耐磨耐冻,抗酸碱腐蚀、便于清洗,是一种优良的内外墙及地面装饰材料。陶瓷锦砖可用于室外:喷泉、游泳池、酒吧、舞厅、公园;也可用于室内:卫生间、浴池、阳台、餐厅、客厅的地面装饰。

三、建筑装饰玻璃

(一)玻璃的基本知识

玻璃是以石英砂、纯碱、长石和石灰石等为主要原料,经熔融、成型、冷却固化而成的非结晶无机材料。它具有一般材料难于具备的透明性,以及优良的机械力学性能和热工性质。而且,随着现代建筑发展的需要,不断向多功能方向发展。玻璃的深加工制品能具有控制光线、调节温度、防止燥声和提高建筑艺术装饰等功能。玻璃已不再只是采光材料,而且是现代建筑的一种结构材料和装饰材料。

(二)建筑装饰玻璃的分类及应用

1. 平板玻璃

平板玻璃也就是未经其他加工的平板状玻璃,也叫白片玻璃或净片玻璃。按生产方法不同,可分为普通平板玻璃和浮法玻璃。平板玻璃是建筑玻璃中生产量最大、使用最多的一种,主要用于门窗。具有采光、围护、保温、隔声等作用,也是进一步加工成其他技术玻璃的原片。

2. 安全玻璃

安全玻璃是指与普通玻璃相比,具有力学强度高、抗冲击能力强的玻璃。其主要品种有钢化玻璃、夹丝玻璃、夹层玻璃和钛化玻璃。安全玻璃被击碎时，其碎片不会伤人，并具有防盗、防火的功能。

（1）钢化玻璃

钢化玻璃也叫强化玻璃，这种玻璃受到重大外力作用时，玻璃会断裂成小颗粒，不会形成大面积的断块对人造成伤害。

（2）夹丝玻璃

夹丝玻璃也叫防碎玻璃或钢丝玻璃，它是由压延法生产的，即在玻璃熔融状态下将经预热处理的钢丝或钢丝网压入玻璃中间，经退火、切割而成。

（3）夹层玻璃

夹层玻璃是在两片或多片玻璃原片之间，用 PVB 树脂胶片，经过加热、加压黏合而成的平面或曲面的复合玻璃制品。用于夹层玻璃的原片可以是普通平板玻璃、浮法玻璃、钢化玻璃、彩色玻璃、吸热玻璃或热反射玻璃等等。

（4）钛化玻璃

钛化玻璃也称永不碎铁甲箔膜玻璃，是将钛金箔膜紧贴在任意一种玻璃基材之上，使之结合成一体的新型玻璃。钛化玻璃具有高抗碎能力，高防热及防紫外线等功能。

3. 节能玻璃

随着人们对门窗的保温隔热要求的提高，节能玻璃就是能够满足这种要求，集节能性和装饰性于一体的玻璃。节能装饰型玻璃通常具有令人赏心悦目的外观色彩，而且还具有对光和热的特殊的吸收、透射和反射能力，用于建筑物的外墙玻璃幕墙，可以起到显著的节能效果。

（1）吸热玻璃

吸热玻璃是能吸收大量红外线辐射能、并保持较高可见光透过率的平板玻璃。吸热玻璃主要有两种：一是在普通钠钙硅酸盐玻璃的原料中加入一定量的有吸热性能的着色剂；另一种是在平板玻璃表面喷镀一层或多层金属或金属氧化物薄膜而制成。

（2）热反射玻璃

热反射玻璃是有较高的热反射能力而又保持良好透光性的平板玻璃，就是在玻璃表面涂以金、银、铜、铝、铬、镍和铁等金属或金属氧化物薄膜，或采用电浮法等离子交换方法，以金属离子置换玻璃表层原有离子而形成热反射膜。

（3）低辐射玻璃

低辐射玻璃又称 Low-E 玻璃，是在玻璃表面镀上多层金属或其他化合物组成的膜系产品。低辐射玻璃具有优异的热性能以及良好的光学性能。

四 建筑装饰塑料

（一）塑料的基本知识

塑料是指以合成树脂或天然树脂为主要原料，加入或不加入添加剂，在一定温度、压力下，经混炼、塑化、成型，且在常温下保持制品形状不变的材料。装饰塑料是指用于室内装饰装修工程的各种塑料及其制品。

塑料作为建筑装饰材料具有许多特性，一般来说，塑料具有以下优点：加工性好、耐腐蚀性好、质量轻、比强度高、装饰性好、隔热性好、比较经济等；其缺点主要有：不耐高温、可燃烧、热膨胀系数大等等。但这些缺点通过适当的处理是可以改善或避免的，如改进配方和加工方法，在使用中采取适当措施等。由于塑料具有上述特点，且富有装饰性，不仅可以制成透明、半透明的制品，而且可以获得各种色泽鲜艳、经久不褪色的制品。

（二）建筑装饰塑料的分类及应用

塑料制品在建筑装饰工程中常用作地面材料、墙面材料、顶棚材料、各种管材、型材、防水堵漏材料以及各种涂料等等。

1.塑料装饰板材

建筑用塑料装饰板材主要用作地板、护墙板、屋面板、吊顶板和采光板等，此外有夹芯层的夹芯板可用作非承重的墙体和隔断。塑料装饰板材按其原材料的不同有以下几种：三聚氰胺装饰层压板、硬质 PVC 板、玻璃钢（GRP）板、塑铝板、聚碳酸酯采光板等。

（1）三聚氰胺装饰层压板

三聚氰胺装饰层压板亦称纸质装饰层压板或塑料贴面板，是以厚纸为骨架，浸渍酚醛树脂或三聚氰胺甲醛等热固性树脂，多层叠合经热压固化而成的薄型贴面材料，常用于墙面、柱面、台面、家具、吊顶等饰面工程。

（2）硬质 PVC 建筑板材

硬质 PVC 板有透明和不透明两种。透明板以 PVC 为基料，掺入增塑剂、抗老化剂经挤压而成型。不透明板是以 PVC 为基材，掺入填料、稳定剂、颜料等，经捏合、混炼、拉片、切粒、挤出或压延而成型。硬质 PVC 板按其断面形式可分为平板、波形板、异形板和格子板等。

（3）玻璃钢（GRP）板

玻璃钢（简称 GRP）是以合成树脂为基体，以玻璃纤维或其制品为增强材料，经成型、固化而成的固体材料。玻璃钢装饰制品具有良好的透光性和装饰性，可制成色彩艳丽的透光或不透光构件或饰件。制品强度高、质量轻，是典型的轻质高强材料；成型工艺简单，可制作造型复杂的构件；具有良好的耐化学腐蚀性和电绝缘性；耐湿、防潮，可用于有耐潮湿要求的建筑物的某些部位。玻璃钢制品的最大缺点是表面不够光滑。

（4）塑铝板

塑铝板是一种以 PVC 塑料作为芯板，正背两表面为铝合金薄板的复合板材，广泛用于建筑物的外幕墙和室内外墙面、柱面和顶面的饰面处理。为保护其表面在运输和施工时不被擦伤，塑铝板表面都贴有保护膜，施工完毕后再行揭去。

（5）聚碳酸酯（PC）采光板

聚碳酸酯采光板是以聚碳酸酯塑料为基材，采用挤出成型工艺制程的栅格状中空结构异型断面板材。特点为轻、薄、刚性大，适用于遮阳棚、大厅采光天幕、游泳池和体育场馆的顶棚、大型建筑和庭院的采光通道、温室花房或蔬菜大棚的顶罩等。

2.塑料壁纸

塑料壁纸是以纸为基材，以聚氯乙烯为面层，经印花、压花或发泡处理等多种工艺而制成的一种墙面装饰材料。塑料墙纸的特点包括：

（1）装饰效果好。由于塑料墙纸表面可进行印花、压花及发泡处理，能仿天然石纹、木纹及锦缎。色彩也可任意调配，做到自然流畅，清淡高雅。

（2）性能优越。根据需要可加工成具有难燃隔热、吸音、防霉，且不容易结露，不怕水洗，不易受机械损伤的产品。

（3）适合大规模生产。塑料墙纸的加工性能良好，可进行工业化连续生产。

（4）粘贴施工方便。纸基的塑料墙纸，可用普通107胶黏剂或乳白胶即可粘贴，且透气性好。

常用的塑料壁纸包括普通壁纸、发泡壁纸、特种壁纸。

3. 塑料地板

塑料地板是以高分子合成树脂为主要材料，加入其他辅助材料，经一定的制作工艺制程的预制块状、卷材状或现场铺涂整体状的地面材料。具有种类花色繁多、功能多变、适用面广、质轻、耐磨、脚感舒适、施工维修保养方便等优点。

塑料地板按其外形可分为块材地板和卷材地板。按其组成的结构特点可分为单色地板、透底花纹地板、印花压花地板。按其材质的软硬程度可分为硬质地板、半硬质地板和软质地板。按所用的树脂类型可分为聚氯乙烯（PVC）地板、聚丙烯地板和聚乙烯-醋酸乙烯酯地板等。国内应用最广泛的是PVC塑料地板。

4. 塑钢门窗

塑钢门窗是以聚氯乙烯（PVC）树脂为主要原料，加上一定比例的稳定剂、改性剂、填充剂、紫外线吸收剂等助剂，经挤出加工成型，然后通过切割、焊接的方式制成门窗框扇，配装上橡塑密封条、五金配件等附件而成。塑钢门窗具有优异的保温隔热性、耐腐蚀性、耐候性、气密性、防火性以及隔声性等。

五、建筑装饰纤维织物与制品

纤维装饰织物与制品是现代室内重要的装饰材料之一，主要包括地毯、挂毯、墙布、窗帘等纤维织物以及岩棉、矿物棉、玻璃棉制品等。纤维织物具有色彩丰富、质地柔软、富有弹性等特点，通过直接影响室内景观、光线、色彩产生各种不同的装饰效果。

（一）纤维的基本知识

装饰纤维用纤维有天然纤维、化学纤维和无机玻璃纤维等。天然纤维包括羊毛、棉、麻、丝等。羊毛纤维弹性好，不易变形、耐腐蚀、易于清洗，而且能染成各种颜色，颜色鲜艳，但容易受到虫蛀，所以需采取防腐防蛀措施。棉、麻纤维均为植物纤维，棉织物易洗易烫，但性柔，易皱易污，麻纤维强度高、耐磨、价格高，由于棉、麻纤维的供应不足，常常加入化学纤维制成混纺制品使用。丝纤维润滑、半透明、易上色，可直接作为室内墙面的装饰或裱糊，是一种高级的装饰材料。目前人造棉、人造丝、人造毛，醋酯纤维等人造纤维，以及许多合成纤维例如聚酯纤维（涤纶）、聚丙烯腈纤维（腈纶）、聚丙烯纤维（丙纶）、聚氨基甲酸纤维（氨纶）在各种装饰织物中广泛使用。玻璃纤维是由熔融玻璃制成的一种纤维材料，性脆、易折断、不耐磨，但抗拉强度高、不燃、耐腐蚀、吸声性好，可纺织加工成各种布料、带料或织成印花墙布。

（二）纤维制品的分类及应用

1. 地毯

地毯是一种装饰效果很好的地面装饰材料。作为比较华贵的装饰品，较多用于高级宾馆、礼宾场所、会堂等地面装饰。地毯产品根据构成毯面加工工艺不同可分为手工类地毯和机制类地毯。手工类地毯又可分为手工打结地毯、手工簇绒地毯、混纺地毯、化纤地毯、塑料地毯、橡胶地毯、剑麻地毯等。其中纯毛地毯采用羊毛为主要原料,具有弹力大、拉力强、光泽好等优点,是高档铺地装饰材料;剑麻地毯是植物纤维地毯的代表,耐酸碱、耐磨、无静电,主要在宾馆、饭店等公共建筑或家庭中使用。

地毯的主要技术性质包括剥离程度、绒毛粘合力、弹性、抗静电性、耐磨性、抗老化性、耐燃性和抗菌性等。剥离程度反应地毯面层与背衬间附和强度大小,也反映地毯的耐水能力。绒毛黏合力是指地毯绒毛在背衬上黏接的牢固程度。地毯的弹性反映地毯受压后厚度产生的压缩变形的程度,这是地毯是否脚感舒适的重要性能。对于化纤地毯用表面电阻和静电压来表示抗静电性大小。

2.墙面装饰织物

墙面装饰织物主要指以纺织物和编织物为面料制成的壁纸(或墙布),其原料可以是丝、羊毛、棉、麻、化纤等纤维,也可以是草、树叶等天然材料。这种材料以其独特的柔软质地和特殊效果来柔化空间、美化环境,深受人们喜爱。

(1)织物壁纸

主要有纸基织物壁纸和麻草壁纸。纸基织物壁纸有色彩图案丰富、立体感强、吸音性强、吸音性强等特点,适用于宾馆、饭店、办公大楼、家庭卧室等室内墙面装饰。麻草壁纸是有古朴自然和粗犷的装饰效果,且变形小、吸音性强,适用于网吧、舞厅、会议室、酒店、饭店等室内墙面装饰。

(2)墙布

玻璃纤维印花贴墙布特点是不褪色、不老化、防水耐湿、色彩鲜艳,花色多样,价格低廉等,适用于招待所、饭店、餐厅、工厂、住宅、浴室等室内墙面装饰。无纺贴墙布有弹性、不易折断、色彩鲜艳、图案丰富、粘贴方便,适用高级住宅等。化纤装饰墙布有无毒、防潮、无味、透气、耐磨等特点,适用各类建筑物的室内装饰。棉纺装饰物强度大、静电小、蠕变小、无毒无味、美观大方,适用较高档宾馆等。

(3)高级墙面装饰织物

主要指锦缎、丝绒、呢料等织物。

(4)矿物纤维制品

主要用于吸声材料领域,包括用岩棉、矿物棉、玻璃棉制成的装饰吸声板以及用玻璃棉制成的吸声毡等。矿物棉的主要原料为矿渣,其生产工艺、性能和应用领域与岩棉相似。

六、建筑装饰涂料

(一)涂料的基本知识

涂敷于物体表面能与基体材料很好黏结并形成完整而坚韧保护膜的物料称为涂料。涂料在物体表面干结成膜,这层膜称为涂膜,又叫涂层。由于早期涂料工业主要原料是天然树脂或天然植物油脂,因而习惯上把涂料称为油漆,但在 20 世纪 60 年代以来,以石油化学工业为基础的人工合成树脂开始大规模生产,逐步取代天然树脂、干性油和半干性油而成为涂料的主要原料。油漆这一名词已不能代表其确切的含义,故改称为涂料。

涂料的组成中包含成膜物质、颜填料、溶剂、助剂共四类成分。成膜物质是组成涂料的基础,它对涂料的性质起着决定作用。颜料可以使涂料呈现出丰富的颜色,使涂料具有一定的遮盖力,并且具有增强涂膜机械性能和耐久性的作用。填料也可称为体质颜料,特点是基本不具有遮盖力，在涂料中主要起填充作用。填料可以降低涂料成本，增加涂膜的厚度，增强涂膜的机械性能和耐久性。除了少数无溶剂涂料和粉末涂料外，溶剂是涂料不可缺少的组成部分。一般常用有机溶剂主要有脂肪烃、芳香烃、醇、酯、酮、卤代烃、萜烯等等。溶剂在涂料中所占比重大多在50%以上。溶剂的主要作用是溶解和稀释成膜物，使涂料在施工时易于形成比较完美的漆膜。溶剂在涂料施工结束后，一般都挥发至大气中，很少残留在漆膜里。涂料助剂是为改善涂料的性能、提高涂膜的质量而加入的辅助材料。

（二）常用的建筑涂料种类

涂料的种类很多，分类方法也多样。按使用的部位分，可分为外墙涂料、内墙涂料、地面涂料、顶棚涂料和屋面涂料；按涂层结构分，可分为薄涂料、厚涂料和复层涂料；按主要成膜物质的性质分，可分为有机涂料、无机高分子涂料、有机无机复合涂料；按涂料所用稀释剂分，可分为溶剂型涂料和水性涂料。

1. 内墙涂料

内墙涂料在全国建筑涂料总量中，约占60%，它是量大面广的建筑装饰材料。内墙涂料要求平整度高，饱满度好，色调柔和新颖，且要求耐湿擦和耐干擦的性能好。涂料必须有很好的耐碱性，防霉。同时外观光洁细腻，颜色丰富多彩，给人以亲切的感觉，内墙涂料一般都可用于顶棚涂饰，但是不宜用于外墙。

目前市场上内墙涂料品种有：合成树脂乳液内墙涂料（俗称乳胶漆）；水溶性内墙涂料，以聚乙烯醇和水玻璃为主要成膜物质，包括各种改性的经济型涂料；多彩内墙涂料，包括水包油型和水包水型两种；此外还有梦幻涂料、纤维状涂料、仿瓷涂料、绒面涂料、杀虫涂料等。

2. 外墙涂料

外墙装饰直接暴露在大自然，经受风、雨、日晒的侵袭，故要求涂料有耐水、保色、耐污染、耐老化以及良好的附着力，同时还具有抗冻融性好、成膜温度低的特点。

外墙涂料按照装饰质感分为四类：

（1）薄质外墙涂料：质感细腻、用料较省，也可用于内墙装饰，包括平面涂料、沙壁状、云母状涂料。

（2）复层花纹涂料：花纹呈凹凸状，富有立体感。

（3）彩砂涂料：用染色石英砂、瓷粒云母粉为主要原料，色彩新颖，晶莹绚丽。

（4）厚质涂料：可喷、可涂、可滚、可拉毛，也能作出不同质感花纹。

3. 地面涂料

地面涂料的主要功能是装饰和保护室内地面，使地面清洁美观，为人们创造一种优雅的室内环境。地面涂料应该具有以下特点：耐碱性良好，因为地面涂料主要涂刷在带碱性的水泥砂浆基层上；与水泥砂浆有较好的粘接性能；有良好的耐水性、耐擦洗性；有良好的耐磨性；有良好的抗冲击力；涂刷施工方便；价格合理。

地面漆的品种有以下几类：

（1）过氯乙烯地面涂料：耐老化和防水性能好，漆膜干燥快（2 h），漆膜干燥后无刺激气味，对人体健康无害等。该涂料适用于住宅建筑、物理实验室等水泥地面的装饰。

（2）H80-环氧地面涂料：具有良好的耐腐蚀性能，涂层坚硬，耐磨且有一定韧性，涂层与水泥基层粘接力强。适用于机场以及工业与民用建筑中的耐磨、防尘、耐酸、耐碱、耐有机溶剂、耐水等工程的地面装饰。

（3）聚氨酯地面涂料：该涂料具有优良的防腐蚀性能和绝缘性能，特别是有较全面的耐酸碱盐的性能，有较高的强度和弹性，对金属和非金属混凝土的基层表面有较好的粘结力。适用于会议室、放映厅、图书馆等人流较多的场合做弹性装饰地面；工业厂房、车间和精密机房的耐磨、耐油、耐腐蚀地面及地下室、卫生间的防水装饰地面。

（4）氯-偏共聚乳液地面涂料：它具有无味、快干、不燃、易施工等特点。涂层坚固光滑、有良好的防潮、防霉、耐酸、耐碱、化学稳定性。多用于机关、商店、宾馆、仓库、工厂、企业及公共场所的地面涂层，可仿制木纹地板、花卉图案、大理石、瓷砖等彩色地面。

（5）聚乙烯醇缩甲醛水泥地面涂料：又称777水性地面涂料，其特点是无毒、不燃、涂层与水泥基层结合紧固，干燥快、耐磨、耐水、不起砂、不裂缝，可以在潮湿的水泥几层上涂刷。适用于建筑、住宅以及一般的实验室、办公室、新旧水泥地面装饰。可仿制成方格、假木纹及各种几何图案的地面。

（6）聚醋酸乙烯脂水泥地面涂料：其特点是无毒、不燃、快干、黏接力强，耐磨，耐冲击，有弹性感，装饰效果好，生成工艺简单、施工方便、价格便宜。可用于民用及其他建筑地面，可以代替部分水磨石和塑料地面，特别适合水泥旧地面的翻修。

七、建筑装饰木材

（一）木材的基本知识

木材作为建筑装饰材料，具备质轻、较高强度、容易加工等优点，且某些树种纹理美观；但也有容易变形、易腐、易燃、质地不均匀、各方向强度不一致，并且常有天然缺陷。

树木按树叶的不同可分为阔叶树和针叶树。阔叶树的木材坚硬，较难加工，故又称硬木材。表观密度较大，强度高，胀缩和翘曲变形大，易开裂，在建筑中常用作尺寸较小的装修和装饰等构件，对于具有美丽天然纹理的树种，特别适合做室内装修，家具及胶合板等。针叶树的木材纹理顺直，材质均匀，较软而易于加工，又称软木材。强度较高，容重和胀缩变形较小，耐腐性较强，为建筑工程中的主要用材。用于制作模板，承重构件，门窗等。

（二）木材及其制品的应用

1. 人造板材

人造板材是利用木材加工过程中剩下的边皮、碎料、刨花、木屑等废料，进行加工处理而制成的板材。人造板材主要包括胶合板、装饰胶合板、纤维板、细木工板、刨花板、木丝板等。

（1）胶合板：用原木旋切成薄片，再用胶黏剂按奇数层，以各层纤维互相垂直的方向，黏合热压而成。

（2）装饰胶合板：用两张面层单板或其中一张为装饰单板的胶合板。

（3）纤维板：以植物纤维为原料，经破碎浸泡、热压成型、干燥等工序制成的一种人造板材。

（4）细木工板：芯板用木材拼接而成，两个表面为胶贴木质单板的实心板材，属于特种胶合板的一种。

（5）刨花板：利用施加胶料和辅料或未施加胶料和辅料的木材或非木材植物制成的刨花材料(如木材刨花、亚麻屑、甘蔗渣等)压制成的板材。

（6）木丝板：以刨花渣、短小废料刨制的木丝为原料，经干燥拌入胶凝材料，再经热压而制成的人造板材。

2.常用木装饰制品

（1）木地板

木地板可分为实木地板、实木复合地板、浸渍纸层压木质地板（强化地板）三大类。实木地板中又有仿古实木地板，实木复合地板中又有多层实木复合地板、三层实木复合地板、仿古实木复合地板，强化地板中又有手爪纹仿古强化地板、印花纹强化地板等。

实木地板是用天然木材加工而成的铺地材料木材作为地板时，既保留了天然木质材料视觉感强、脚感舒适的优良性能，又具有自然温馨、高贵典雅的室内装饰作用。由于木材具有湿胀与干缩的性质，因此实木地板没有维持正常使用条件或使用维护不当会造成变形、开裂、翘曲等缺陷。

实木复合地板是以实木单板为面层，纵横交错的多层结构为基材，经木材深加工而成的地板，是以面层树种来确定地板树种的名称的。实木复合地板表层厚度有 0.6-3.0 mm 不等，主要以 0.6 mm 厚度为主，地热以表层 0.6 mm 厚度最为适合。

浸渍纸层压木质地板是用热固性树脂装饰层压板粘贴在纵横交错的多层基材表面，正面加耐磨层经热压而成的地板。

（2）木装饰线条

木装饰线条简称木线，种类繁多，包括楼梯扶手、压边线、墙腰线、顶棚角线、弯线、挂镜线等。

（3）木花格

木花格即用木板制作成具有若干个分格的木架。

八、金属装饰材料

（一）金属的基本知识

金属是指在自然界已发现的元素中，具有良好导电、导热和可加工性能的元素。如：铝、铜、锰、锌、铬、钨等。合金是指由两种或两种以上的金属元素或金属与非金属元素所组成的具有金属性质的物质。如：钢（铁碳合金）、黄铜（铜锌合金）。金属分黑色金属和有色金属：黑色金属是以铁为基本成分的金属和合金；有色金属除铁以外的其他金属和合金。金属是建筑装饰装修中不可缺少的重要材料，由于冶炼和制造技术的发展，各种高性能的优质金属材料及制品不断问世，使金属制品在建筑装饰领域的应用至今历久不衰。金属的性能特点包括质感特殊、力度强、装饰效果轻盈高雅、物理力学性能优良及耐腐蚀等。

（二）常用金属装饰材料

1.建筑装饰用钢材及其制品

（1）不锈钢及其制品

不锈钢是在钢材中加入铬、镍、锰等元素的合金钢。不锈钢的牌号表示，第一位数字表示平均含碳量的千分之几，小于千分之一的用 0 表示，后面表示主要合金元素的符号及其平均含量，如：2 Cr13Mn9Ni4，表示含碳量为 0.2%，平均含铬、锰、镍依次为 13%，9% 和 4%。不锈钢具有良好的韧性、延展性，耐蚀性显著（因所加不同元素而异），表面光泽性好，光反射比达 90% 以上，装饰效果突出，具现代气息。

（2）彩色涂层钢板及钢带

彩色涂层钢板是以金属带材为基材，在其表面涂覆各类树脂（丙烯酸树脂等）而得到的装饰板材（简称彩板）。彩板装饰效果好（涂层附着力强、色彩花纹多样），抗污染性能强，具有良好的可加工性，可弯曲、切割、钻孔和铆、卷等。彩色涂层钢板及钢带的表面不允许有气泡、划伤、漏涂和颜色不均等有害于使用的缺陷。彩色钢板长度一般为 500~4000 mm，宽度为 700~1550 mm，厚度为 0.3~2.0 mm。常用于各类建筑物的内外墙板、吊顶、工业厂房的屋面板和壁板，也可作为排气管道、通风管道及其他有耐腐蚀要求的物件及设备罩等。

（3）建筑用压型钢板

采用冷轧板、镀锌板和彩色涂层板等不同类型的薄钢板，经辊压和冷弯而成，其截面形状为 V 形、U 形和梯形等或类似这几种形状的波形，称之为建筑用压型板材（压型板）。质量轻（板厚 0.5~1.2 mm），波纹平直坚挺，色彩鲜艳丰富，造型美观大方，耐久性强，抗震性高，加工简单，施工方便。压型板不允许有用 10 倍放大镜所观察到的裂纹存在，也不得有镀层、涂层脱落及影响使用性能的擦伤。压型板（YX）共有 27 种不同的型号，压型板的型号顺序为波高、波距、有效覆盖宽度。例：YX38-175-700 表示波高 38 mm，波距 175 mm，有效覆盖宽度为 700 mm。压型钢板常用于工业与民用建筑及公共建筑的内外墙面、屋面和吊顶装饰及轻质加芯板材的面板等。

（4）轻钢龙骨

建筑用轻钢龙骨是以冷轧钢板、镀锌钢板或彩色涂层钢板为原料，采用冷弯工艺生产的薄壁型钢，用作吊顶或墙体龙骨。轻钢龙骨具有自重轻、刚度大、抗震性能优良、防火性好、制作容易施工方便、节约木材以及安装和拆改方便等性能特点。轻钢龙骨按用途可分为吊顶龙骨和墙体龙骨。吊顶龙骨又分为承载龙骨、覆面龙骨。

2. 建筑用铝及铝合金

铝是有色金属中的轻金属，在地壳组成中约占 7.45%，含量仅次于氧和硅。纯铝为银白色有光泽的金属，高纯度的铝要比普通的金属铝有更高的抗腐蚀性能。铝的密度为 2.7 g/cm³，其导电性和导热性均较好。铝是较活泼的金属，极易与空气中的氧生成一层氧化铝薄膜，使铝受到保护作用，具有一定的耐蚀性。但铝制品不能与强酸或强碱接触，否则将被腐蚀。铝有很好的延展性（伸长率可达 50%），可以加工成管材、棒材和薄壁空腹型材，也可辗压成箔片，并具有较高的光、热反射比（87%~97%），但铝的强度和硬度较低。在金属铝中加入镁、锰、铜、硅和锌等合金元素，可改变铝的某些性质，称为铝合金。

建筑装饰工程常用的是铝合金，铝合金质量轻，机械性能明显提高（抗拉强度可达 380~550 MPa），弹性模量小（为钢的 1/3），热膨胀系数大，耐热性能低。常用铝合金制品包括铝合金门窗及铝合金装饰板。

3. 铜及铜合金制品

铜是人类最先制造出的金属，被用于制造铜镜、铜针、铜壶和兵器，这一时代被称为青铜器时代。铜为有色重金属，密度为 8.92 g/cm³。纯铜因表面氧化生成的氧化铜薄膜呈紫红色，故称紫铜。纯铜导电性、导热性高，延展性和塑性优良（可碾压成铜板和铜线）；强度不高，不宜作结构材使用，价格较贵。铜材的装饰效果集古朴和华贵于一身，美观雅致，光亮耐久，可体现华丽高雅的氛围。铜材常用于公共建筑和高级住宅的楼梯扶手、栏杆和防滑条，以及卫生器具和五金配件等。

在铜中掺入锌、锡等元素可形成铜合金。铜合金保持了铜的良好塑性和高抗蚀性,又改善了纯铜的强度和硬度等机械性能。常用的铜合金为黄铜(铜锌合金)、青铜(铜锡合金)。

4.金属装饰箔

(1)铝箔

铝箔是采用纯铝或铝合金加工而成的6.3~200 mm的薄片制品。按形状分为卷状铝箔和片状铝箔。按材质分为硬质箔、半硬质箔和软质箔。按加工状态分为素箔、压花箔、复合箔、涂层箔、上色箔等。常用的铝箔制品包括铝箔波形板、铝箔泡沫塑料板、铝箔牛皮纸铝箔制品具有防潮性优良,绝热性好,装饰效果突出,力学性能优良。常用于建筑工程的保温隔热、防潮材料和装饰材料。

(2)金箔

金箔多作贴金装饰之用,我国独特的装饰材料,历史悠久、用途广。在古建筑及各种纪念碑塔、人像、铭文、题词及图案等方面使用较多。金箔装饰效果光辉灿烂,华贵高雅。品种有赤金色和黄金色两种,74金箔:含金74%,含银26%;98金箔:含金98%,含银2%。

本模块小结

本模块主要介绍了建筑装饰材料的分类及选用原则。常用的建筑装饰材料包括建筑装饰石材、建筑装饰陶瓷、建筑装饰玻璃、建筑装饰塑料、建筑装饰纤维织物与制品、建筑装饰涂料、建筑装饰木材、金属装饰材料,介绍了各类装饰材料的性能特点及用途。

思考与练习

自测题

1.装饰材料的选用原则有哪些?

2.天然大理石和花岗石的区别有哪些?

3.陶、炻、瓷的区别有哪些?

4.常用的建筑安全玻璃有哪些?

5.内墙涂料的有害物质有哪些?

6.常用的金属装饰材料有哪些?

7.釉面砖为何不宜用在室外?

模块十一　其他建筑功能材料

【知识目标】

通过本模块学习，应掌握建筑塑料的组成、分类和特性，掌握建筑上常用的绝热材料和吸声材料的种类、特点及主要用途；熟悉各种建筑塑料在建筑工程中的应用，熟悉吸声材料、绝热材料的影响因素；了解建筑塑料的各个品种的特性和各种制品，了解建筑上绝热材料的概念，隔声材料、吸声材料的概念。

【技能目标】

通过本模块学习，能够完成建筑塑料、绝热材料和吸声材料的书面检验、外观检查、取样复验等任务；能根据相关标准对建筑塑料、绝热材料和吸声材料进行质量检测，并能根据相关指标对其作合格判定。

第一节　建筑塑料

塑料是以合成树脂为主要原料，加入填充剂、增塑剂、润滑剂、着色剂等添加剂，在一定的温度和压力下具有流动性，可塑制成各式制品，且在常温、常压下制品能保持其形状不变。用于建筑工程的塑料通常称为建筑塑料。目前，塑料制品已广泛应用于建筑工程中，如塑料门窗、塑料装饰板、塑料地板、塑料管道等。

一、建筑塑料的组成及分类

（一）建筑塑料的组成

塑料按组成成分的多少，可分为单组分塑料和多组分塑料。单组分塑料仅含合成树脂；多组分塑料除含有合成树脂外，还含有填充料、增塑剂、固化剂、着色剂、稳定剂及其他添加剂。建筑工程中常用的塑料制品大多数是多组分塑料。

1. 合成树脂

合成树脂是塑料的基本组分，在多组分塑料中约占 30%~70%，单组分的塑料中含有树脂几乎达 100%。树脂在塑料中主要起胶结作用，它不仅能自身胶结，还能将其他材料牢固地胶结在一起。塑料的主要性质取决于所采用的树脂，树脂的种类、性质不同，塑料的物理力学性质也不同。

2. 填充料

又称填充剂或填料。为了改善塑料制品某些性质，如提高塑料制品的强度、硬度、耐热性等，在塑料制品中加入的一些材料。多组分塑料中填充料的含量约占 40%~70%，常用的填充料有木粉、滑石粉、石灰石粉、铝粉、炭黑、云母、石棉、玻璃纤维等。此外，由于填充料一般都比合成树脂便宜，故填充料的加入能降低塑料的成本。

3. 增塑剂

增塑剂可以提高建筑塑料可塑性和流动性，使其在较低的温度和压力下成型；还可以使塑料在使用条件下保持一定的弹性、韧性，改善塑料的低温脆性。

增塑剂通常是高沸点、不易挥发的液体或低熔点的固体有机化合物。常用的有邻苯二甲酸二丁酯、邻苯二甲酸二辛酯、磷酸二辛酯、磷酸二甲苯酯、樟脑、二苯甲酮等。

4. 固化剂

固化剂又称硬化剂或熟化剂。其主要作用是促进或调节合成树脂中的线型结构交联成体型结构，从而使树脂具有热固性。不同品种的树脂应采用不同品种的固化剂。酚醛树脂常用六亚甲基四胺；环氧树脂常用胺类、酚酐类和高分子类；聚酯树脂常用过氧化物等。

5. 稳定剂

稳定剂在建筑塑料加工过程中起到减缓反应速度，防止光、热、氧化等引起的老化作用，在使用过程中，可以避免过早发生降解、交联等现象。为了提高塑料制品的质量，延长使用寿命，通常要加入各种稳定剂，如抗氧剂、光屏蔽剂、热稳定剂等。

6. 着色剂

为使塑料制品具有鲜艳的色彩和光泽，可加入着色剂。着色剂按其在着色介质中的溶解性分为染料和颜料。染料皆为有机化合物，可溶于被着色的树脂中；颜料一般为无机化合物，不溶于被着色介质，其着色性是通过本身的高分散性颗粒分散于被染介质，其折射率与基体差别大，吸收一部分光，而又反射另一部分光线，给人以颜色的视觉。颜料不仅对塑料具有着色性，同时兼有填料和稳定剂的作用。

7. 其他添加剂

为使塑料能够满足某些特殊要求，具有更好的性能，还需要加入各种其他添加剂。如润滑剂、抗静电剂、发泡剂、阻燃剂及防霉剂等。

(二)建筑塑料的分类

1. 按树脂的合成方法分类

可分为缩合物塑料和聚合物塑料。缩合物塑料是指两个或两个以上不同分子化合时，放出水或其他简单物质，生成一种与原来分子完全不同的生成物，如：酚醛塑料、聚脂塑料等。聚合物塑料是指许多相同的分子连接而成的庞大的分子，并且基本组成不变的生成物，如：聚乙烯塑料、聚苯乙烯塑料等。

2. 按树脂在受热时所发生的变化不同分类

可分为热固性塑料和热塑性塑料。热固性塑料是指塑料成型后不能再次加热，只能塑制一次，如：酚醛塑料、有机硅塑料等。热塑性塑料是指塑料成型后可反复加热重新塑制，如：聚氯乙烯、聚苯乙烯。

二、建筑塑料的特点

建筑塑料作为建筑材料使用具有很多特征，它不仅能代替传统材料，而且具有传统材料所不具备的性能。

（一）塑料的表观密度小，比强度高

塑料的表观密度一般为 $0.9 \sim 2.2 \ g/cm^3$，它只有钢材的 1/5、混凝土的 1/3，铝的 1/2。比强度高于混凝土和钢材，不仅能减轻施工的劳动强度，而且大大减轻了建筑物的自重。

（二）加工性能好

塑料可塑性强，成型温度和压力容易控制，工序简单，设备利用率高，可以采用多种方法模塑成型，生产成本低，适合大规模机械化生产。

（三）导热系数小

塑料的导热系数很小，约为金属的 1/500 ~ 1/600，泡沫塑料的导热系数最小，是良好的隔热保温材料之一。

（四）装饰性能优异

塑料可以制成完全透明或半透明状的，也可以制成各种色泽鲜艳的塑料制品，表面还可以进行压花、印花处理。

（五）功能的可设计性强

通过改变塑料的组成配方与生产工艺，可制成具有各种特殊性能的工程材料，如轻质高强的碳纤维复合材料，具有承重、轻质、隔声、保温的复合板材。

（六）耐化学腐蚀性好

塑料对酸、碱、盐等化学品抗腐蚀能力要比金属和一些无机材料好，被大量应用于有酸碱等化学腐蚀的工业建筑中的门窗、地面及墙体。

（七）电绝缘性好

一般塑料都是电的不良导体，在建筑工程中被广泛应用于电器线路、开关、电缆等。

此外，塑料也具有耐热性差、易燃，易老化，热膨胀性大，刚度小等缺点，有待进一步改善。

三、常用的建筑塑料及其制品

（一）常见的建筑塑料

1. 聚氯乙烯塑料（PVC）

聚氯乙烯树脂主要是由乙炔和氯化氢乙烯单体经悬浮聚合而成。其化学稳定性好，抗老化性能好，但耐热性差，通常的使用温度为 60 ~ 80℃ 以下。根据增塑剂的掺量不同，可制得硬、软质两种聚氯乙烯塑料。硬聚氯乙烯塑料机械强度高、耐腐蚀性强、耐风化性能好，可用做百叶窗、各种板材、楼梯扶手、天窗、地板砖、给排水管。软聚氯乙烯塑料很柔软，有一定的弹性，可挤压成板、片、型材，可用做地面材料和装修材料等。

2. 聚甲基丙烯酸甲脂（PMMA）

聚甲基丙烯酸甲脂又称有机玻璃，是由丙酮、氰化物和甲醇反应生成的甲基丙烯酸甲脂单体经聚合而成的，是透光性最好的一种塑料。其特点是机械强度较高、耐腐蚀性、耐气候性、抗寒性和绝缘性均较好，成型加工方便。缺点是质脆、不耐磨、价格较贵，可用来制作板材、管材、室内隔断等。

3. 聚乙烯塑料（PE）

聚乙烯是由乙烯单体聚合而成的。其表观密度小，有良好的耐低温性、电绝缘性和化学性能，但强度低、质地较软、易燃，因此通常要对建筑用的聚乙烯进行阻燃改性。主要用于化工耐腐蚀材料，也可作防水、防潮材料。

4. 聚丙烯塑料（PP）

聚丙烯塑料是由丙烯单体聚合而成。其密度小，耐热性优于聚乙烯，刚性、延性、抗水性和耐化学腐蚀性好。缺点是耐低温性差，抗大气性差，故适用于室内。常用来生产管材、卫生洁具等建筑制品。

5. 聚苯乙烯塑料（PS）

聚苯乙烯塑料是由苯乙烯单体聚合而成。其透光性好，易于着色，耐水，耐光，耐化学腐蚀性好，电绝缘性好。缺点是抗冲击性能差，脆性大和耐热性低，易燃，燃烧时会放出黑烟。可制作百叶窗、泡沫隔热材料等。

6. 酚醛塑料（PF）

酚醛塑料是由苯酚和甲醛在酸性或碱性催化剂的作用下缩聚而成。其优点是黏结强度高、耐光、耐热、耐化学腐蚀、电绝缘性好，但性脆。加入填料和固化剂后可制成酚醛塑料制品，此外还可制成各种层压板等。

7. 聚酯树脂

聚酯树脂是由二元或多元醇和二元或多元酸缩聚而成，分为不饱和聚酯树脂和饱和聚酯两类。不饱和聚酯树脂常用来生产玻璃钢、涂料和聚酯装饰板等。饱和聚酯常用来拉制成纤维或制作绝缘薄膜材料。

8. ABS 塑料（丙烯腈-丁二烯-苯乙烯的共聚物）

ABS 是丙烯腈、丁二烯和苯乙烯的三元共聚物。其抗冲击性、耐热性、耐低温性、耐化学性能优良，还具有易加工、制品尺寸稳定、表面光泽性好等特点，容易涂装、着色，还可以进行表面喷镀金属、电镀、焊接、热压和黏接等二次加工，是一种用途极广的热塑性工程塑料。

9. 玻璃纤维增强塑料（俗称玻璃钢）

玻璃纤维增强塑料是由合成树脂胶结玻璃纤维制品而制成的一种轻质高强的塑料。玻璃钢中一般采用热固性树脂为胶结材料，使用最多的是不饱和聚酯树脂。其有很高的机械强度，比强度甚至高于钢材。

（二）常见的建筑塑料制品及应用

塑料在工业与民用建筑中可生产塑料管材、板材、门窗、壁纸、地毯、绝缘材料、装饰材料、防水及保温材料等。在其他工程中可制作管道、容器、黏结材料等，有时也可制作结构材料。在选择和使用塑料时应注意其耐热性、抗老化能力、强度和硬度等性能指标。

1. 塑料门窗

塑料门窗是以氯乙烯（PVC）树脂为主要原料，加工成型材。与其他门窗相比，塑料门窗具有耐水、耐腐蚀、气密性、水密性、绝热性、隔声性，而且不需要粉刷油漆，维护保养方便，节能效果显著的特点，在建筑工程中的应用非常广泛。

2. 塑料管材

建筑塑料管材制品被广泛应用在建筑工程中，与金属管材相比，其具有成本低、质量轻、表面光滑、耐腐蚀、韧性好、强度高、使用寿命长等优点，按品种可分为塑料给水管、电线导管、冷热水管、燃气管等；按主要原料可分为硬质聚氯乙烯（UPVC）管、聚乙烯（PE）管、聚丙烯（PP-R）管、交联聚乙烯（PEX）管、铝塑复合（PAP）管等。

3.塑料地板

塑料地板与传统的地面材料相比，具有装饰效果好，施工维护方便，耐磨性好，防潮、防火、吸声、绝热等特点。按形状分为块状和卷状，按材性分硬质、半硬质、软质三种。

4.塑料装饰板材

建筑用塑料装饰板材质量轻，能减轻房屋建筑的自重，主要用于护墙板、层面板和平顶板，此外有夹芯层的夹芯板可用作非承重墙的墙体和隔断。

5.塑料壁纸

塑料壁纸是由基底材料(纸、麻、棉布、丝织物、玻璃纤维)涂以各种塑料，加入各种颜色经配色印花而成。塑料壁纸强度较好，耐水可洗，装饰效果好，施工方便，成本低，目前广泛用作内墙面，顶面等的贴面材料。塑料壁纸可分三大类：普通壁纸、发泡壁纸，特种壁纸。

第二节　绝热材料

绝热材料是指用于建筑围护或者热工设备、阻抗热流传递的材料或者材料复合体，控制室内热量外流的材料叫做保温材料，防止热量进入室内的材料叫做隔热材料，绝热材料是保温材料和隔热材料的总称。在建筑工程中主要用于墙体、屋顶的保温隔热；热力管道的保温等。绝热材料一方面满足了建筑空间或热工设备的热环境，另一方面也节约了能源。

建筑工程中使用的绝热材料，一般要求其导热系数不宜大于 0.23 W/(m·K)，表观密度不大于 600 kg/m³，抗压强度不小于 0.3 MPa。此外，还要根据工程的特点，考虑材料的耐久性、耐火性、耐腐蚀性等是否满足要求。

一、影响材料绝热性能的因素

传热是指热量从高温区向低温区的自发流动，是一种由于温差而引起的能量转移现象。热量传递的方式有三种：传导、对流和辐射。在热传递过程中，往往同时存在两种或三种传热方式，但因绝热材料通常都是多孔的，孔壁之间的热辐射和孔隙中空气的对流作用与热传导相比，传热量很小，所以在设计时通常主要考虑热传导。材料的导热能力用导热系数来表示。导热系数越小，保温隔热性则越好。导热系数受材料的组成、孔隙率及孔隙特征、所处环境的温度及热流方向等的影响。

(一)材料组成

材料的导热系数受自身的化学组成和分子结构的影响。材料的导热系数由大到小一般为金属材料>无机非金属材料>有机材料，液体较小，气体更小。分子结构简单的大于分子结构复杂的材料。

(二)孔隙率及孔隙构造

一般来说，孔隙率越大，材料的导热系数就越小。材料的导热系数不仅与孔隙率有关，而且还与孔隙的大小、分布、形状及连通情况有关。

(三)湿度

材料吸湿受潮后，其导热系数会增大，这是因为水的导热系数($\lambda = 0.58$ W/m·K)要远大于空气的导热系数($\lambda = 0.023$ W/(m·K))，故材料含水率增加后其导热系数将明显增加，若受冻结冰(冰 $\lambda = 2.20$ W/(m·K)),则导热能力更强,故绝热材料在使用时要做好防潮、防冻。

(四)温度

材料的导热系数随温度的升高而增大,因为温度升高,材料固体分子的热运动增强,同时材料孔隙中空气的导热和孔壁间的辐射作用也有所增加。

(五)热流方向

对于各向异性材料,当热流方向与纤维方向平行时,热流受到的阻力小,当垂直时,受到的阻力就大。

二、建筑工程中常用的绝热材料

绝热材料根据化学成分可以分为无机材料和有机材料两大类,根据结构形式又可分为纤维状材料、散粒状材料和多孔材料。

(一)、无机绝热材料

1. 纤维状绝热材料

(1)石棉及其制品

石棉是一种天然矿物纤维材料,具有耐火、耐热、耐酸碱、保温、绝热、防腐、隔声、绝缘等特性。除用作填充材料外,还可与水泥、碳酸镁等结合制成石棉制品绝热材料用于建筑工程。

(2)矿棉及其制品

矿棉包括岩棉、矿渣棉,具有质轻、不燃、绝热、电绝缘、化学稳定性好、吸音性好等特性。可制成矿棉板、矿棉毡等,常用于建筑物的墙壁、屋顶、天花板等处的保温材料。

(3)玻璃棉及其制品

玻璃棉是用玻璃原料或碎玻璃经熔融后制成的一种纤维状材料,包括短棉和超细棉。玻璃棉可制成沥青玻璃棉毡、板等,用于房屋建筑中的保温及管道保温。

2. 散粒状绝热材料

(1)膨胀蛭石及其制品

膨胀蛭石是将天然蛭石经破碎、煅烧膨胀后制得的松散颗粒状材料,其堆积密度为 $80 \sim 200$ kg/m³,导热系数为 $0.046 \sim 0.070$ W/(m·K),最高使用温度为 $1000 \sim 1100℃$。膨胀蛭石具有良好的绝热、耐火、吸音性能,但吸水性大、电绝缘性不好。膨胀蛭石除用作填充材料外,也可与水泥、水玻璃等胶凝材料配合制成砖、板、管件等用于围护结构及管道保温。

(2)膨胀珍珠岩

膨胀珍珠岩是由天然珍珠岩经破碎、煅烧膨胀后制得,呈蜂窝泡沫状的白色或灰白色颗粒材料。其堆积密度为 $40 \sim 500$ kg/m³,导热系数为 $0.047 \sim 0.070$ W/m·K,最高使用温度可达800℃。具有质轻、吸湿性好、不燃烧、耐腐蚀、施工方便等特性。常用于制成水泥膨胀珍珠岩制品、水玻璃膨胀珍珠岩制品、沥青膨胀珍珠岩制品等。

3. 多孔状绝热材料

(1)微孔硅酸钙制品

微孔硅酸钙制品是用硅藻土、石灰、石英砂、纤维增强材料及水等经拌合、成型、蒸压养护而成的绝热材料。表观密度为200 kg/m³,导热系数为 $0.047 \sim 0.056$ W/(m·K),最高使

用温度为 $650 \sim 1000 ℃$ 。可用于生产平板、弧形板、管壳等制品。

（2）泡沫玻璃

泡沫玻璃是用碎玻璃、发泡剂，经粉磨、混合、装模，在 $800 ℃$ 下煅烧生成的多孔材料，具有闭孔结构，表观密度为 $150 \sim 600 \ kg/m^3$ ，导热系数为 $0.058 \sim 0.128 \ W/(m \cdot K)$ ，最高使用温度可达 $500 ℃$ ，具有导热系数小、抗压强度高、抗冻性好、耐久性好等特点，是一种高级保温绝热材料，可用于砌筑墙体或冷库隔热。

（二）有机绝热材料

1. 泡沫塑料

泡沫塑料是以合成树脂为基料、经加热发泡而制成的一种轻质、保温、绝热、吸声、防震材料，常用的有聚苯乙烯泡沫塑料（EPS）、聚氨酯泡沫塑料、聚氯乙烯泡沫塑料、脲醛泡沫塑料等。可用于屋面、墙面保温、冷库绝热和制成夹心复合板等。

2. 软木板

软木俗称栓木，软木板是以栓皮栎树的外皮或黄菠萝树皮为原料，经破碎后与皮胶溶液拌合，加压成型、干燥而成。软木板具有表观密度小、质轻、导热系数小、抗渗和防腐性能好等特性。

3. 轻质钙塑板

以高压聚乙烯为基材，加入大量轻质碳酸钙及少量助剂，经塑炼、热压、发泡等工艺过程制成。具有质轻、隔声、隔热、防潮等特性。主要用于吊顶面材。

4. 蜂窝板

是由两块较薄的面板，牢固地黏结在一层较厚的蜂窝状芯材两面制成的板材。具有强度大、导热系数小、抗震性好等特性，可以制成轻质高强的结构用板材，也可以制成绝热性能良好的非结构用板材和隔声材料。

第三节　吸声、隔声材料

当前，噪声作为一种影响人们生活环境的主要污染物之一，越来越受到人们的关注和重视。选用适当的材料对建筑物进行吸声和隔声处理是建筑物噪声控制中最常用的技术措施之一。

一、吸声材料

吸声材料是指能在一定程度上吸收由空气传递的声波能量的材料。广泛应用在影剧院、音乐厅、大会堂等内部的墙面、地面、天棚等部位。

（一）材料的吸声原理

声音源于物体的振动，它迫使邻近的空气跟着振动而形成声波，并在空气介质中向四周传播。声音在室外传播过程中，一部分声能随着距离的增大而扩散，另一部分声能则因空气分子的吸收而减弱。但在室内如果房间的空间不大，声能的衰减不是靠空气，而主要是靠墙壁、顶棚、地板等材料表面对声能的吸收。

当声波碰到材料表面时，一部分声能被反射，一部分穿透材料，其余部分则被材料吸收。这些被吸收的声能与入射声能之比称为吸声系数。

材料的吸声性能除与材料本身性质、厚度及材料的表面特征有关外，还与声音的频率，声音的入射方向等有关。因此吸声系数用声音从各方向入射的吸收平均值表示，通常采用6个频率，125 Hz、250 Hz、500 Hz、1000 Hz、2000 Hz、4000 Hz。任何材料都可以吸声，通常把6个频率的平均吸声系数大于0.2的材料，称为吸声材料。

（二）影响材料吸声性能的主要因素

1. 材料的表观密度

对同一种多孔材料而言，当其表观密度增大，对低频的系数效果有所提高，而对高频的吸声效果则有所降低。

2. 孔隙特征

孔隙越多越细，吸声效果越好。如果孔隙太大，则吸声效果变差。连通的开放的孔隙越多，材料的吸声效果越好。当多孔材料表面涂刷油漆或材料吸湿时，则因材料的孔隙被水分或涂料堵塞，吸声效果也将大大降低。

3. 厚度

当材料较薄时，增加厚度，材料的低频吸声性能将有较大地提高，但对于高频的吸声性能没多大影响。

以上是材料本身特征对其吸声性能的影响。除此之外，多孔性吸声材料在实际工程使用时，其安装方法和饰面处理方式对材料的吸声性能也有重要的影响。

（三）建筑上常用的吸声材料

1. 矿棉装饰吸声板

矿棉装饰吸声板是以矿渣棉、岩棉或玻璃棉为主要原料，加入适量黏合剂，经加压、烘干等工艺加工而成，具有质轻、吸声、防火、保温、隔热、施工方便等特性，可用于宾馆、会议大厅、写字楼、机场候机大厅、影剧院等建筑的吊顶和墙面装饰。

2. 膨胀珍珠岩装饰吸声板

膨胀珍珠岩装饰吸声板是以膨胀珍珠岩粉及石膏、水玻璃配以其他辅料，经拌和加工、压制成型，并经热处理固化而成。具有轻质、美观、吸声、隔热、保温等特性，可用于室内顶棚和墙面装饰。

3. 玻璃棉装饰吸声板

玻璃棉装饰吸声板是以玻璃棉为主要原料，加入适量胶粘剂、防潮剂、防腐剂等，经加压、烘干、表面处理等工序而制成。具有轻质、吸声、防火、隔热、保温、装饰美观、施工方便等特性，可用于宾馆、大厅、影剧院、音乐厅、体育馆、会场、船舶及住宅的室内吊顶。

4. 钙塑泡沫装饰吸声板

钙塑泡沫装饰吸声板是由聚乙烯树脂加入轻质碳酸钙无机填料、发泡剂、交联剂、润滑剂、颜料等经混炼模压发泡而成。品种有一般板和难燃板两种。具有轻质、吸声、耐热、耐水及施工方便等特性，可用于大会堂、影剧院、医院、工厂及商店建筑室内吊顶。

5. 纤维增强硅酸钙板

纤维增强硅酸钙板，又称硅钙板，其原料广泛。硅质原料可采用石英砂磨细粉、硅藻土或粉煤灰；钙质原料为生石灰、消石灰或水泥；还有石棉、纸浆等增强材料。原料经配料、制浆、成型、蒸压、烘干、砂光而制成，具有质轻、高强、隔音、隔热、不燃、防水、可加工性好等特性，广泛用于建筑室内装饰或船只隔仓板、防火门等，也可用于列车车厢装饰。

二、隔声材料

隔声材料是指能减弱或隔断声波传递的材料。隔声性能的好坏用材料的入射声能与透过声能相差的分贝数表示，差值越大，隔声性能越好。

通常要隔绝的声音按照传播途径可分为空气声(由于空气的振动)和固体声(由于固体的撞击或振动)两种，两者的作用原理不同。对于空气声的隔绝，是根据声学中的"质量定律"，墙或板传声的大小，主要取决于其单位面积的质量，质量越大，越不易振动，隔声效果越好，故应选择表观密度大的材料(如烧结普通砖、钢筋混凝土、钢板等)作为隔声材料。

对于固体声隔绝最有效的措施是隔断其声波的连续传递，可采用不连续的结构处理，即在墙壁和承重梁之间、房屋的框架和墙板之间加弹性衬垫，如毛毡、软木、橡皮等材料或在楼板上加弹性地毯，以阻止或减弱固体声的连续传播。

隔声材料主要用于外墙、门窗、隔墙以及隔断等。常用的有用软质纤维或 PMMA 料或聚碳酸脂板做成的隔音板、隔音玻璃(中空玻璃、真空玻璃、夹层玻璃)等。

本模块小结

建筑塑料是化学建材的主要品种之一，其具有表观密度小、加工性能好、装饰性强、绝缘性好、耐腐蚀、节能效果好等特性，可分为热塑性塑料和热固性塑料。各种塑料制品被广泛应用于建筑工程中。

绝热材料是具有保温隔热性能的材料，分为无机绝热材料(包括纤维状、散粒状、多孔状)、有机绝热材料等两大类，热导率是衡量绝热材料性能优劣的主要指标。绝热材料受潮后，其热导率增加，因此绝热材料应特别注意防潮。

为改善声波在室内的传播质量，保持良好的音响效果和减少噪声的危害，应选用适当的吸声材料，常见的吸声材料主要有纤维增强硅酸钙板、膨胀珍珠岩装饰吸声板、玻璃棉装饰吸声板、钙塑泡沫装饰吸声板、矿棉装饰吸声板等，衡量材料吸声性能的主要指标是吸声系数，吸声系数越大，材料的吸声效果越好。

能减弱或隔断声波传递的材料为隔声材料，隔声性能的好坏用材料的入射声能与透过声能相差的分贝数表示，差值越大，隔声性能越好。对空气声的隔绝，主要依据声学中的"质量定律"；对固体声隔绝最有效的措施是隔断其声波的连续传递。

复习思考题

1. 试根据你在日常生活中所见所闻，写出 5 种建筑塑料制品的名称。
2. 与传统建筑材料相比较，塑料有哪些优缺点？
3. 某住宅使用 I 型硬质聚氯乙烯(UPVC)塑料管作热水管。使用一段时间后，管道变形漏水，请分析原因。
4. 何谓绝热材料？绝热材料为什么总是轻质材料？
5. 某绝热材料受潮后，其绝热性能明显下降。请分析原因。

6. 影响材料绝热性能的主要因素有哪些?

7. 何谓吸声材料? 材料的吸声性能用什么指标表示?

8. 随着材料表观密度的增加, 其吸声特性有何变化?

模块十二　建筑材料性能检测试验

【学习目标】

通过本模块的学习，了解检测建筑材料性能所依据的标准规范、原理、试验步骤、试验结果的分析与计算。

【技能目标】

通过本模块的学习，能正确对建筑材料取样并制备；能按试验操作步骤进行相应的试验；能正确读取并记录相关的试验数据；能正确撰写试验报告并对试验数据进行分析与计算。

试验一　建筑材料的基本性质试验

一、密度试验

1. 试验目的

材料的密度是指在绝对密实状态下单位体积的质量。利用密度可计算材料的孔隙率和密实度。孔隙率的大小会影响到材料的吸水率、强度、抗冻性及耐久性等。

2. 主要仪器设备

(1)李氏瓶

(2)天平

(3)筛子

(4)鼓风烘箱

(5)量筒、干燥器、温度计等。

3. 试样制备

将试样研碎，用筛子除去筛余物，放到 105～110℃ 的烘箱中，烘至恒质量，再放入干燥器中冷却至室温。

4. 试验步骤

(1)在李氏瓶中注入与试样不起反应的液体至凸颈下部，记下刻度数，cm^3。将李氏瓶放在盛水的容器中，在试验过程中保持水温为 20℃。

(2)用天平称取 60～90 g 试样，用漏斗和小勺小心地将试样慢慢送到李氏瓶内(不能大量倾倒，防止在李氏瓶喉部发生堵塞)，直至液面上升至接近 20 cm^3 为止。再称取未注入瓶内剩余试样的质量，计算出送入瓶中试样的质量，g。

(3)用瓶内的液体将黏附在瓶颈和瓶壁的试样洗入瓶内液体中，转动李氏瓶使液体中的气泡排出，记下液面刻度，cm³。

(4)将注入试样后的李氏瓶中的液面读数，减去未注入前的读数，得到试样的密实体积，cm³。

5.试验结果计算

材料的密度按下式计算(精确至小数后第二位)：

$$\rho = \frac{m}{V}$$

式中：ρ——材料的密度，g/cm³；

m——装入瓶中试样的质量，g；

V——装入瓶中试样的绝对体积，cm³。

按规定，密度试验用两个试样平行进行，以其计算结果的算术平均值作为最后结果，但两个结果之差不应超过 0.2 g/cm³。

二、砂的表观密度试验

1.试验目的

砂的表观密度是砂的基本物理状态指标，也是进行混凝土与砂浆配合比设计的必要参数。根据《建设用砂》(GB/T 14684—2022)规定，表观密度应不小于 2500 kg/m³。

2.主要仪器

天平(量程不小于 1000 g，分度值不大于 0.1 g)、烘箱、容量瓶(500 mL)、浅盘、毛刷、温度计等。

3.试验步骤

(1)按规定取样，并将试样缩分至约 660 g，放在烘箱中于(105±5)℃下烘干至恒重，待冷却至室温后，平均分为 2 份备用。

(2)称取试样 300 g，精确至 0.1 g，记为 m_0。将试样装入容量瓶，注水至接近 500 mL 的刻度处，用手旋转摇动容量瓶，使砂样充分摇动，排除气泡，塞紧瓶盖，静置 24 h。然后用滴管加水至容量瓶 500 mL 刻度处，塞紧瓶塞，擦干瓶外水分，称出其质量(m_1)，精确至 0.1 g。

(3)倒出瓶内水和试样，洗净容量瓶，再向容量瓶内注水至 500 mL 刻度处，塞紧瓶塞，擦干瓶外水分，称出其质量(m_2)，精确至 0.1 g。

(4)在砂的表观密度试验过程中应测量并控制水的温度在 15℃～25℃范围内，试验的各项称量可在 15℃～25℃的温度范围内进行。从试样加水静置的最后 2 h 起直至实验结束，其温度相差不应超过 2℃。

4.试验结果与计算

(1)按下式计算砂的表观密度 ρ_0(精确至 10 kg/m³)：

$$\rho_0 = \frac{m_0}{m_0 + m_2 - m_1} \times \rho_w$$

式中：ρ_w——水的密度，取 1000 kg/m³。

(2)砂的表观密度以两次试验结果的算术平均值作为测定值，如两次结果之差大于 20 kg/m³ 时，应重新取样进行试验。

三、砂的堆积密度试验

1. 试验目的

通过试验测定砂的堆积密度,为混凝土配合比设计和估计运输工具的数量货存放堆场的面积等提供依据。根据《建设用砂》(GB/T 14684—2022)规定,松散堆积密度应不小于 1400 kg/m³,空隙率不大于44%。

2. 主要仪器设备

烘箱、天平(量程不小于 10 kg,分度值不大于 1 g)、容量筒(圆柱形金属筒,内径 108 mm,净高 109 mm,壁厚 2 mm,筒底厚约 5 mm,容积为 1 L)、试验筛(孔径为 4.75 mm 的筛)、垫棒(直径 10 mm,长 500 mm 的圆钢)、直尺,漏斗或料勺、浅盘、毛刷等。

3. 试验步骤

(1)按规定取样,用浅盘装取试样约 3 L,放在烘箱中于(105±5)℃下烘干至恒重,待冷却至室温后,筛除大于 4.75 mm 的颗粒,平均分为 2 份备用。

(2)测宽松散堆积密度试验,取试样一份,用漏斗或料勺将试样从容量筒中心上方 50 m 处缓慢倒入,让试样以自由落体落下,当容量筒上部试样呈堆体,且容量筒四周溢满时,即停止加料,试验过程应防止触动容量筒。用直尺沿筒口中心线向两边刮平,称出试样和容量筒总质量(m_1),精确至 1 g。

(3)测定紧密堆积密度试验,取试样一份分两次装人容量筒,装完第一层后(约计稍高于 1/2),在筒底垫放一根直径为 10 mm 的圆钢,将筒按住,左右交替击地面各 25 下。然后装入第二层,第二层装满后用同样方法颠实,筒底所垫钢筋的方向与第一层时的方向垂直。再加试样直至超过筒口,然后用直尺沿筒口中心线向两边刮平,称出试样和容量筒总质量(m_2),精确至 1 g。

4. 试验结果与计算

(1)按下式分别计算砂的松散堆积密度 ρ_1 和紧密堆积密度 ρ_c(精确至 10 kg/m³);

$$\rho_1 = \frac{m_1 - m_0}{V}$$

$$\rho_c = \frac{m_2 - m_0}{V}$$

式中:ρ_1——松散堆积密度,kg/m³;

m_1——松散堆积时容量筒和试样总质量,kg;

m_0——容量筒质量,kg;

V——容量筒的容积,m³;

ρ_c——紧密堆积密度,kg/m³;

m_2——紧密堆积时容量筒和试样总质量,kg。

(2)取两次试验的算术平均值作为试验结果,精确至 10 kg/m³。

试验二 水泥性能试验

一、取样方法

水泥进场时应对其品种、级别、包装或散装仓号、出厂日期进行检查，并应对其强度、安定性及其他必要的性能指标进行复验。当使用中对水泥质量有怀疑或水泥出厂超过三个月（快硬硅酸盐水泥超过一个月）时，应进行复验，并按复验结果使用。

检查数量：按同一个生产厂家、同一强度等级（标号）、同一品种、同一批号且连续进场的水泥，袋装水泥不超过 200 t 为一批，散装水泥以不超过 500 t 为一批，每批抽样不少于一次。

对进场的袋装水泥，每批随机选择 20 个以上不同的部分，将取样管插入水泥适当深度，用大拇指按住气孔，小心抽出样管，将所取样品放入洁净、干燥、不易污染的容器中。

对于散装水泥，当所取水泥深度不超过 2 m 时，采用槽形管式取样器，通过转动取样器内管控制开关，在适当位置插入水泥一定深度，关闭后小心抽出，将所取样品放入洁净、干燥、不易受污染的容器中。取样总量至少 12 kg。

二、水泥细度试验（负压筛析法）

1. 试验目的

水泥的物理力学性质（凝结时间、收缩、强度等）都与细度有关，因此，必须进行细度测定，作为评定水泥质量的依据之一，规定 45 μm 的筛余量不小于 5%。

2. 主要仪器设备

负压筛，见图 12-1，由圆形筛框和筛网组成，筛孔为 80 μm。负压筛析仪由筛座、负压筛、负压源及收尘器组成。

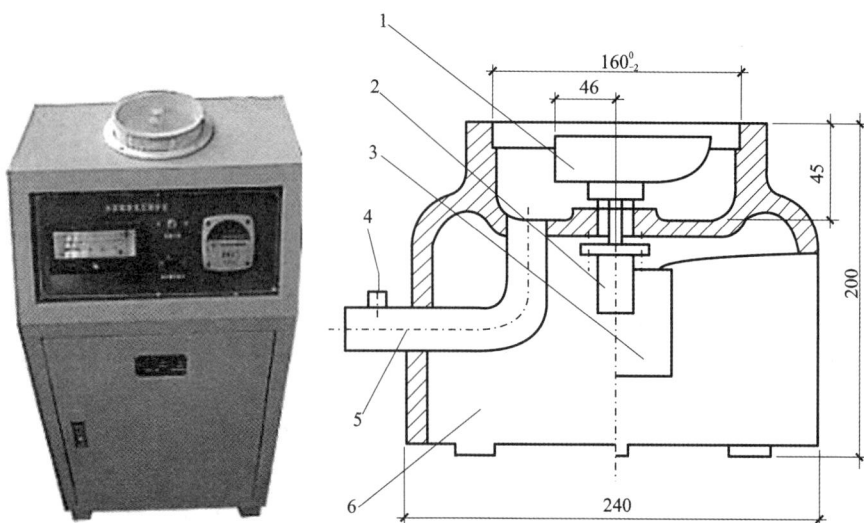

图 12-1 负压筛

1—喷气嘴；2—微电机；3—控制板开口；4—负压表接口；5—负压源及收尘器接口；6—壳体

3.试验步骤

（1）筛析前，把负压筛放在筛座上，盖上筛盖，接通电源，调节负压为 4000～6000 Pa 的范围。

（2）称取试样 25 g，放进负压筛中，盖上筛盖，放在筛座上。

（3）开动筛析仪连续筛析 2 min，轻轻地敲打盖上附着的试样，停机后，用天平称量筛余物。

4.试验结果与计算

（1）水泥试样筛余百分数按下式计算（准确至 0.1%）

$$F = \frac{R}{W} \times 100\%$$

式中：F——水泥试样的筛余百分数；

R——水泥筛余物的质量，g；

W——水泥试样的质量，g。

（2）以两次筛余平均值为筛析结果，如两次筛余结果绝对误差大于 0.5%时，应再做一次试验，取两次相近结果的算数平均值作为最终结果。

三、水泥标准稠度用水量的测定

1.试验目的

测定水泥净浆达到标准稠度时的用水量，为测定水泥的凝结时间和体积安定性做好准备。

2.试验仪器及设备

（1）水泥净浆搅拌机，见图 12-2。

（2）标准稠度维卡仪，见图 12-3。

（3）天平、量筒（精度±0.5 mL）、试模、边长或直径为 100 mm 厚度 4 mm～5 mm 的平板玻璃或金属底板等。

图 12-2 水泥净浆搅拌机

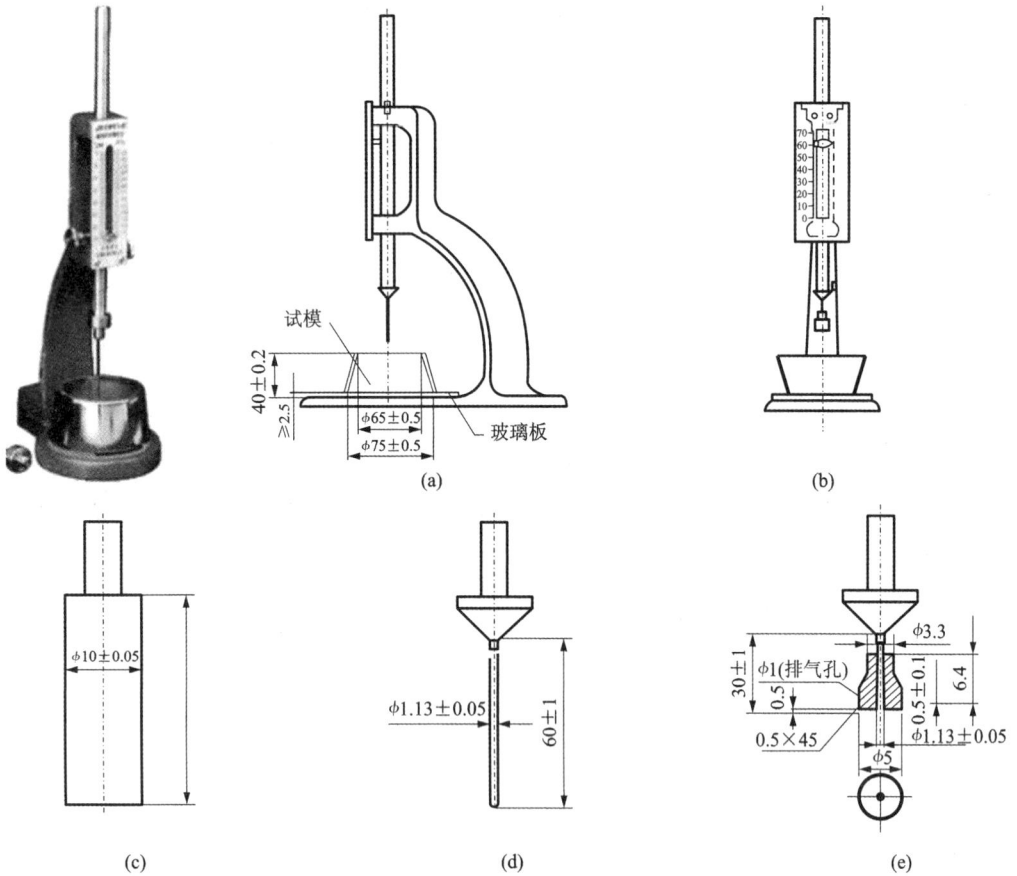

图 12-3　水泥标准稠度和凝结时间的维卡仪

(a)初凝时间测定用立式试模的侧视图；(b)终凝时间测定用反转试模的前视图；(c)标准稠度试杆；
(d)初凝用试针；(e)终凝用试针

3.试验步骤

（1）试验前须检查：仪器金属棒应能自由滑动，试杆降至顶面位置时，指针应对准标尺零点，搅拌机运转正常。

（2）水泥净浆的拌制：用湿布将水泥净浆搅拌机的搅拌锅及叶片擦湿，将量取好的水倒入搅拌锅内，在5~10 s内将称好的500 g水泥试样加入水中，防止水泥溅出。将锅固定在搅拌机的锅座上，升至搅拌位置。

（3）开动机器，慢速搅拌120 s，停拌15 s，停拌时将叶片和锅壁上的水泥浆刮入锅中，接着快速搅拌120 s停机。

（4）拌和结束后，立即取适量水泥浆一次性将其装入已置于玻璃底板上的试模中，浆体超过试模上端，用宽约25 mm的直边刀轻轻拍打超出试模部分的浆体5次以排除浆体中的空隙，然后在试模上表面约1/3处，略倾斜于试模分别向外轻轻锯掉多余净浆，再从试模边沿轻抹顶部一次，使净浆表面光滑，在锯掉多余净浆和抹平的操作过程中，注意不要压实净浆，抹平为一刀抹平，最多不超过两刀；抹平后迅速放到试杆下面固定的位置上，将试杆降至净

250

浆表面拧紧螺丝，然后突然放松，让试杆自由沉入净浆中，到试杆停止下沉时记录试杆下沉的深度。全部操作应在 1.5 min 内完成。

4.试验结果与计算

以试杆沉入净浆距底板(6±1)mm 的水泥净浆为标准稠度净浆，其拌和用水量为水泥的标准稠度用水量 P，以水泥质量的百分数，按下式计算：

$$P = \frac{W}{500} \times 100\%$$

式中：P——水泥标准稠度用水量，%；

　　　W——拌和用水量，g；

　　　500——水泥用量，g。

如试杆沉入净浆距底板的数据超出上述范围，调整用水量，试验须重做至达到(6±1)mm 时为止。

四、水泥凝结时间试验

1.试验目的

测定水泥达到初凝和终凝所需的时间(凝结时间以试针沉入水泥标准稠度净浆至一定深度所需时间表示)，用以评定水泥的质量。掌握 GB/T 1346—2019《水泥标准稠度用水量、水泥凝结时间、安定性检验方法》的测试方法，正确使用仪器设备。

2.主要仪器设备

(1)标准法维卡仪

(2)水泥净浆搅拌机

(3)湿气养护箱

3.试验步骤

(1)试验前准备　将圆模内侧稍涂上一层机油，放在玻璃板上，调整凝结时间测定仪的试针接触玻璃板时，指针应对准标准尺零点。

(2)以标准稠度用水量的水，按测标准稠度用水量的方法制成标准稠度水泥净浆后，立即一次装入圆模振动数次刮平，然后放入湿汽养护箱内，记录开始加水的时间作为凝结时间的起始时间。

(3)试件在湿气养护箱内养护至加水后 30 min 时进行第一次测定。测定时，从养护箱中取出圆模放到试针下，使试针与净浆面接触，拧紧螺丝 1~2 s 后突然放松，试针垂直自由沉入净浆，观察试针停止下沉时指针的读数。临近初凝时，每隔 5 min 测定一次，当试针沉至距底板(4±1)mm 即为水泥达到初凝状态，到达初凝时应立即重复测一次，当两次结论相同时才能确定达到初凝状态。从水泥全部加入水中至初凝状态的时间即为水泥的初凝时间，用"min"表示。

(4)初凝测出后，立即将试模连同浆体以平移的方式从玻璃板上取下，翻转 180°，直径大端向上，小端向下，放在玻璃板上，再放入湿气养护箱中养护。

(5)取下测初凝时间的试针，换上测终凝时间的试针。

(6)临近终凝时间每隔 15 min 测一次，当试针沉入净浆 0.5 mm 时，即环形附件开始不能在净浆表面留下痕迹时，即为水泥的终凝状态，需在试体另外两个不同点测试，结论相同时，判定达到终凝状态。

（7）由开始加水至初凝、终凝状态的时间分别为该水泥的初凝时间和终凝时间，用 min 和 h 表示。

（8）在测定时应注意，最初测定的操作时应轻轻扶持金属棒，使其徐徐下降，防止撞弯试针，但结果以自由下沉为准；在整个测试过程中试针沉入净浆的位置距圆模至少大于 10 mm；每次测定完毕需将试针擦净并将圆模放入养护箱内，测定过程中要防止圆模受振；每次测量时不能让试针落入原孔，测得结果应以两次都合格为准。

4. 试验结果与计算

（1）自加水起至试针沉入净浆中距底板（4±1）mm 时，所需的时间为初凝时间；至试针沉入净浆中不超过 0.5 mm（或环形附件开始不能在净浆表面留下痕迹）时所需的时间为终凝时间；用 min 和 h 来表示。

（2）达到初凝或终凝状态时应立即重复测一次，当两次结论相同时才能定为达到初凝或终凝状态。

评定方法：将测定的初凝时间、终凝时间结果，与国家规范中的凝结时间相比较，可判断其合格与否。

五、水泥安定性试验

1. 试验目的

检验水泥在硬化后体积变化的均匀性，以鉴定水泥安定性是否合格。通过试验可掌握 GB/T 1346—2011《水泥安定性》的测试方法，正确评定水泥的体积安定性。

安定性的测定方法有雷氏法和试饼法，有争议时以雷氏法为准。

2. 主要仪器设备

（1）沸煮箱，有效容积约为 410 mm×240 mm×310 mm，见图 12-4。

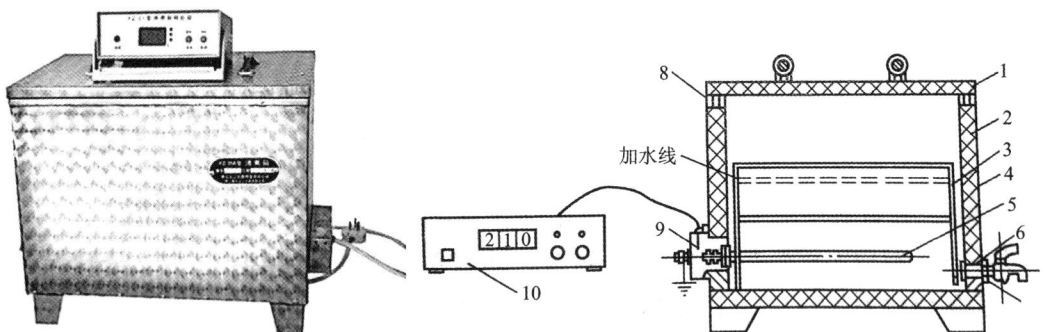

图 12-4　煮沸箱及煮沸箱构造示意图

1—煮沸箱盖板；2—内外箱体；3—箅板；4—保温层；5—管状加热管；
6—管接头；7—铜热水嘴；8—水封槽；9—罩壳；10—电气控制箱

（2）雷氏夹，由铜质材料制成，如图 12-5。当一根指针的根部先悬挂在一根金属丝或尼龙丝上，另一个指针的根部再挂上 300 g 质量的砝码时，两根针的针尖距离增加应在（17.5±

2.5)mm 范围内。去掉砝码后,针尖的距离能恢复至挂砝码前的状态。每个雷氏夹配备边长或直径约为 80 mm、厚度 4~5 mm 的玻璃板两块。

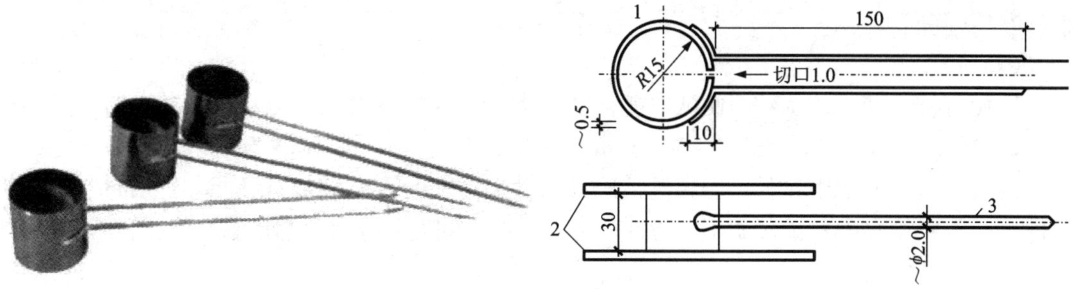

图 12-5　雷氏夹及雷氏夹构造示意图

1—环模;2—玻璃板;3—指针

(3)雷氏夹膨胀值测定仪,见图 12-6。

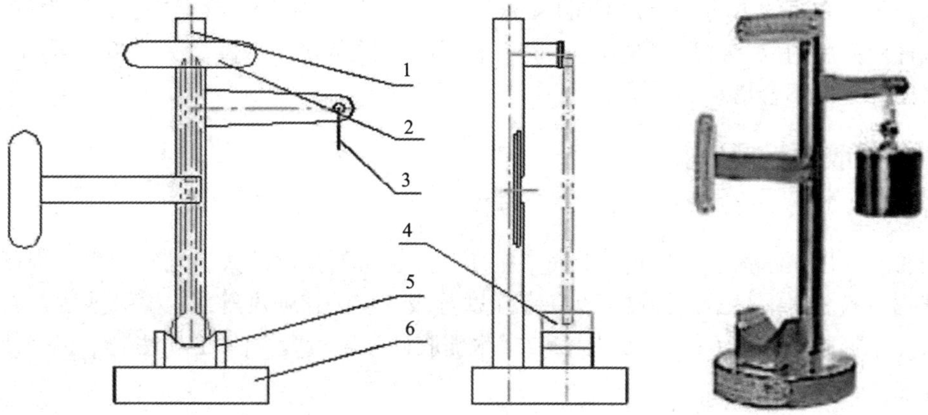

图 12-6　雷氏夹测定仪

1—支架;2—标尺;3—弦线;4—雷氏夹;5—垫块;6—底座

(4)其他同标准稠度用水量试验。

3. 试验方法及步骤

(1)测定前的准备工作　若采用饼法时,一个样品需要准备两块约 100 mm×100 mm 的玻璃板;若采用雷氏法,每个雷氏夹需配备两个边长(直径)80 mm 厚度 4~5 mm 的玻璃板。凡与水泥净浆接触的玻璃板和雷氏夹表面都要稍稍涂上一薄层矿物油。

(2)水泥标准稠度净浆的制备　以标准稠度用水量加水,按前述方法制成标准稠度水泥净浆。

(3)成型方法

1)试饼成型　将制好的净浆取出一部分分成两等份,使之成球形,放在预先准备好的玻璃板上,轻轻振动玻璃板,并用湿布擦过的小刀由边缘向中间抹动,做成直径为 70~80 mm、中心厚约 10 mm、边缘渐薄、表面光滑的试饼,然后将试饼放入湿汽养护箱内养护(24±2)h。

2)雷氏夹试件的制备 将预先准备好的雷氏夹放在已稍擦油的玻璃板上,并立即将已制好的标准稠度净浆装满试模,装模时一只手轻轻扶持试模,另一只手用宽约 25 mm 的直边刀在浆体表面轻轻插捣 3 次,然后抹平,盖上稍涂油的玻璃板,接着立即将试模移至湿汽养护箱内养护(24±2)h。

(4)沸煮

1)调整沸煮箱内的水位,使试件能在整个沸煮过程中浸没在水里,并在煮沸的中途不需添补试验用水,同时又保证能在(30±5)min 内升至沸腾。

2)脱去玻璃板取下试件,先测量雷氏夹指针尖端间的距离(A),精确到 0.5 mm,接着将试件放入沸煮箱水中的试件架上,指针朝上,试件之间互不交叉,然后在(30±5)min 内加热至沸,并恒沸 3 h±5 min。

沸煮结束,即放掉箱中的热水,打开箱盖,待箱体冷却至室温,取出试件进行判别。

4.试验结果与计算

1)饼法判别 目测试饼未发现裂缝,用直尺检查也没有弯曲时,则水泥的安定性合格,反之为不合格。若两个判别结果有矛盾时,该水泥的安定性为不合格。

2)雷氏夹法判别 测量试件指针尖端间的距离(C),记录至小数点后 1 位,当 2 个试件煮后增加距离($C-A$)的平均值不大于 5.0 mm 时,即认为该水泥安定性合格,否则为不合格。当 2 个试件沸煮后的($C-A$)超过 5.0 mm 时,应用同一样品立即重做一次试验。再如此,则认为该水泥安定性不合格。

六、水泥胶砂强度试验

1.试验目的

水泥胶砂强度是水泥的重要技术指标,抗压强度和抗折强度的大小是确定水泥强度等级的重要依据。检验水泥各龄期强度,以确定强度等级;或已知强度等级,检验强度是否满足规范要求。掌握国家标准 GB/T17671—2021《水泥胶砂强度检验方法(ISO 法)》,正确使用仪器设备并熟悉其性能。

2.主要仪器及设备

(1)水泥胶砂搅拌机,由砂斗、叶片、紧固螺母、搅拌锅、锅座、机座等构成,如图 12-7。
(2)胶砂振实台(胶砂振实台应符合 JC/T 682 的要求),见图 12-8。

图 12-7 水泥胶砂搅拌机

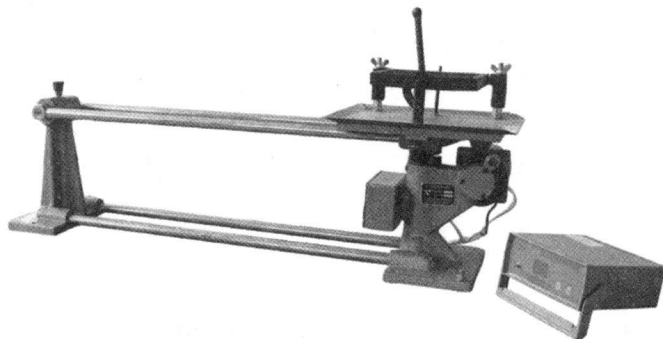

图 12-8 胶砂振实台

(3)抗折试验机、抗压试验机，见图12-9。

(4)试模及下料漏斗、抗压夹具、三角刮刀、天平等。

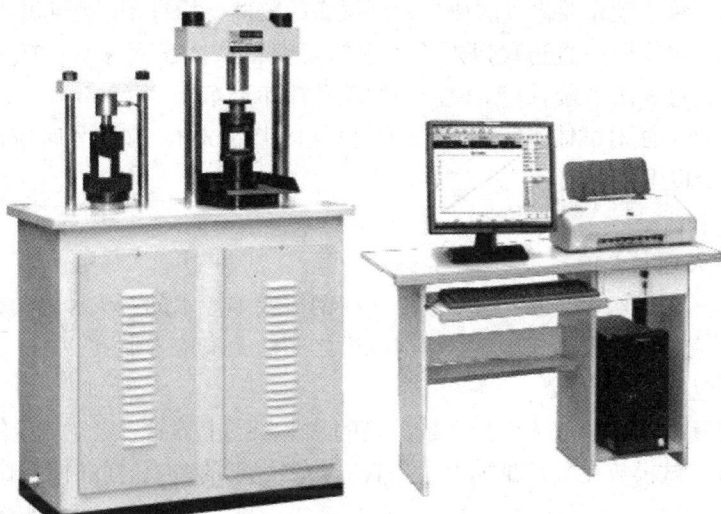

图12-9　水泥抗压抗折试验机

3.试验方法及步骤

(1)试验前准备　成型前将试模擦净，四周的模板与底板接触面上应涂黄油，紧密装配，防止漏浆，内壁均匀刷一薄层机油。

(2)胶砂制备　试验用砂采用中国ISO标准砂，其颗粒分布和湿含量应符合GB/T 17671—2021的要求。

1)胶砂配合比　试体是按胶砂的质量配合比为水泥:标准砂:水=1:3:0.5进行拌制的。一锅胶砂成型三条试体，每锅材料需要量为：水泥(450±2)g；标准砂(1350±5)g；水(225±1)mL。

2)搅拌　每锅胶砂用搅拌机进行搅拌。可按下列程序操作：①胶砂搅拌时先把水加入锅里，再加水泥，把锅放在固定架上，上升至固定位置。②立即开动机器，低速搅拌30 s±1 s后，在第二个30 s±1 s开始的同时均匀地将砂子加入；把机器转至高速再拌30 s±1 s。③停拌90 s，在停拌开始的15 s±1 s内，将搅拌锅放下，用刮刀将叶片、锅壁和锅底上的胶砂刮入锅中，再在高速下继续搅拌60 s±1 s。

(3)试体成型

试件是40 mm×40 mm×160 mm的棱柱体。胶砂制备后立即进行成型。将空试模和模套固定在振实台上，用料勺将锅壁上的胶砂清理到锅内并翻转搅拌胶砂使其更加均匀，成型时将胶砂分两层装入试模。装第一层时，每个槽里约放300 g胶砂，先用料勺沿试模长度方向划动胶砂以布满模槽，再用大布料器垂直架在模套顶部沿每个模槽来回一次将料层布平，接着振实60次。再装入第二层胶砂，用料勺沿试模长度方向划动胶砂以布满模槽，但不能接触已振实胶砂，再用小布料器布平，振实60次。每次振实时可将一块用水湿过拧干、比模套尺寸稍大的棉纱布盖在模套上以防止振实时胶砂飞溅。

移走模套，从振实台上取下试模，用一金属直边尺以近似 90°的角度(但向刮平方向稍斜)架在试模模顶的一端，然后沿试模长度方向以横向锯割动作慢慢向另一端移动，将超过试模部分的胶砂刮去。锯割动作的多少和直尺角度的大小取决于胶砂的稀稠程度，较稠的胶砂需要多次锯割、锯割动作要慢以防业拉动已振实的胶砂。用拧干的湿毛巾将试模端板顶部的胶砂擦拭干净，再用同一直边尺以近乎水平的角度将试体表面抹平。抹平的次数要尽量少，总次数不应超过 3 次。最后将试模周边的胶砂擦除干净。

用毛笔或其他方法对试体进行编号。两个龄期以上的试体，在编号时应将同一试模中的 3 条试体分在两个以上龄期内。

(4)试体的养护

1)脱模前的处理和养护

在试模上盖一块玻璃板，也可用相似尺寸的钢板或不渗水的、和水泥没有反应的材料制成的板。盖板不应与水泥胶砂接触，盖板与试模之间的距离应控制在 2 mm~3 mm 之间。为了安全，玻璃板应有磨边。

立即将做好标记的试模放入养护室或湿箱的水平架子上养护，湿空气应能与试模各边接触。养护时不应将试模放在其他试模上。一直养护到规定的脱模时间时取出脱模。

2)脱模

脱模应非常小心。脱模时可以用橡皮锤或脱模器。对于 24 h 龄期的，应在破型试验前 20 min 内脱模；对于 24 h 以上龄期的，应在成型后 20 h~24 h 之间脱模。如经 24 h 养护，会因脱模对强度造成损害时，可以延迟至 24 h 以后脱模，但在试验报告中应予说明。已确定作为 24 h 龄期试验(或其他不下水直接做试验)的已脱模试体，应用湿布覆盖至做试验时为止。

3)水中养护

将做好标记的试体立即水平或竖直放在 20℃±1℃ 水中养护，水平放置时刮平面应朝上。试体放在不易腐烂的篦子上，并彼此间保持一定间距，让水与试体的六个面接触。养护期间试体之间间隔或试体上表面的水深不应小于 5 mm。

(5)强度试验

1)龄期

根据各龄期的抗折强度和抗压强度试验结果评定水泥的强度等级。

2)抗折试验

将试体一个侧面放在试验机支撑圆柱上，试体长轴垂直于支撑圆柱，通过加荷圆柱以 50 N/s±10 N/s 的速率均匀地将荷载垂直地加在棱柱体相对侧面上，直至折断。保持两个半截棱柱体处于潮湿状态直至抗压试验。

3)抗折强度计算

抗折强度按下式计算：

$$f_{\mathrm{m}} = \frac{3F_{\mathrm{f}}L}{2b^3}$$

式中：f_{m}——抗折强度，MPa(精确至 0.1 MPa)；

  F_{f}——破坏荷载，N；

  L——支撑圆柱之间的距离，mm(即 100 mm)；

  b——棱柱体正方形截面的边长，mm(即 40 mm)。

4)抗压强度试验

抗折强度试验完成后,取出两个半截试体,进行抗压强度试验。试验时试体的侧面作为受压面,试体的底面靠紧夹具,并使夹具对准压力机压板中心。

在整个加荷过程中以 2400 N/s±200 N/s 的速率均匀地加荷直至破坏。

5)抗折强度计算

抗折强度按下式计算:

$$f=\frac{F_\mathrm{C}}{A}$$

式中:f——抗压强度,MPa(精确至 0.1 MPa);

F_C——破坏荷载,N;

A——受压面积,mm^2(即 40×40=1600 mm^2)。

4.试验结果与计算

抗折强度以一组三个棱柱体抗折结果的平均值作为试验结果。当三个强度值中有一个超出平均值的±10%时,应剔除后再取平均值作为抗折强度试验结果;当三个强度值中有两个超出平均值±10%时,则以剩余一个作为抗折强度结果。单个抗折强度结果精确至 0.1 MPa,算术平均值精确至 0.1 MPa。

抗压强度以一组三个棱柱体上得到的六个抗压强度测定值的平均值为试验结果。当六个测定值中有一个超出六个平均值的±10%时,剔除这个结果,再以剩下五个的平均值为结果。当五个测定值中再有超过它们平药值的±10%时,则此组结果作废。当六个测定值中同时有两个或两个以上超出平均值的±10%时,则此组结果作废。单个抗压强度结果精确至 0.1 MPa,算术平均值精确至 0.1 MPa。

试验三　混凝土集料试验

一、砂石的取样及缩分

1.验收批及取样规定

使用单位应按砂或石的同产地、同规格分批验收。一般以 400 m^3 或 600 t 为一验收批。

每验收批取样方法应按下列规定执行:

(1)在料堆上取样时,取样部位应均匀分布。取样前先将取样部位表层铲除。然后对于砂子由各部位抽取大致相等的 8 份,组成一组样品。对于石子由各部位抽取大致相等的 15 份(在料堆的顶部、中部和底部各由均匀分布的 5 个不同部分取得)组成一组样品。

(2)从皮带运输机上取样时,应从机尾的出料处用接料器定时抽取,砂为 4 份,石子为 8 份,分别组成一组样品。

(3)从火车、汽车、货船上取样时,应从不同部位和深度抽取大致相等的砂为 8 份,石子 15 份,分别组成一组样品。

(4)若检验不合格时,应重新取样。对不合格项进行加倍复验,若仍有一个试样不能满足标准要求,应按不合格处理。

(5)取样数量对于砂子,一般 30 kg,对于石子一般 100~120 kg。

(6)对所取样品应妥善包装,避免细料散失及防止污染。并附样品卡片,标明样品的编号、名称、取样时间、产地、规格、样品量、要求检验的项目取样方式等。

2.样品的缩分方法

(1)砂子的缩分方法

采用人工四分法缩分:将所取每组样品置于平板上,在潮湿状态下拌和均匀,并堆成厚度约为20 mm的"圆饼"。然后沿互相垂直的两条直径把"圆饼"分成大致相等四份,取其对角的两份重新拌匀,再堆成"圆饼"。重复上述过程,直至缩分后的材料料量略多于进行试验所必需的量为止。

对较少的砂样品(如作单项试验室),可采用较干原砂样,但应该仔细拌匀后缩分。

砂的堆积密度和紧密密度及含水率检验所用的砂样可不经缩分,在拌匀后直接进行试验。

(2)石子的缩分

将每组样品置于平板上,在自然状态下拌和均匀,并堆成锥体,然后沿互相垂直的两条直径把锥体分成大致相等的4份,取其对角的2份重新拌匀,再堆成锥体,重复上述过程,直至缩分的材料量略多于试验所必需的量为止。石子的含水率、堆积密度、紧密密度检验所用的试样,不经缩分,拌匀后直接进行试验。

二、砂的筛分析试验

1.试验目的

测定细集料的颗粒级配,计算细度模数,以评定细集料的粗细程度。按照砂的细度模数,可将砂分为粗、中、细等不同规格。细度模数在3.7-3.1的为粗砂,3.0-2.3的为中砂,2.2-1.6的为细砂。

2.主要仪器设备

摇筛机(见图12-10)、标准筛(见图12-11,孔径为0.150、0.300、0.600、1.18、2.36、4.75 mm、9.5 mm的方孔筛)、天平(称量1 kg,感量1 g)、烘箱、浅盘、毛刷等。

图12-10 摇筛机

图12-11 标准筛

3.试验步骤

(1)试样先用孔径为9.5 mm筛筛除大于9.5 mm的颗粒(算出其筛余百分率),然后用四分法缩分至每份不少于550 g的试样两份,放在烘箱中于(105±5)℃烘至恒质量,冷却至室温待用。

(2)称取试样500 g,精确至1 g。将筛子按筛孔由大到小顺序叠放,附上筛底。将砂样倒入最上层(孔径为4.75 mm)筛中。

(3)将整套砂筛置于摇筛机上并固紧,摇筛10 min;也可用手筛,但时间不少于10 min。

(4)将整套筛自摇筛机上取下,逐个在清洁的浅盘中进行手筛、筛至每分钟通过量小于试样总量的0.1%为止。通过的砂粒并入下一号筛中,并和下一号筛中的试样一起过筛,按此顺序进行,直至各号筛全部筛完为止。

(5)称取各号筛上的筛余量,精确至1 g。分计筛余量和底盘中剩余重量的总和与筛分前的试样质量之比,其差值不得超过1%。

4.试验结果与计算

(1)计算分计筛余百分率——各号筛上筛余量除以试样总质量(精确至0.1%);

(2)计算累计筛余百分率——每号筛上孔径大于和等于该筛孔径的各筛上的分计筛余百分率之和(精确至0.1%),并绘制砂的筛分曲线。

(3)根据各筛的累计筛余百分率,按照标准规定的级配区范围,评定该砂试样的颗粒级配是否合格。累计筛余百分率取两次试验结果的算数平均值,精确至1%。

(4)按下式计算砂的细度模数M_X(精确至0.01)

$$M_X = \frac{(A_2+A_3+A_4+A_5+A_6)-5A_1}{100-A_1}$$

(5)细度模数取两次试验结果的算数平均值,精确至0.1。当两次试验所得的细度模数之差超过0.20时,需重新试验。

三、石的表观密度试验

1.试验目的

测定最大粒径不大于37.5 mm的粗集料的表观密度,作为评定石子的质量和混凝土用石的技术依据。粗集料的表观密度不小于2600 kg/m³。

2.主要仪器设备

天平(量程不小于10 kg,分度值不大于5 g)、广口瓶(1000 mL,磨口,并带玻璃片)。试验筛(孔径为4.75 mm方孔筛)、烘箱、毛巾、刷子等。

3.试验步骤

(1)按规定取样,并缩分不小于4 kg的质量,风干后筛除小于4.75 mm的颗粒,然后洗刷干净,平均分为两份备用。

(2)取石子试样一份,浸水饱和后装入广口瓶中,装试样时广口瓶应倾斜放置。注入饮用水,用玻璃片覆盖瓶口,以上下左右摇晃、排尽气泡。

(3)气泡排尽后,再向瓶中注入饮用水至水面凸出瓶口边缘,然后用玻璃盖板沿瓶口紧贴水面迅速滑移并盖好,擦干瓶外水分,称出试样、水、瓶和玻璃盖板的总质量m_1(g)。

(4)将瓶中的试样倒入浅盘中,放在(105±5)℃的烘箱中烘至恒质量,取出后放在带盖的容器中冷却至室温，再称其质量 $m_0(g)$。

（5）将瓶洗净注入饮用水，用玻璃板贴紧瓶口滑行盖好，擦干瓶外水分后称量 $m_2(g)$。

4. 试验结果与计算

（1）按下式计算出石子的表观密度 ρ_0（精确至 10 kg/m³）；

$$\rho_0 = \frac{m_0}{m_0 + m_2 - m_1} \times \rho_w$$

（2）以两次试验结果的算术平均值作为测定值，两次结果之差应小于 20 kg/m³，否则应重新取样进行试验。

四、石的压碎指标值试验

1. 试验目的

通过测定碎石或卵石抵抗压碎的能力，以间接地推测其相应的强度，评定石子的质量。通过试验应掌握《建设用卵石、碎石》(GB/T 14685—2022)的测试方法，正确使用所用仪器与设备，并熟悉其性能。

2. 主要仪器设备

压力试验机(量程不小于 300 kN，精度不大于 1%)、压碎值测定仪(见图 12-12)、方孔筛(孔径为 2.36 mm、9.50 mm 及 19.0 mm 的筛各一只)、天平(量程不小于 5 kg，分度值不大于 5 g；量程不小于 1 kg，分度值不大于 1 g)、垫棒(直径 10 mm、长 500 mm 圆钢)等。

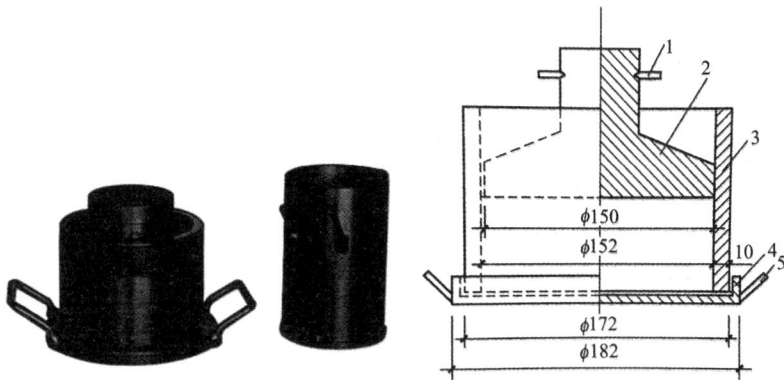

图 12-12 压碎指标测定仪
1—把手；2—加压头；3—圆模；4—底盘；5—手把

3. 试验步骤

（1）试样制备　按规定取样，筛除大于 19.0 mm 及小于 9.50 mm 的颗粒，平均分为 3 份备用(每份 3000 g)。

（2）置圆模于底盘上，取试样 1 份，分两层装入模内，每装完一层试样后，一手按住圆模，一手将底盘放在圆钢上振颤摆动，左右交替颠击地面各 25 次，两层颠实后，平整模内试样表面，盖上压头。

（3）装有试样的圆模置于压力试验机上，开动压力试验机，按 1 kN/s 的速度均匀加荷

200 kN 并稳荷 5 s，然后卸荷，取下加压头，倒出试样，并称其质量 m_0，用孔径 2.36 mm 的筛筛除被压碎的细粒，称取留在筛上的试样质量 m_1，精确至 1 g。

4.试验结果与计算

（1）压碎指标值按下式计算，精确至 0.1%；

$$Q_e = \frac{m_0 - m_1}{m_0} \times 100\%$$

式中：Q_e——压碎指标，%；

　　　m_0——筛前试样质量，g；

　　　m_1——压碎试验后留在筛上的试样质量，g。

（2）压碎指标值取三次试验结果的算术平均值，精确至 1%。

试验四　普通混凝土基本性能试验

一、混凝土拌合物实验室拌合方法

1.试验目的

学会混凝土拌合物的拌制方法，为测试和调整混凝土的性能，进行混凝土配合比设计打下基础。

2.主要仪器设备

混凝土搅拌机、磅秤、天平、拌和钢板等。

3.拌和方法

按所选混凝土配合比备料。拌和间温度为（20±5）℃。

（1）人工拌和法

1）干拌　将拌和钢板与拌铲用湿布润湿后，将砂平摊在拌和板上，再倒入水泥，用拌铲自拌和板一端翻拌至另一端，如此反复，直至拌匀；加入石子，继续翻拌至均匀为止。

2）湿拌　在混合均匀的干拌和物中间作一凹槽，倒入已称量好的水（约一半），翻拌数次，并徐徐加入剩下的水，继续翻拌，直至均匀。

3）拌和时间控制　拌和从加水时算起，应在 10 min 内完成。

（2）机械拌和法

1）预拌　拌前先对混凝土搅拌机挂浆，即用按配合比要求的水泥、砂、水及少量石子，在搅拌机中搅拌（涮膛），然后倒出多余砂浆。其目的是防止正式拌和时水泥浆挂失影响到混凝土的配合比。

2）拌和　向搅拌机内依次加入石子、水泥、砂子，开动搅拌机搅动 2~3 min。

3）将拌和物从搅拌机中卸出，倒在拌和钢板上，人工拌和 1~2 min。

二、混凝土拌合物和易性试验

1.坍落度与坍落度扩展度法

（1）试验目的

通过测定骨料最大粒径不大于 40 mm、坍落度值不小于 10 mm 的塑性混凝土拌合物坍落度，同时评定混凝土拌合物的黏聚性和保水性，为混凝土配合比设计、混凝土拌合物质量评定提供依据；掌握《普通混凝土拌和物性能试验方法标准》（GB/T 50080—2016）的测试方法，正确使用所用仪器与设备，并熟悉其性能。

（2）主要仪器设备

坍落度筒，捣棒、直尺、小铲、漏斗等，如图 12-13。

图 12-13　坍落度筒、漏斗、捣棒、标尺

（3）试验步骤

1）每次测定前，用湿布湿润坍落度筒、拌和钢板及其他用具，并把筒放在不吸水的刚性水平底板上，然后用脚踩住 2 个脚踏板，使坍落度筒在装料时保持位置固定。

2）取混凝土拌合物试样，用小铲分 3 层均匀地装入筒内，使捣实后每层高度为筒高的 1/3 左右。每层用捣棒沿螺旋方向在截面上由外向中心均匀插捣 25 次。插捣筒边混凝土时，捣棒可以稍稍倾斜。插捣底层时，捣棒应贯穿整个深度，插捣第二层和顶层时，捣棒应插透本层至下一层的表面。浇灌顶层时，混凝土应灌到高出筒口，插捣过程中，如混凝土沉落到低于筒口，则应随时加料，顶层插捣完毕后，刮去多余混凝土，并用馒刀抹平。

3）清除筒边底板上的混凝土后，垂直平稳地提起坍落度筒。坍落度筒的提离过程应在 3~7 s 内完成。从开始装料到提起坍落度筒的整个过程应不间断地进行，并应 150 s 内完成。

（4）试验分析

1）提起坍落度筒后，当试样不再继续坍落或坍落时间达 30 s 时，用钢尺测量出筒高与坍落后混凝土试体最高点之间的高度差，即为该混凝土拌和物的坍落度值。混凝土拌和物坍落度以 mm 为单位，结果精确至 1 mm。

2）坍落度筒提离后，如混凝土发生一边崩坍或剪坏现象，则应重新取样再测定。如第二次试验仍出现上述现象，则表示该混凝土拌和物和易性不好，应予记录备查。

3）观察坍落后的混凝土试体的黏聚性和保水性。黏聚性的检查方法是用捣棒在已坍落的混凝土锥体侧面轻轻敲打，此时，如果锥体逐渐下沉，则表示黏聚性良好，如果锥体倒塌、部分崩裂或出现离析现象，则表示黏聚性不好。保水性以混凝土拌和物中稀浆析出的程度来评定。如坍落度筒提起后无稀浆或仅有少量稀浆自底部析出，则表示此混凝土拌和物保水性良好;坍落度筒提起后如有较多的稀浆从底部析出且锥体部分的混凝土也因失浆而骨料外露,则表明此混凝土拌和物的保水性能不好。

4)当混凝土拌合物的坍落度大于160 mm时,当混凝土拌合物不再扩散或扩散持续时间已达50 s时,用钢尺测量混凝土扩展后的最大直径和最大直径呈垂直方向的直径,在这两个直径之差小于50 mm的条件下,用其算术平均值作为坍落扩展度值;否则,此次试验无效。扩展度试验从开始装料到测得混凝土扩展度值的整个过程应连续进行,并应在4 min内完成。

如果发现粗骨料在中央集堆或边缘有水泥浆析出,表示此混凝土拌合物抗离析性不好,应予记录。

5)和易性的调整

Ⅰ、当坍落度低于设计要求时,可在保持水灰比不变的前提下,适当增加水泥浆量。

Ⅱ、当坍落度高于设计要求时,可在保持砂率不变的条件下,增加集料的用量。

Ⅲ、当出现含砂量不足,黏聚性、保水性不良时,可适当增加砂率,反之减小砂率。

2. 维勃稠度法

(1)试验目的及适用范围

本方法适用集料最大粒径不大于40 mm,维勃稠度在5~30 s之间的混凝土拌合物稠度测定。

(2)仪器设备 维勃稠度仪

(3)试验方法

1)将维勃稠度仪放置在坚实水平面,用湿布把容器、坍落度筒、喂料斗内壁及其他用具湿润。

2)将喂料斗提到坍落度筒上方扣紧,校正容器,拧紧螺丝。

3)把按要求取样或制作的混凝土用小铲分三层装入喂料斗,使捣实后每层高度为筒高三分之一左右。每层用捣棒插捣25次。插捣应沿螺旋方向由外向中心进行且在截面上均匀分布。插捣底层时,捣棒应贯穿整个深度,插捣第二层和顶层时,捣棒应插透本层和下一层的表面。顶层插捣完将喂料斗转离刮去坍落度筒口多余混凝土,用抹刀抹平。

4)垂直提起坍落度筒,注意不使混凝土试样不发生横向扭动。

5)把透明圆盘转到混凝土圆台体顶面,放松测杆螺钉,降下圆盘,使其轻轻接触到混凝土顶面,拧紧螺杆。

6)开启振动台同时计时,当透明圆盘的底面被水泥浆布满的瞬间停止计时,关闭振动台。

7)秒表读出的时间即为该混凝土的维勃稠度值,精至1 s。

(4)试验分析

由秒表读出时间即为该混凝土拌合物的维勃稠度值,精确至1 s。

三、混凝土拌合物的表观密度试验

1. 试验目的

测定混凝土拌和物捣实后的单位体积质量(即表观密度),以提供核实混凝土配合比计算中的材料用量之用。掌握《普通混凝土拌和物性能试验方法》(GB/T 50080—2016),正确使用仪器设备。

2.主要仪器设备

容量筒、台秤(称量 50 kg,感量不应大于 10 g)、振动台、弹头形捣棒 φ16×600 mm、小铲、抹刀、金属直尺等。

3.试验步骤

(1)用湿布把容量筒内外擦干净,称出其重量 m_1,精确至 10 g。

(2)混凝土的装料及捣实方法应视拌和物的稠度而定。一般来说,坍落度不大于 90 mm 的混凝土,用振动台振实为宜;大于 90 mm 的用捣棒捣实为宜。

(3)用刮刀将筒口多余的混凝土拌和物刮去,表面如有凹陷应予填平。将容量筒外壁擦净,称出混凝土与容量筒总重量 m_2,精确至 10 g。

4.试验结果与计算

混凝土拌和物的表观密度按下式计算,精确至 kg/m^3。

$$\rho = \frac{m_2 - m_1}{V} \times 1000$$

式中:ρ——混凝土的表观密度,kg/m^3,精确至 $10\ kg/m^3$;

m_1——容量筒的质量,kg;

m_2——容量筒和试样总质量,kg;

V——容量筒的容积,L。

四、混凝土立方体抗压强度试验

1.试验目的

测定混凝土立方体抗压强度,作为检查混凝土质量及确定等级的主要依据。掌握《混凝土物理力学性能试验方法标准》(GB/T 50081—2019)及《混凝土强度检验评定标准》(GB 50107—2010),根据检验结果确定、校核配合比,并为控制施工质量提供依据。

2.主要仪器设备

(1)压力试验机或万能试验机,如图 12-14。其测量精度为 ±1%,试验时由试件最大荷载选择压力机量程,使试件破坏时的荷载位于全量程的 20%~80% 范围以内。

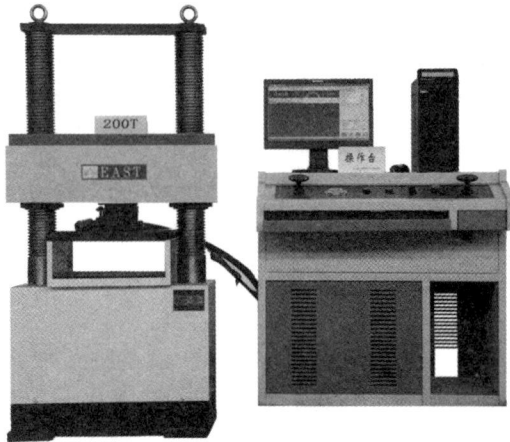

图 12-14 混凝土压力试验机

(2)钢垫板、试模、标准养护室、振动台、捣棒、小铁铲、金属直尺、镘刀等。

3. 混凝土试件尺寸和形状

混凝土试件的尺寸应根据混凝土中骨料的最大粒径按表12-1中的选定。

表 12-1　混凝土试件尺寸选用表

试件尺寸/mm×mm×mm	骨料最大粒径/mm
	立方体抗压强度试验
100×100×100	31.5
150×150×150	37.5
200×200×200	63.0

4. 混凝土试件的制作

(1)制作试件前应检查试模,拧紧螺栓并清刷干净,在其内壁涂上一薄层矿物油脂。3个试件为一组。

(2)试件的成型方法应根据混凝土拌和物的稠度来确定。

1)坍落度大于90 mm 的混凝土拌和物采用人工捣实成型。将搅拌好的混凝土拌和物分两层装入试模,每层装料的厚度大约相同。插捣时用钢制捣棒按螺旋方向从边缘向中心均匀进行。插捣底层时,捣棒应达到试模底面;插捣上层时,捣棒应贯穿下层深度约 20~30 mm;插捣时捣棒应保持垂直,不得倾斜。插捣后用镘刀沿试模内侧插捣数次。每层的插捣次数应根据试件的截面而定,一般为每100 cm² 截面积不应少于12次。插捣后应用橡皮锤或木槌轻轻敲击试模四周,直至插捣棒留下的空洞消失为止。

2)坍落度小于90 mm 的混凝土拌和物采用振动台成型。将搅拌好的混凝土拌和物一次装入试模,装料时用镘刀沿试模内壁略加插捣并使混凝土拌和物稍有富余,然后将试模放到振动台上,振动时应防止试模在振动台上自由跳动,直至混凝土表面出浆为止,且无明显大气泡溢出为止,不得过振。

3)试件成型后刮除试模上口多余的混凝土,待混凝土临近初凝时,用抹刀沿着试模口抹平。试件表面与试模边缘的高度差不得超过 0.5 mm。

4)制作的试件应有明显和持久的标记,且不破坏试件。

5. 试件养护

(1)试件成型抹面后应立即用塑料薄膜覆盖表面,或采取其他保持试件表面湿度的方法。

(2)试件成型后应在温度(20±5)℃、相对湿度大于50%的室内下静置 1 d~2 d,试件静置期间避免受到振动和冲击,静置后编号标记、拆模。

(3)试件拆模后应立即放入温度为(20±2)℃、相对湿度为 95%以上的标准养护室中养护,或在温度为(20±2)℃的不流动氢氧化钙饱和溶液中养护。标准养护室内的试件应放在支架上,彼此相隔 10~20 mm,试件表面应保持潮湿,但不得用水直接冲淋试件。

(4)结构实体混凝土同条件养护试件的拆模时间可与实际构件的拆模时间相同,结构实体混凝土试件同条件养护应符合现行国家标准《混凝土结构工程施工质量验收规范》(GB 50204—2015)的有关规定。

(5)标准养护龄期为 28 d(从搅拌加水开始计时)。

6.试验步骤

(1)试件到达试验龄期时,从养护地点取出后,应检查其尺寸及形状,尺寸公差应满足相关规定,试件取出后应尽快进行试验。

(2)试件放置试验机前,应将试件表面与上、下承压板面擦拭干净。

(3)以试件成型时的侧面为承压面,应将试件安放在试验机的下压板或垫板上,试件的中心应与试验机下压板中心对准。

(4)启动试验机,试件表面与上、下承压板或钢垫板应均匀接触。

(5)试验过程中应连续均匀加荷、加荷速度应取 0.3 MPa/s~1.0 MPa/s。当立方体抗压强度小于 30 MPa 时,加荷速度宜取 0.3 MPa/s~0.5 MPa/s;立方体抗压强度为 30 MPa~60 MPa 时,加荷速度宜取 0.5 MPa/s~0.8 MPa/s;立方体抗压强度不小于 60 MPa 时.加荷速度宜取 0.8 MPa/s~1.0 MPa/s。

(6)手动控制压力机加荷速度时,当试件接近破坏开始急剧变形时,应停止调整试验机油门,直至破坏,并记录破坏荷载。

7.试验结果与分析

(1)混凝土立方体试件抗压强度按下式计算,精确至 0.1 MPa。

$$f_{cc} = \frac{F}{A}$$

式中:f_{cc}——混凝土立方体试件的抗压强度值,MPa,计算结果精确至 0.1 MPa;

F——试件破坏荷载,N;

A——试件承压面积,mm^2。

(2)以 3 个试件测值的算术平均值作为该组试件的抗压强度值,应精确至 0.1 MPa。如 3 个测值中最大值或最小值中有 1 个与中间值的差值超过中间值的 15% 时,则把最大及最小值舍去,取中间值作为该组试件的抗压强度值;如最大值和最小值与中间值的差均超过中间值的 15%,则该组试件的试验结果无效。

(3)混凝土立方体抗压强度以 150 mm×150 mm×150 mm 的立方体试件为标准试件。混凝土强度等级<C60 时,用非标准试件测得的强度值均应乘以尺寸换算系数,其值为:200 mm×200 mm×200 mm 试件,其换算系数为 1.05;100 mm×100 mm×100 mm 试件,其换算系数为 0.95。当混凝土强度等级≥C60 时,宜采用标准试件;当使用非标准试件时,混凝土强度等级≤C100 时,尺寸换算系数宜由试验确定,在未进行试验确定的情况下,对 100 mm×100 mm×100 mm 试件可取为 0.95;混凝土强度等级大于 C100 时,尺寸换算系数应经试验确定。

试验五 建筑砂浆性能试验

一、砂浆拌合物的取样

建筑砂浆试验用料可以从同一盘搅拌或同一车运送的砂浆中取样。取样量不应少于试验所需量的 4 倍。当施工过程中进行砂浆试验时,宜在现场搅拌点或预拌砂浆卸料点的至少三个不同部位及时取样。对于现场取得的试样,试验前应人工搅拌均匀。从取样完毕到开始进行性能试验，不宜超过 15 min。

二、稠度试验

1.试验目的

通过稠度试验，可以测得达到设计稠度时的加水量，或在现场对要求的稠度进行控制，以保证施工质量。掌握《建筑砂浆基本性能试验方法标准》(JGJ 70—2009)，正确使用仪器设备。

2.仪器及设备

(1)砂浆稠度仪　由试锥、容器和支座三部分组成。如图 12-15，试锥高度为 145 mm，锥底直径为 75 mm，试锥连同滑杆质量为 300 g，刻度盘及盛砂浆的圆锥形金属筒，筒高为 180 mm，锥底内径 150 mm。

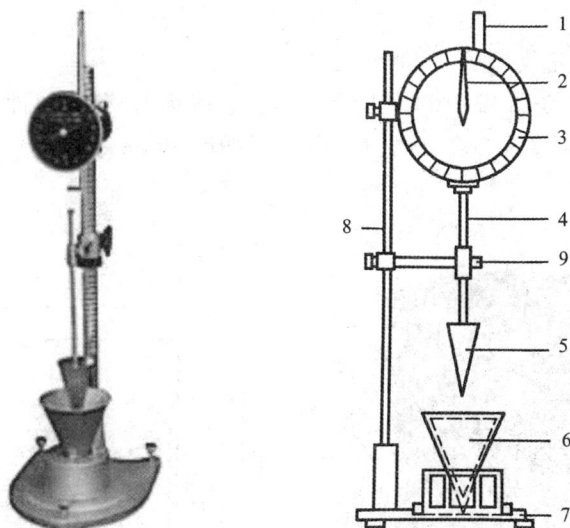

图 12-15　砂浆稠度测定仪
1—齿条侧杆；2—指针；3—刻度盘；4—滑杆；5—圆锥体；
6—圆锥通；7—底座；8—支架；9—制动螺栓

(2)钢制捣棒(直径为 10 mm、长为 350 mm)、拌和锅、拌铲、量筒、秒表等。

3.试验步骤

(1)盛浆容器和试锥表面用湿布擦干净，并用少量润滑油轻擦滑杆，让滑杆自由移动。

(2)将砂浆拌合物一次装入金属筒内，其表面约低于筒口 10 mm 左右，用捣棒自筒中心向边缘插捣 25 次，然后轻轻地将筒体摇动或敲击 5~6 下，使砂浆表面平整，然后将筒体放在稠度测定仪的底座上。

(3)拧开试锥杆的制动螺丝，向下移动滑杆，当试锥尖端与砂浆表面接触时，拧紧制动螺丝，使齿条测杆下端刚接触滑杆上端，并将指针对准零点上。拧开制动螺丝，同时记时间。10 s 后立即固定螺丝，将齿条测杆下端接触滑杆上端，从刻度盘上读出的下沉深度(精确至 1 mm)为砂浆稠度值。

注：筒内砂浆只允许测定一次稠度，重复测定时必须重新取样。

4.试验结果与分析

（1）试验记录

取两次试验结果的算术平均值（精确到 1 mm）。若两次试验结果之差大于 10 mm，则应取砂浆搅拌后重新测定。

（2）结论

根据砂浆的稠度判定砂浆工作性的好坏。

三、分层度试验

1.试验目的

测定砂浆拌和物在运输及停放时的保水能力及砂浆内部各组分之间的相对稳定性，以评定其和易性。掌握《建筑砂浆基本性能试验方法标准》（JGJ 70—2009），正确使用仪器设备。

2.主要仪器及设备

（1）砂浆分层度测定仪

砂浆分层度测定仪如图 12-16，是由上下两层金属圆筒及左右两根连接螺栓组成。圆筒内径为 150 mm，上节高度为 200 mm，下节为带底净高 100 mm 的筒，连接时，上下层之间加设橡胶垫圈。

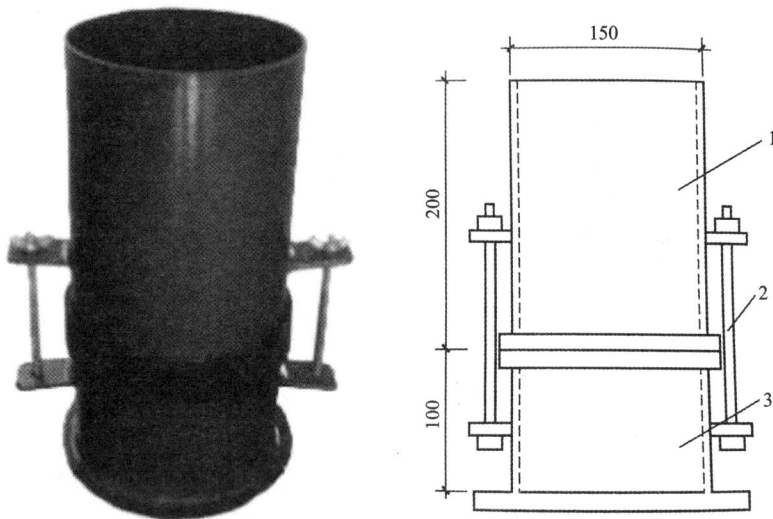

图 12-16 砂浆分层度测定仪

1—无底圆筒；2—连接螺栓；3—有底圆筒

（2）水泥胶砂振动台

（3）稠度仪、木锤等

3.试验步骤

（1）首先将砂浆拌合物按稠度试验方法测定稠度。

（2）将拌和好的砂浆，一次装入分层度筒中，待装满后，用木锤在分层度筒周围距离大致相等的四个不同部位轻轻敲击 1~2 下;当砂浆沉落到低于筒口时,应随时添加,然后刮去多余的砂浆并用抹刀抹平。

(3)静置 30 min 后,去掉上节 200 mm 砂浆,然后将剩余的 100 mm 砂浆倒在拌和锅内拌 2 min,再按照稠度试验方法测其稠度。前后测得的稠度之差即为该砂浆的分层度值。

4.试验结果与分析

(1)试验结果

应取两次试验结果的算术平均值作为该砂浆的分层度值,精确至 1 mm;当两次分层度试验值之差大于 10 mm 时,应重新取样测定。

(2)试验评定

根据砂浆的分层度判定砂浆的保水性,并确定其工作性能的好坏。

四、砂浆抗压强度试验

1.试验目的

测定建筑砂浆立方体的抗压强度,以便确定砂浆的强度等级并可判断是否达到设计要求。掌握《建筑砂浆基本性能试验方法标准》(JGJ 70—2009),正确使用仪器设备。

2.主要仪器设备

(1)试模:应为 70.7 mm×70.7 mm×70.7 mm 的带底试模,材质应具有足够的刚度并拆装方便。试模的内表面应机械加工,其不平度应为每 100 mm 不超过 0.05 mm,组装后各相邻面的不垂直度不应超过±0.5°;

(2)钢制捣棒:直径为 10 mm,长度为 350 mm,端部磨圆;

(3)压力试验机:精度应为 1%,试件破坏荷载应不小于压力机量程的 20%,且不应大于全量程的 80%;

(4)垫板:试验机上、下压板及试件之间可垫以钢垫板,垫板的尺寸应大于试件的承压面,其不平度应为每 100 mm 不超过 0.02 mm;

(5)振动台:空载中台面的垂直振幅应为(0.5±0.05)mm,空载频率应为(50±3)Hz,空载台面振幅均匀度不应大于 10%,一次试验应至少能固定 3 个试模。

3.试件的制作及养护

(1)应采用立方体试件,每组试件应为 3 个;

(2)应采用黄油等密封材料涂抹试模的外接缝,试模内应涂刷薄层机油或隔离剂。应将拌制好的砂浆一次性装满砂浆试模,成型方法应根据稠度而确定。当稠度≥50 mm 时,宜采用人工插捣成型,当稠度<50 mm 时,宜采用振动台振实成型;

①人工插捣:应采用捣棒均匀地由边缘向中心按螺旋方式插捣 25 次,插捣过程中当砂浆沉落低于试模口时,应随时添加砂浆,可用油灰刀插捣数次,并用手将试模一边抬高 5~10 mm 各振动 5 次,砂浆应高出试模顶面 6~8 mm;

②机械振动:将砂浆一次装满试模,放置到振动台上,振动时试模不得跳动,振动 5~10 s 或持续到表面泛浆为止,不得过振;

(3)应待表面水分稍干后,再将高出试模部分的砂浆沿试模顶部刮去并抹平;

(4)试件制作后应在温度为(20±5)℃的环境下静置(24±2)h,对试件进行编号、拆模。当气温较低时,或者凝结时间大于 24 h 的砂浆,可适当延长时间,但不应超过 2 d。试件拆模后应立即放入温度为(20±2)℃，相对湿度为90%以上的标准护养室中养护。养护期间，试件彼此间隔不得小于10 mm，混合砂浆、湿拌砂浆试件上面应覆盖，防止有水滴在试件上；

（5）从搅拌加水开始计时，标准护养龄期应为28 d，也应根据相关标准要求增加7 d或14 d。

4.立方体抗压强度试验

（1）试件从养护地点取出后应及时进行试验。试验前应将试件表面擦拭干净，测量尺寸，并检查其外观，并应计算试件的承压面积。当实测尺寸与公称尺寸之差不超过1 mm时，可按照公称尺寸进行计算；

（2）将试件安放在试验机下压板或下垫板上，试件的承压面应与成型时的顶面垂直，试件中心应与试验机下压板或下垫板中心对准。开动试验机，当上压板与试件或上垫板接近时，调整球座，使接触面均衡受压。承压试验应连续而均匀地加荷，加荷速度应为0.25~1.5 kN/s(砂浆强度不大于5 MPa时，宜取下限，砂浆强度大于5 MPa时，宜取上限)；当试件接近破坏而开始迅速变形时，停止调整试验机油门，直至试件破坏，然后记录破坏荷载。

5.试验结果与分析

（1）砂浆立方体抗压强度应按下式计算：

$$f_{m.cu} = \frac{KN_u}{A}$$

式中：$f_{m.cu}$——砂浆立方体试件抗压强度，MPa，应精确至0.1 MPa；

N_u——试件破坏荷载，N；

A——试件承载面积，mm²；

K——换算系数，取数1.3。

（2）试验结果的确定：

1）应以三个试件测值的算术平均值作为该组试件的砂浆立方体抗压强度平均值(f_m)，精确至0.1 MPa；

2）当三个测值的最大值或最小值中有一个与中间值的差值超过中间值的15%时，应把最大值及最小值一并舍去，取中间值作为该组试件的抗压强度值；

3）当两个测值与中间值的差值均超过中间值的15%时，该组试验结果应为无效。

实验六　砌墙砖试验

一、砌墙砖的取样

1.烧结普通砖

检验批按3.5~15万块为一批，不足3.5万块亦按一批计。外观质量采用随机法抽样品，尺寸偏差和其他检验项目随机从外观质量检验后的样品中抽取。外观质量50块；尺寸偏差20块；强度等级10块；泛霜5块；石灰爆裂5块；冻融5块；放射性4块；吸水率和饱水系数5块。

2.烧结多孔砖和多孔砌块

检验批按3.5~15万块为一批，不足3.5万块亦按一批计。外观质量采用随机法抽样品，其他检验项目随机从外观质量检验后的样品中抽取。外观质量 50 块；尺寸偏差 20 块；强度等级 10 块；泛霜 5 块；石灰爆裂 5 块；冻融 5 块；孔型孔结构及孔洞率 3 块；吸水率和饱水系数 5 块；密度等级 3 块。

3.烧结空心砖和空心砌块

检验批按 3.5~15 万块为一批，不足 3.5 万块亦按一批计。外观质量采用随机法抽样品，其他检验项目随机从外观质量检验后的样品中抽取。外观质量 50 块；尺寸偏差 20 块；强度等级 10 块；密度 5 块；泛霜 5 块；石灰爆裂 5 块；冻融 5 块；孔洞排列及其结构 5 块；吸水率和饱水系数 5 块；放射性

4.普通混凝土小型砌块

以同一种原材料配制成相同规格、龄期、强度等级和相同生产工艺生产的 500 m³ 且不超过 3 万块砌块为一批，每周生产不足 500 m³ 且不超过 3 万块砌块按一批计。每批随机抽取 32 块进行尺寸偏差和外观质量检验。

5.轻集料混凝土小型空心砌块

砌块按密度等级和强度等级分批验收。它以用同一品种轻集料配制成的相同密度等级、相同强度等级、相同质量等级和同一生产工艺制成的 10000 块为一批；每月生产的砌块数不足 10000 块者亦为一批。每批随机抽取 32 块进行尺寸偏差和外观质量检验，而后再从外观合格砌块中随机抽取如下数量进行其他项目的检验：抗压强度：5 块；密度、吸水率和相对含水率：3 块。

6.蒸压加气混凝土砌块

同品种、同规格、同等级的砌块以 500 m³ 为一批，不足 500 m³ 亦为一批。随机抽取 50 块砌块进行尺寸偏差、外观检验。从尺寸偏差与外观检验合格的砌块中，随机抽取砌块，制作 3 组试件进行立方体抗压强度检验，制作 3 组试件过行干容重检验。

二、砌墙砖尺寸偏差测量

1.量具

砖用卡尺，如图 12-17，分度值为 0.5 mm。

2.测量方法

长度应在砖的两个大面的中间处分别测量两个尺寸；宽度应在砖的两个大面的中间处分别测量两个尺寸；高度应在两个条面的中间处分别测量两个尺寸，如图 12-18 所示。当被测处有缺损或凸出时，可在其旁边测量，但应选择不利的一侧。

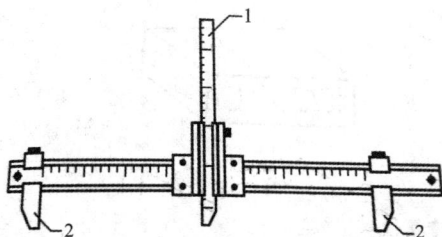

图 12-17 砖用卡尺
1—垂直尺；2—支脚

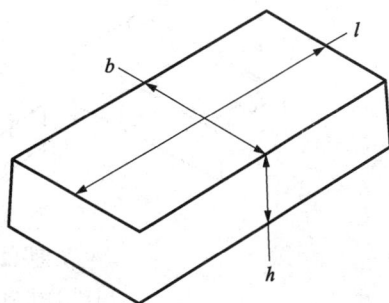

图 12-18 砖的尺寸测量

3.结果评定

结果分别以长度、高度和宽度的最大偏差值表示,不足 1 mm 者按 1 mm 计。

三、外观质量检查

1.试验目的

作为评定砖的产品质量等级的依据。

2.仪器设备

砖用卡尺,分度值为 0.5 mm。钢直尺,分度值为 1 mm。

3.试验步骤

(1)缺损测量

1)缺棱掉角在砖上造成的破损程度,以破损部分对长、席、高三个棱边的投影尺寸来度量,称为破坏尺寸,如图 12-19。

2)缺损造成的破坏面,系指缺损部分对条、顶面(空心砖为条、大面)的投影面积,如图 12-20 所示。空心砖内壁残缺及肋缺尺寸,以长度方向的投影尺寸来度量。

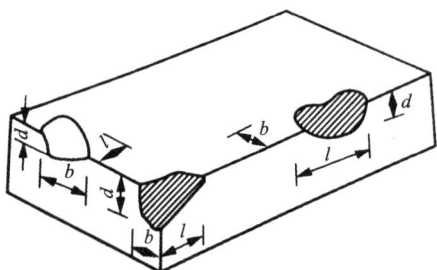

图 12-19 缺棱掉角破坏尺寸量法
l、b、d—长、宽、高方向投影尺寸

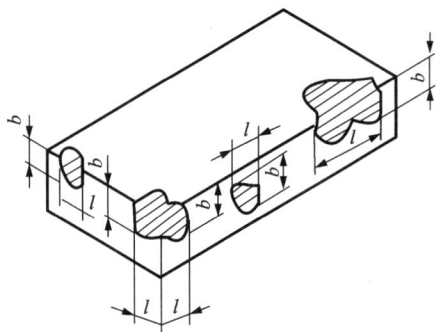

图 12-20 缺损在条、顶面上造成破坏面
量法 l、b—长、宽方向投影

(2)裂纹测量

1)裂纹分为长度方向、宽度方向和水平方向三种,以被测方向的投影长度表示,如果裂纹从一个面延伸至其他面上时,则累计其延伸的投影长度。如图 12-21。

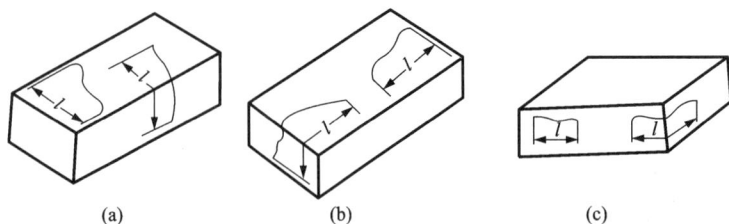

(a)　　　　　　　(b)　　　　　　　(c)

图 12-21 裂纹长度量法
(a)宽度方向;(b)长度方向;(c)水平方向

2）多孔砖的孔洞与裂纹相通时，则将孔洞包括在裂纹内一并测量，如图 12-22。

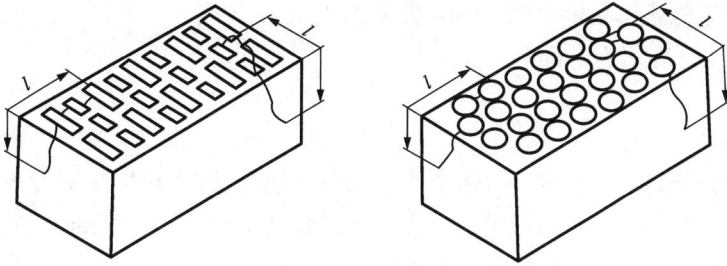

图 12-22 多孔砖裂纹通过孔洞时长度量法

3）裂纹长度以在三个方向上分别测的最长裂纹作为测量结果。

（3）弯曲测量

1）弯曲分别在大面和条面上测量，测量时将砖用卡尺的两支肢沿棱边两端放置，择其弯曲最大处将垂直尺推至砖面，如图 12-23 所示。但不应将因杂质或碰伤造成的凹处计算在内。

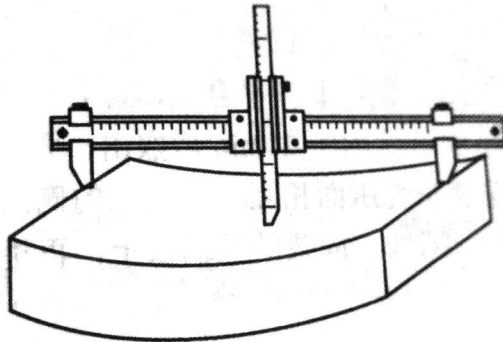

图 12-23 砖的弯曲测量

2）以弯曲中测的较大者作为测量结果。

（4）杂质凸出高度

杂质凸出高度杂质在砖面上造成的凸出高度，以杂质距砖面的最大距离表示。测量时将砖用卡尺的两支脚置于凸出两边的砖平面上，以垂直尺测量。

4.结果处理

外观测量以 mm 为单位，不足 1 mm 者，按 1 mm 计。

四、抗压强度试验

1.试验目的

掌握烧结普通砖抗压强度测定的方法，确定普通砖的抗压强度等级。

2.仪器设备

（1）材料试验机　试验机的示值误差不大于±1%，其上、下加压板至少应有一个球铰支座，预期最大破坏荷载应在量程的20%~80%之间。

（2）钢直尺　分度值为1 mm。

（3）切割设备

3.试验步骤

（1）将试样砖锯成两个半截砖，两个半截砖用于叠合部分的长度不得小于100 mm，如图12-24。两半截砖切断口相反叠放，叠合部分的长度不得小于100 mm，如图12-25，即为抗压强度试样。

（2）制样不需要养护，试样气干状态直接进行试验。

（3）测量每个试件连接面或受压面的长、宽尺寸各两个，分别取其平均值，精确至1 mm。

（4）将试件平放在加压板的中央，垂直于受压面加荷，应均匀平稳，不得发生冲击或振动。加荷速度为(2~6)kN/s为宜，直至试件破坏为止，记录最大破坏荷载 F（单位为 N）。

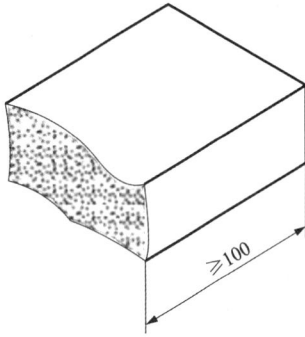

图12-24　半截砖长度示意图

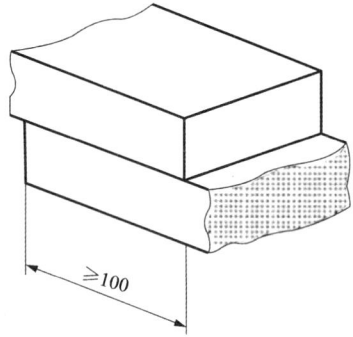

图12-25　半砖叠合示意图

4.结果计算与分析

按照以下公式分别计算10块砖的抗压强度值，精确至0.1 MPa。

$$R_\mathrm{P} = \frac{F}{L \times B}$$

式中：R_P——抗压强度，MPa；

　　F——最大破坏荷载，N；

　　L——受压面（连接面）的长度，mm；

　　B——受压面（连接面）的宽度，mm。

试验结果以试样抗压强度的算术平均值和标准值表示。

试验七　钢筋试验

一、钢筋的验收和取样

1.钢筋进场时的验收

钢筋进场时，应按照现行国家标准《钢筋砼用热轧带肋钢筋》(1499—2008)等的规定抽

274

取试件作力学性能检验,其质量必须符合有关标准规定。验收方法:检查产品合格证、出厂检验报告和进场复验报告。

2.钢筋的取样方法

同一厂别、同一牌号、同一炉罐号、同一规格、同一交货状态的钢筋,每60 t为一检验批,不足60 t也按一批计,进行现场见证取样。试样分为抗拉试件两根,冷弯试件两根。实验室进行检验时,每一检验批至少应检验一个拉伸试件,一个弯曲试件。

试件长度:冷拉试件长度一般≥500 mm(500~650 mm),冷弯试件长度一般≥250 mm(250~350 mm)。(备注:取样时,从任一钢筋端头,截取500~1000 mm的钢筋,再进行取样。)

冷拉钢筋:应进行分批验收,每批质量不大于20 t的同等级、同直径的冷拉钢筋为一个检验批。

二、钢筋的拉伸试验

1.试验目的

测定低碳钢的屈服强度、抗拉强度、伸长率三个指标,作为评定钢筋强度等级的主要技术依据。掌握《金属材料室温拉伸试验方法》(GB/T 228.1—2010)和钢筋强度等级的评定方法。

2.主要仪器设备

(1)万能试验机,如图12-26。

(2)钢板尺、游标卡尺、千分尺、两脚爪规等。

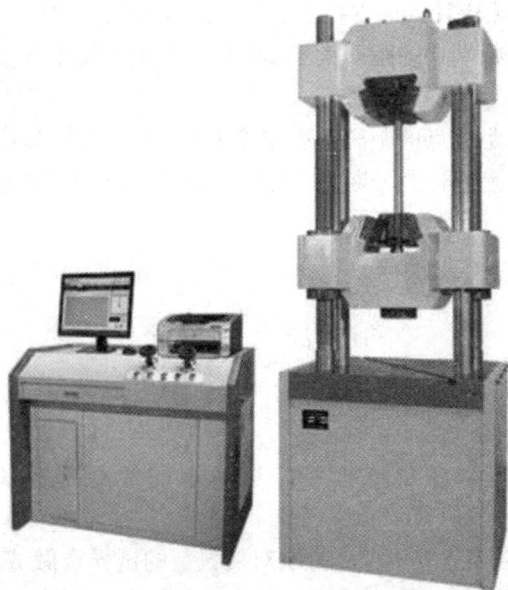

图12-26 万能试验机

3. 试件制备

（1）抗拉试验用钢筋试件一般不经过车削加工，可以用两个或一系列等分小冲点或细划线标出原始标距（标记不应影响试样断裂）。

（2）试件原始尺寸的测定

1）测量标距长度，精确到 0.1 mm。

2）圆形试件横断面直径应在标距的两端及中间处两个相互垂直的方向上各测一次，取其算术平均值，选用三处测得的横截面积中最小值，横截面积按下式计算：

$$A_0 = \frac{1}{4}\pi \cdot d_0^2$$

式中：A_0——试件的横截面积，mm^2；

d_0——圆形试件原始横断面直径，mm。

4. 试验步骤

（1）屈服强度与抗拉强度的测定

1）调整试验机测力度盘的指针，使对准零点，并拨动副指针，使与主指针重叠。

2）将试件固定在试验机夹头内，开动试验机进行拉伸。拉伸速度为：屈服前，应力增加速度每秒钟为 10 MPa；屈服后，试验机活动夹头在荷载下的移动速度为不大于 0.5 l_c/min（$l_c = l_0 + 2h_1$，l_0——标距长度；h_1——0.5~1d），直至试件拉断。

3）拉伸中，电脑自动生成应力-应变曲线图，读出屈服强度。

4）向试件连续施荷直至拉断，读出抗拉强度。

（2）伸长率的测定

1）将已拉断试件的两端在断裂处对齐，尽量使其轴线位于一条直线上。如拉断处由于各种原因形成缝隙，则此缝隙应计入试件拉断后的标距部分长度内。

2）如拉断处到临近标距端点的距离大于 1/3 时，可用卡尺直接量出已被拉长的标距长度（mm）。

3）如拉断处到临近标距端点的距离小于或等于 1/3 时，可按移位法计算标距，mm。

4）如试件在标距端点上或标距处断裂，则试验结果无效，应重新试验。

5. 试验结果与分析

（1）伸长率计算

$$\delta_{10}(\delta_5) = \frac{l_1 - l_0}{l_0} \times 100\%$$

式中：$\delta_{10}(\delta_5)$——表示 $l_0 = 100d_0$ 和 $l_0 = 5d_0$ 时的伸长率；（精确至 1%）

l_0——原始标距长度 10（或 5），mm；

l_1——试件拉断后直接量出或按移位法确定的标距部分长度，mm（测量精确至 0.1 mm）。

（2）当试验结果有一项不合格时，应另取双倍数量的试样重做试验，如仍有不合格项目，则该批钢材判为拉伸性能不合格。

三、钢筋的冷弯试验

1. 试验目的

通过检验钢筋的工艺性能评定钢筋的质量。掌握（GB/T 232—2010）钢筋弯曲（冷弯）性能的测试方法和钢筋质量的评定方法，正确使用仪器设备。

2. 主要仪器设备

压力机或万能试验机

3. 试件制备

1）试件的弯曲外表面不得有划痕。

2）试样加工时，应去除剪切或火焰切割等形成的影响区域。

3）当钢筋直径小于 35 mm 时，不需加工，直接试验；若试验机能量允许时，直径不大于 50 mm 的试件亦可用全截面的试件进行试验。

4）当钢筋直径大于 35 mm 时，应加工成直径 25 mm 的试件。加工时应保留一侧原表面，弯曲试验时，原表面应位于弯曲的外侧。

5）弯曲试件长度根据试件直径和弯曲试验装置而定，通常按下式确定试件长度：$l = 5d+150$。

4. 试验步骤

（1）半导向弯曲

试样一端固定，绕弯心直径进行弯曲，如图 12-27（a）所示。试样弯曲到规定的弯曲角度或出现裂纹、裂缝或断裂为止。

（2）导向弯曲

1）试样放置于两个支点上，将一定直径的弯心在试样两个支点中间施加压力，使试样弯曲到规定的角度，如图 12-27（b）所示或出现裂纹、裂缝或断裂为止。

2）试样在两个支点上按一定弯心直径弯曲至两臂平行时，可一次完成试验，亦可先弯曲到图 12-27（c）所示的状态，然后放置在试验机平板之间继续施加压力，压至试验两臂平行。此时，可以加与弯心直径相同尺寸的衬垫进行试验。当试验需要弯曲至两臂接触时，首先将试样弯曲到图所示的状态，然后放置在两平板间继续施加压力，直至两臂接触，如图 12-27（d）所示。

3）试验应在平稳压力作用，缓慢施加试验力。两支辊间距为 $[(d+2.5a)±0.5a]$，并且在过程中不允许有变化。

4）试验在 10℃~35℃ 或控制条件下（23±5）℃ 进行。

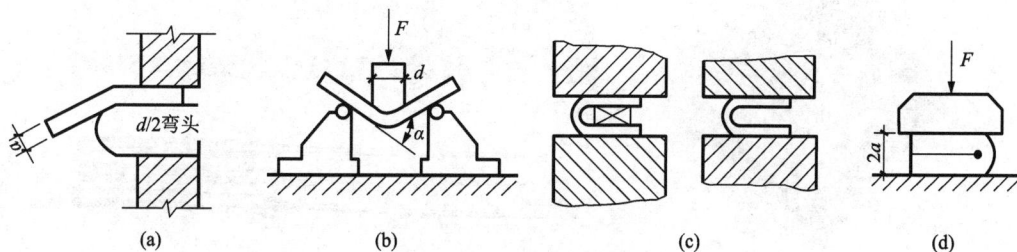

图 12-27　钢筋冷弯实验图

5.试验结果与分析

按以下五种试验结果评定方法进行，若无裂纹、裂缝或裂断，则评定试件合格。

(1)完好　试件弯曲处的外表面金属基本上无肉眼可见因弯曲变形产生的缺陷时，称为完好。

(2)微裂纹　试件弯曲外表面金属基本上出现细小裂纹，其长度不大于 2 mm，宽度不大于 0.2 mm 时，称为微裂纹。

(3)裂纹　试件弯曲外表面金属基本上出现裂纹，其长度大于 2 mm，而小于或等于 5 mm，宽度大于 0.2 mm，而小于或等于 0.5 mm 时，称为裂纹。

(4)裂缝　试件弯曲外表面金属基本上出现明显开裂，其长度大于 5 mm，宽度大于 0.5 mm 时，称为裂缝。

(5)裂断　试件弯曲外表面出现沿宽度贯穿的开裂，其深度超过试件厚度的 1/3 时，称为裂断。

注：在微裂纹、裂纹、裂缝中规定的长度和宽度只要有一项达到某规定范围即应按该级评定。

试验八　沥青试验

一、针入度试验

1.试验目的

掌握沥青针入度的测定方法，测定所用沥青的针入度作为其技术指标。

2.主要仪器设备

(1)针入度仪，如图 12-28。

(2)标准针，如图 12-28。

(3)试样皿、恒温水浴、温度计、平底玻璃皿等。

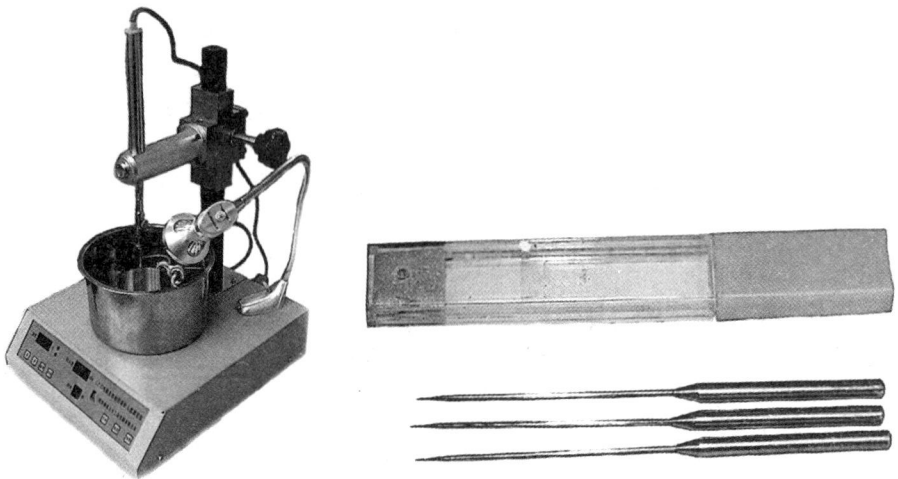

图 12-28　针入度仪和标准针

3. 试样制备

石油沥青取样，以 20 t 沥青为一个取样单位。从每个取样单位的 5 个不同部位，各取大致相同量的洁净试样，共约 1 kg，作为该批沥青的平均试样。

将沥青试样装入金属皿中在密闭电炉上加热熔化，加热温度不得比估计得软化点高出100℃，充分搅拌，至气泡完全消除为止。将用 0.6~0.8 mm 筛网过滤后的熔化沥青注入试样皿中，试样厚度不小于 30 mm，放在环境温度 15~30℃ 中冷却 1 h，再把试样皿浸入（25±0.5）℃的恒温水浴中，恒温 1 h，水浴中水面应高于试样表面 25 mm。至此，试样制备完毕，准备试验。

4. 试验步骤

（1）调节针入度仪的水平，检查针连杆和导轨，确保上面没有水和其他物质。先用合适溶剂将针擦干净，再用干净的布擦干，然后将针插入针连杆中固定，按试验条件放好砝码。

（2）将已恒温到试验温度的试样皿和平底玻璃皿取出，放置在针入度仪的平台上慢慢放下针连杆，使针尖刚刚接触到试样的表面，必要时用放置在合适位置的光源的反射来观察。拉下活杆，使其与针连杆顶端相接触，调节针入度仪上的表盘读数指零。

（3）手紧压按钮，同时启动秒表，使标准针自由下落穿入沥青试样，到规定时间停压按钮，使标准针停止移动。

（4）拉下活杆，再使其与针连杆顶端相接触，此时表盘读针的读数即为试样的针入度，用 1/10 mm 表示。

（5）同一试样至少重复测定 3 次，每一试验点的距离和试验点与试样皿边缘的距离都不得小于 10 mm。当针入度超过 200 时，至少用 3 根针，每次试验用的针留在试样中，直到 3 根针扎完时再将针从试样中取出。针入度小于 200 时可将针取下用合适的溶剂擦净后继续使用。

4. 试验结果与分析

3 次测定针入度的平均值，取整数，作为试验结果。2 次测定的针入度值相差不应大于表 12-2 数值。若差值超过表中的数值，利用第二个样品重复试验。如果结果再次超过允许值，则取消所有的试验结果，重新进行试验。

表 12-2　针入度测定允许最大差值

针入度	0~49	50~149	150~249	250~350
最大差值	2	4	6	8

二、沥青延度试验

本方法适用于测定石油沥青的延度，也适用于测定煤焦油沥青的延度。试验温度一般为（15±0.5）℃，拉伸速度为（5±0.25）cm/min。

1. 试验目的

延度是指沥青试件在一定温度下以一定速度拉伸至断裂时的长度。

掌握沥青延度的测定方法，测定所用沥青的延度作为其技术指标。

2. 主要仪器设备

延度仪(如图12-29)、试件模具、水浴、温度计、金属网、隔离剂、支撑板。

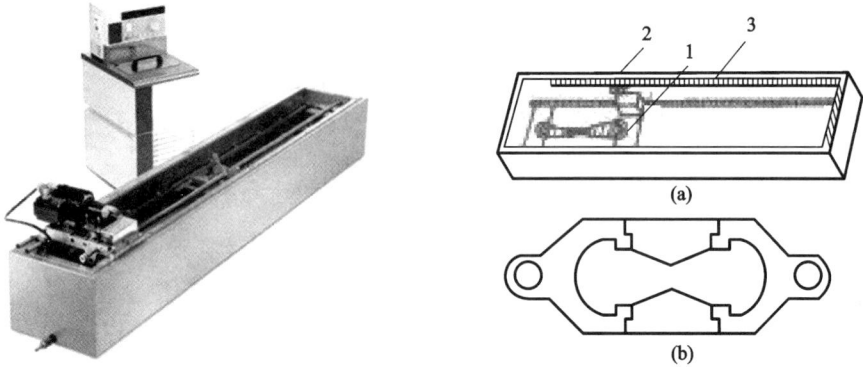

图 12-29　沥青延度测定仪及模具

(a)延度测定仪；(b)延度模具
1—滑板；2—指针；3—标尺

3. 试样制备

(1)取样方法与针入度试验相同。制备试件之前，将8字形试模的侧模内壁及玻璃板上涂以隔离剂(甘油∶滑石粉=1∶3)。

(2)将熔化并脱水的沥青用0.6~0.8 mm的筛网过滤后，浇筑8字形试模3个。沥青应略高于模面，冷却30 min后，用热刮刀将试模表面多余的沥青仔细刮平，试样不得有凹陷或鼓起现象，且需与试模高度水平(误差不大于0.1 mm)，表面十分光滑。

4. 试验步骤

(1)将试样连同试模及玻璃板(或金属板)浸入恒温水浴或延度议水槽中，水温保持(25±0.5)℃，水面高出沥青试件上表面不少于25 mm。

(2)检查延度测定仪滑板移动速度(5 cm/min)，并使指针指向零点。待试件在水槽中恒温1 h后，便将试模自玻璃上取下，将模具两端的小孔，分别套在延度测定仪的支板滑板的销钉上，取下两侧模。检查水温，保持在(25±0.5)℃。

(3)开动延度测定仪，使试样在始终保持的水温中以(5±0.25)cm/s的速度进行拉伸，仪器不得震动，水面不得晃动，观察沥青试样延伸情况。如果发现沥青细丝浮在水面或沉入槽底时，则应在水中加入酒精或食盐水调整水的密度，直至与使试样密度相近后重新实验。

(4)试样拉断时指针所指标尺上的读数即为试样的延度，以"cm"表示。

5. 试验结果与分析

(1)正常情况下，试样拉断后呈锥尖状实际断面接近于零，如果不能得到上述结果，则应报告注明，在此条件下无法测定结果。

(2)若3个试件测定值在其平均值的5%内，取平行测定3个结果的平均值作为测定结果。若3个试件测定值不在其平均值的5%以内，但其中两个较高值在平均值的5%之内，则去掉最低测定值，取两个较高值的平均值作为测定结果，否则重新测定。

三、软化点试验

本方法适用于环球法测定软化点范围在 30~157℃ 的石油沥青和煤焦油沥青试样，对于软化点在 30~80℃ 范围内用蒸馏水作加热介质，软化点在 80~157℃ 范围内用甘油作加热介质。

1. 试验目的

软化点是试样在测定条件下，因受热而下坠达 25 mm 时的温度，以℃表示。

掌握沥青软化点的测定方法，测定所用沥青的软化点作为其技术指标。

2. 主要仪器设备

软化点试验仪（如图 12-30）、试样环、支撑板、钢球、钢球定位器、浴槽、环支撑架和支架、温度计等。

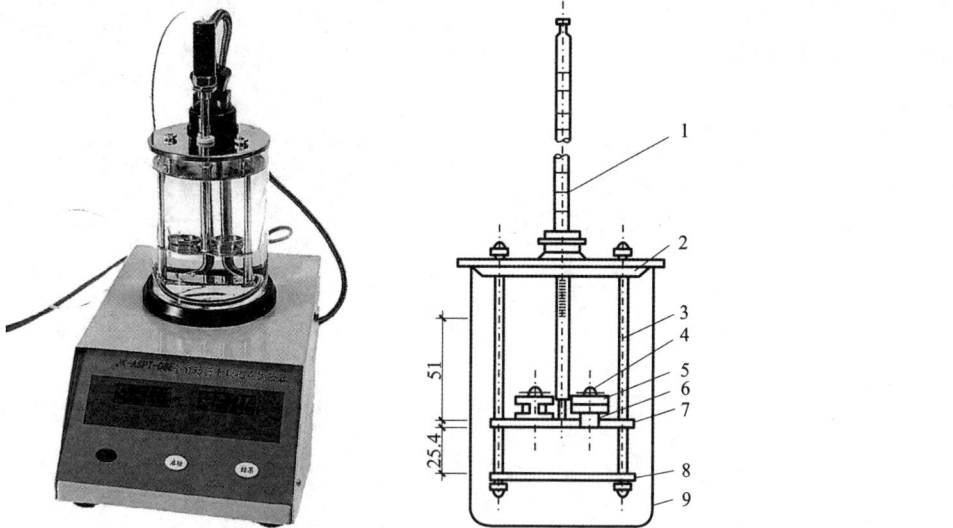

图 12-30 软化点试验仪

1—温度计；2—上盖板；3—立杆；4—钢球；5—钢球定位环；
6—金属环；7—中层板；8—下底板；9—烧杯

3. 试验材料

取样方法与针入度试样相同。

制备试样时，将铜环置于涂有隔离剂的玻璃上，往铜环中注入熔化已完全脱水的沥青，注入前用筛孔尺寸为 0.6~0.8 mm 的筛网过滤，注入的沥青稍高于铜环的上表面。试样在 15~30℃ 环境中冷却 30 min 后，用热刮刀刮平，注意使沥青表面与铜环上口平齐，光滑。

4. 试验步骤

（1）选择加热介质 新沸煮过的蒸馏水适于软化点为 30~80℃ 的沥青，起始加热介质温度应为（5±1）℃。甘油适于软化点为 80~157℃ 的沥青，起始加热介质的温度应为（30±1）℃。为了进行比较，所有软化点低于 80℃ 的沥青应在水浴中测定，而高于 80℃ 的在甘油浴中测定。

（2）将铜环水平放置在架子的小孔上，中间孔穿入温度计。将架子置于烧杯中。

（3）烧杯中装(5±0.5)℃的水。如果预计软化点较高，在80℃以上时，可装入(30±1)℃的甘油，装入水或甘油的高度应与架子上的标记相平。

（4）经30 min后，在铜环中沥青试验的中心各放置一枚质量为3.5 g的钢球。将烧杯移至放有石棉网的电炉上加热，开始加热3 min后，升温速度应保持(5±0.5)℃/min。随着温度的不断升高，环内的沥青因软化而下坠，当沥青裹着钢球下坠到底板时，此时的温度即为沥青的软化点。如升温速度超出规定时，则试验应重做。

5.试验结果与分析

每个试样至少平行测定两个试件，取两个测定值的算术平均值作为试验结果。两个试件测定结果的差值不得大于0.5℃（软化点高于80℃的，不得大于1.2℃）。

参考文献

[1] 周文娟.建筑材料.北京：清华大学出版社，2009

[2] 李九苏.土木工程材料.长沙：中南大学出版社，2009

[3] 范文昭.建筑材料.北京：中国建筑工业出版社，2010

[4] 危加阳.建筑材料.北京：水利水电出版社，2013

[5] 依巴丹，李国新.建筑材料.北京：机械工业出版社，2014

[6] 余丽武.建筑材料.南京：东南大学出版社，2013

[7] 张黎.建筑材料.南京：东南大学出版社，2014

[8] 李宏斌，任淑霞.建筑材料.北京：水利水电出版社，2014

[9] 魏鸿汉.建筑材料.北京：中国建筑工业出版社，2012

[10] 申淑荣、冯翔.建筑材料.北京：冶金工业出版社，2010.9

[11] 林祖宏.建筑材料.北京：北京大学出版社，2008.10

[12] 唐修仁，邹春香.建筑材料.北京：中国电力出版社，2011

[13] 王飞、欧阳平.建筑材料与检测.北京：中国建材工业出版社，2015

[14] 曹世晖、汪文萍.建筑工程材料与检测.长沙：中南大学出版社，2013

[15] 张雄，张永娟.现代建筑功能材料.北京：化学工业出版社，2009

[16] 夏正兵.建筑材料.南京：东南大学出版社，2010

[17] 刘学应.建筑材料.北京：机械工业出版社，2009

[18] 张仁水.建筑工程材料.北京：中国矿业大学出版社，2000

[19] 安晶，袁逊彬.建筑材料.北京：中国建材工业出版社，2013

[20] 牛欣欣，韩漪.建筑材料.西安：西安交通大学出版社，2013

[21] 赵宇晗.建筑材料.上海：上海交通大学出版社，2014

[22] 高海燕，李洪军.建筑装饰材料.北京：机械工业出版社，2011

[23] 刘学应.建筑材料.北京：机械工业出版社，2009

[24] 林锦眉.土木工程材料实验.北京：中国建材工业出版社，2014

[25] 安素琴.建筑装饰材料.北京：中国建筑工业出版社，2009

图书在版编目(CIP)数据

建筑材料 / 安晶, 王倩主编. —长沙: 中南大学
出版社, 2020.1(2023.1重印)
　ISBN 978-7-5487-3954-8

　Ⅰ.①建… Ⅱ.①安… ②王… Ⅲ.①建筑材料—高
等职业教育—教材 Ⅳ.①TU5

中国版本图书馆 CIP 数据核字(2020)第 002683 号

建筑材料

安晶　王倩　主编

□策划编辑	周兴武　谭　平	
□责任编辑	周兴武	
□责任印制	唐　曦	
□出版发行	中南大学出版社	
	社址: 长沙市麓山南路	邮编: 410083
	发行科电话: 0731-88876770	传真: 0731-88710482
□印　　装	湖南省众鑫印务有限公司	

□开　　本	787 mm×1092 mm 1/16	□印张 18.75	□字数 474 千字
□版　　次	2020 年 1 月第 1 版	□印次 2023 年 1 月第 2 次印刷	
□书　　号	ISBN 978-7-5487-3954-8		
□定　　价	49.00 元		